# 現場技術者のための
# 自家用電気工作物の保安と技術

関電工 自家用電気工作物研究会 ≫ 編

東京電機大学出版局

# はじめに

電気エネルギーは，我々の日常生活はもとより，経済活動における必要不可欠なエネルギーの1つであることは間違いありません。しかし，電気には漏電火災や感電などによる危険性があるため，供給する者，工事をする者，機器を製造する者，使用する者に対しての法令による規制が行われています。これらの法令を遵守し，適切に供給，施工，使用することによって，私たちが安全かつ安定的に電気エネルギーを使用することが可能となっています。

発電から需要設備の末端にいたるまで電気的な危険性が高いものについては，「電気工作物」として，電気事業法（第2条）により『発電，変電，送電若しくは配電又は電気の使用のために設置する機械，器具，ダム，水路，貯水池，電線路その他の工作物』と定義されています。この電気工作物は，住宅や小売商店などの電気設備である「一般用電気工作物」と，一般用以外の電気設備である「事業用電気工作物」に分けられています。さらに事業用電気工作物は，電力会社などの電気事業者が電気を供給するために使用する「電気事業の用に供する電気工作物（電気事業用電気工作物）」とその他の「自家用電気工作物」に分類されます。自家用電気工作物は，高圧以上の電圧を受電するものおよび災害が発生した場合に大きな被害が予想される場所の電気工作物のことで，一般電気工作物に比べて電気保安確保のための万全の体制作りが必要であるものです。

本書は，電気エネルギーを扱うもののうち，自家用電気工作物に関連する事項について，網羅的に解説をしたものです。第1章では，電気関連法令とともに関連する建築や防災にかかわる法令について，第2章では電気工事に関する知識，第3章では事故例について項目ごとに詳細に記載してあります。

電気工事にかかわる技術者の皆様にとって，少しでも本書が日常業務のお役に立てれば望外の喜びです。

2013年3月

著者しるす

# 目次

## 第1章 自家用電気工作物の保安に関する法令　　2

### 1.1 自家用電気工作物に関する法令　2

#### 1.1.1 電気事業法　2
（1）概要　2
（2）電気事業法の目的　2
（3）電気工作物の定義　4
（4）電気工作物の種類　5

#### 1.1.2 電気工事士法　6
（1）概要　6
（2）最近の改正内容　6
（3）目的　6
（4）電気工事の種類と資格　7
（5）電気工事士法の対象となる電気工作物の種類　7
（6）電気工事士の義務　8
（7）電気工事士でなければできない電気工事作業とは　8
（8）電気工事士ではなくともできる軽微な電気工事とは　9

#### 1.1.3 電気工事業の業務の適正化に関する法律（電気工事業法）　10
（1）概要と最近の主な改正点　10
（2）目的（法第1条）　10
（3）定義（法第2条）　10
（4）電気工事業者の登録等　10
（5）業務上の規制　12

#### 1.1.4 電気用品安全法　13
（1）目的（法第1条）　13
（2）定義（法第2条）　13
（3）事業届出（法第3条，政令第2条から第4条）　14
（4）基準適合義務（法第8条），特定電気用品の適合性検査（法第9条）　14
（5）表示（法第10条，12条）　14
（6）販売の制限（法第27条）　14
（7）報告の徴収（法第45条）　14
（8）立入検査等（法第46条）　14
（9）改善命令（法第11条）　14
（10）表示の禁止（法第12条）　14
（11）危険等防止命令（法第42条の5）　14

### 1.2 その他関係法令　24

- 1.2.1 建築に関する法令　24
  - （1）建設業法　24
  - （2）建築基準法　29
  - （3）建築士法　31
  - （4）建設工事に係る資材の再資源化等に関する法律（建設リサイクル法）　32
- 1.2.2 防災に関する法令（消防法）　36
- 1.2.3 労働安全衛生に関する法令　37
  - （1）労働安全衛生法　37
  - （2）労働安全衛生規則（安衛則）　42
- 1.2.4 品質確保に関する法令　49
  - （1）工業標準化法　49
  - （2）計量法　50
  - （3）製造物責任法（PL法）　51
- 1.2.5 環境保全に関する法令　53
  - （1）エネルギーの使用の合理化に関する法律（省エネ法）　53
  - （2）大気汚染防止法　55
  - （3）騒音規制法　57
  - （4）廃棄物の処理および清掃に関する法律　63
  - （5）ポリ塩化ビフェニル廃棄物の適正な処理の推進に関する特別措置法　68
- 1.2.6 通信に関する法令　71
  - （1）電気通信事業法　71
  - （2）放送法　71
- 1.2.7 特殊施設に関する法令　72
  - （1）航空法　72
  - （2）駐車場法　72

## 1.3 民間の規程類　72

- 1.3.1 内線規程（JEAC 8001-2005）　72
  - （1）目的　72
  - （2）適用範囲　72
  - （3）概要　72
- 1.3.2 高圧受電設備規程（JEAC 8011-2008）　73
  - （1）目的　73
  - （2）適用範囲　73
  - （3）概要　73
  - （4）改訂の内容　73
- 1.3.3 高調波抑制対策技術指針（JEAG 9702-1995）　73
  - （1）目的　73
  - （2）適用範囲　73
  - （3）概要　73
  - （4）改訂の内容　74
- 1.3.4 系統連系規程（JEAC 9701-2006）　74

   （1）目的　74
   （2）適用範囲　74
   （3）概要　75
   （4）改訂の内容　75
   （5）平成 23 年改定動向　75
  1.3.5　日本工業規格　75
   （1）日本工業規格（JIS）とは　75
   （2）工業標準化法の改正および近年の動き　75
   （3）新 JIS マーク表示制度　76
  1.3.6　病院電気設備の安全基準　76
   （1）病院電気設備の安全基準　76
   （2）安全性・信頼性確保のための主な要素技術　76
   （3）要素技術の適用場所　78
  1.3.7　劇場等演出空間電気設備指針，演出空間仮設電気設備指針　78
   （1）劇場等演出空間電気設備指針　JESC E 0002（1999）　78
   （2）演出空間仮設電気設備指針　JESC E 0020（2005）　78

**参考文献**　79

# 第 2 章　自家用電気工作物にかかわる電気工事に関する知識　80

 2.1　電気設備のシステム概要　80
  2.1.1　接地設備　80
   （1）接地工事の種類　80
   （2）接地工事の施工　81
   （3）接地系統　83
   （4）外部雷保護システムの接地　84
   （5）内部雷保護システム　85
  2.1.2　電力引込み設備　86
   （1）財産，責任分界点および区分開閉器　86
   （2）電線の種類および太さ　86
   （3）架空引込み　87
   （4）地中引込み　89
   （5）高圧ケーブル端末処理　91
   （6）高圧ケーブル遮蔽層の接地　93
  2.1.3　受変電設備の構成　95
   （1）主遮断装置の施設　95
   （2）地絡遮断装置の施設　95
   （3）受電設備容量および方式の制限　95
   （4）結線　95
  2.1.4　受変電設備用機器　98

（1）変圧器　　98
　　　（2）高圧進相コンデンサおよび直列リアクトル　　99
　　　（3）高圧断路器　　100
　　　（4）高圧交流遮断器　　100
　　　（5）高圧限流ヒューズ，高圧交流負荷開閉器　　100
　　　（6）避雷器　　102
　　　（7）計器用変成器および継電器　　102
　2.1.5　受変電設備の施工　　103
　　　（1）受変電室の施設　　103
　　　（2）キュービクル式高圧受変電設備　　105
　2.1.6　保護協調　　107
　　　（1）保護協調の基本事項　　107
　　　（2）過電流保護協調　　108
　　　（3）地絡保護協調　　112
　　　（4）絶縁協調　　113
　2.1.7　発電設備　　115
　　　（1）自家発電設備　　115
　　　（2）蓄電池設備　　117
　　　（3）太陽光発電設備　　118
　　　（4）風力発電設備　　121
　　　（5）燃料電池設備　　123
　2.1.8　電源設備　　125
　　　（1）UPS 設備　　125
　　　（2）瞬低・停電対策設備　　126
　2.1.9　幹線設備　　129
　　　（1）許容電流　　129
　　　（2）電圧降下　　131
　2.1.10　電灯設備　　132
　　　（1）光源の種類　　132
　　　（2）照明制御　　132
　　　（3）非常照明，誘導灯設備　　133
　2.1.11　動力設備　　135
　　　（1）電動機の種類　　135
　　　（2）電動機の速度制御　　136
　　　（3）電動機の保護　　137
　2.1.12　監視制御設備　　139
　　　（1）監視制御設備の構成　　139
　　　（2）ビルエネルギーマネジメントシステム　　139
　　　（3）デマンド監視システム　　139
　2.1.13　弱電設備　　141
　　　（1）LAN 設備　　141

　　　　(2) 電話設備　147
　　　　(3) テレビ共同受信設備　148
　　　　(4) 緊急地震速報設備　148
　　　　(5) 監視カメラ設備　148
　　2.1.14　防災設備　149
　　　　(1) 防災設備の概要　149
　　　　(2) 自動火災報知設備　150
　　　　(3) 非常警報設備　156
　　　　(4) 防災設備への配線　159

## 2.2　環境への配慮　161
　　2.2.1　電気設備の環境負荷低減　161
　　2.2.2　省エネルギー機器　162
　　　　(1) トップランナー変圧器　162
　　　　(2) LED照明　162

## 2.3　耐震性への配慮　164
　　2.3.1　耐震対策の基本　164
　　2.3.2　受変電設備の耐震対策　164
　　　　(1) 地震力　164
　　　　(2) 局部震度法による設備機器の地震力　164
　　　　(3) 機器の据付　164
　　　　(4) アンカーボルト　164
　　　　(5) ストッパ　167
　　2.3.3　幹線設備の耐震対策　168
　　　　(1) 基本的な考え方　168
　　　　(2) 耐震支持の種類と適用　168
　　　　(3) 配線軸方向の支持　169
　　　　(4) 防火区画貫通部の耐震支持　169
　　2.3.4　建物導入部の耐震対策　171

## 2.4　新しい工法，材料，工具　173
　　2.4.1　電線，ケーブル　173
　　　　(1) トヨモジュールブランチ　173
　　　　(2) 高圧モジュールブランチ　175
　　2.4.2　保護具，防具　176
　　　　(1) ねじクランプ　176
　　　　(2) 防具シート　176
　　2.4.3　測定機器　178
　　　　(1) 保護協調試験器　178
　　　　(2) $I_0r$方式漏洩電流検出器　178

## 2.5　自然環境と電気工事　180

# 第3章 自家用電気工作物にかかわる電気工事に関する事故例　182

## 3.1 電気設備に関する事故　182

### 3.1.1 設備事故　182
(1) システム不良　182
(2) 施工不良　183
(3) 経年劣化　183
(4) 機器不良　183
(5) 地絡・短絡　184

### 3.1.2 電源品質障害　184
(1) 瞬時電圧低下　184
(2) 雷害　184
(3) 高調波障害　184
(4) ノイズ障害　185

### 3.1.3 労働災害　185
(1) 感電　185
(2) 墜落・転落　186
(3) 飛来・落下　186
(4) はさまれ・巻き込まれ　186
(5) 交通災害　187
(6) 切れ・こすれ　187

### 3.1.4 その他　187
(1) 情報漏えい　187
(2) 他への損傷　188
(3) 盗難　188

## 3.2 設備事故の発生例とその原因と対策　189

## 3.3 電源品質障害の発生例とその原因と対策　213

## 3.4 労働災害の発生例とその原因と対策　223

## 3.5 その他の事故の発生例とその原因と対策　241

# 第1章
自家用電気工作物の保安に関する法令

# 第2章
自家用電気工作物にかかわる電気工事に関する知識

# 第3章
自家用電気工作物にかかわる電気工事に関する事故例

# 第1章

# 自家用電気工作物の保安に関する法令

## 1.1 自家用電気工作物に関する法令

電気関連法令は電気工作物に対する規制を目的とした「電気事業法」をはじめ,「電気工事士法」,「電気工事業の業務の適正化に関する法律(電気工事業法)」,「電気用品安全法」等からなる。

電気事業法では,電気工作物を発電所,変電所や送電線などの「事業用電気工作物」,工場や高層ビルなどの「自家用電気工作物」,および小出力の発電設備や中小ビル,家庭の屋内配線などの「一般用電気工作物」に分けて保安規制の対象としている。これらの電気工作物による感電や火災などを防止するために,一般用電気工作物と「500kW未満」の自家用電気工作物の電気工事を行うものに対して資格を定めた法律が「電気工事士法」および「電気工事業法」である。

さらに,一般用電気工作物を構成する「電気用品」に対しては,「電気用品安全法」により需要家の安全を保護している。以上の電気関連法令の体系を図1.1-1に示す。

### 1.1.1 電気事業法
(1) 概要

電気保安を目的とした法律には,「電気事業法」を中心として,「電気用品安全法」,「電気工事士法」および,「電気工事業法」の4つがある。ここでは電気事業法について解説する。

電気事業法は電気に関する基本法という位置づけで1964(昭和39)年に制定され,関係する政令・省令をあげると表1.1-1のとおりとなる。

(2) 電気事業法の目的

電気事業法の目的を第1条に記している。『第1条　この法律は,電気事業の運営を適正かつ合理的ならしめることによって,電気の使用者の利益を保護し,及び電気事業の健全な発達を図るとともに,電気工作物の工事,維持及び運用を規制することによって,公共の安全を確保し,及び環境の保全を図ることを目的とする。』となっている。つまり,電気は国民生活および国民経済上不可欠なエネルギーであるから,これを安い価格で安定して供給することが重要であり,また電気事業が公正に行われるように事業の規制をする必要があることを規定している。

電気事業法における事業規制は,目的にもあるように,電気の消費者に不当な不利益を与え

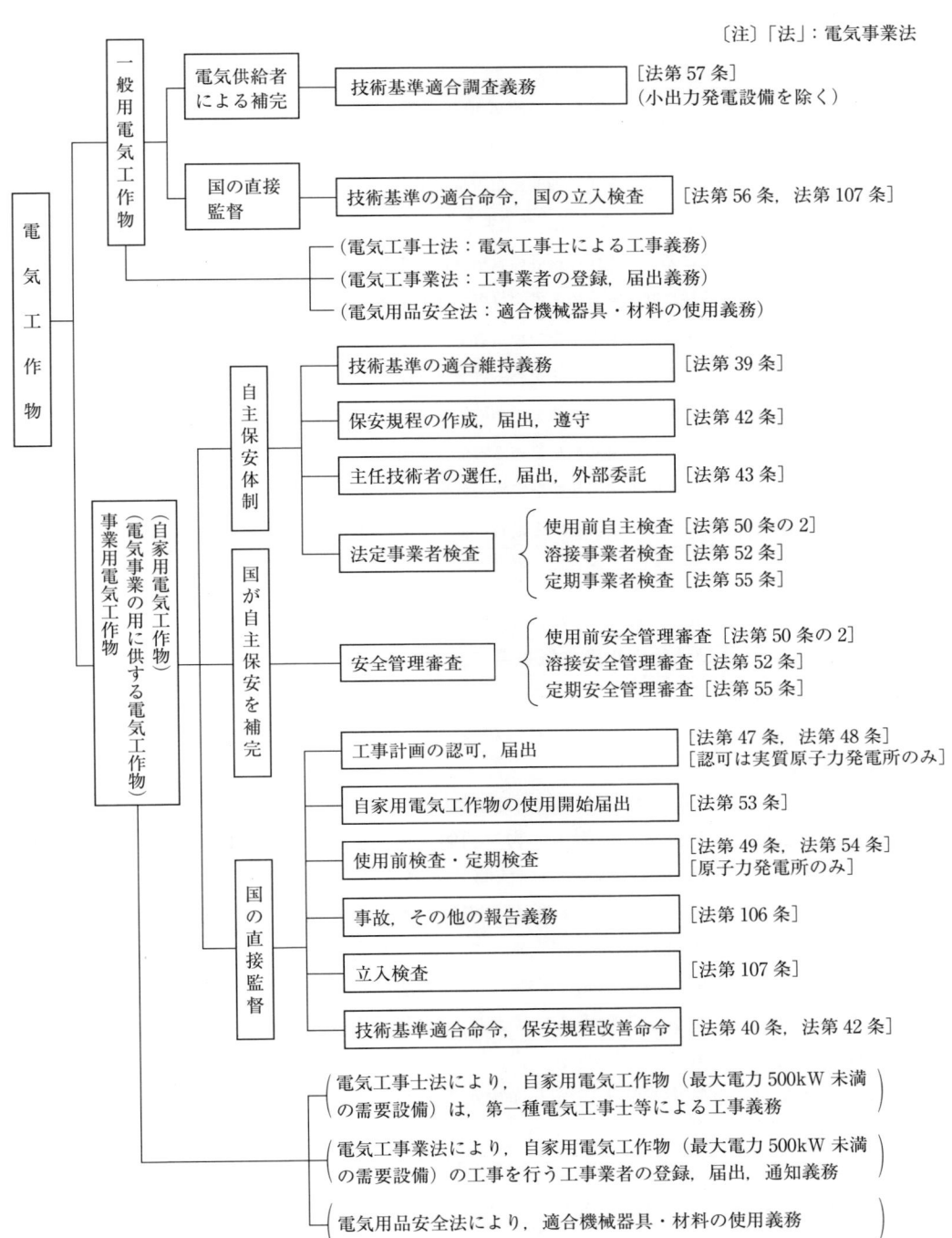

図 1.1-1　電気工作物の保安体制

ないようにすることと，電気事業自身の発達を図るという両面をもっており，規制の主要な点はこの観点から行われている。しかし，最近の電気事業法の改正では，安定供給の確保を最優先として公的規制がなされた電気事業についても，諸規制の緩和により競争原理を導入し，一層の効率的な電力供給を図る観点から電力販売の自由化も認められ，事業規制も大幅に見直さ

**表 1.1-1　電気事業法と関係する政令・省令**

| 法律 | 電気事業法（昭和39年　法律第170号） |
|---|---|
| 政令 | ① 電気事業法の施行期日を定める政令（昭和40年　政令第205号）<br>② 電気事業法施行令（昭和40年　政令第206号） |
| 省令 | ① 電気事業法施行規則（平成7年　通商産業省令第77号）<br>② 電気関係報告規則（昭和40年　通商産業省令第54号）<br>③ 電気事業法の規定に基づく主任技術者の資格等に関する省令（昭和40年　通商産業省令第52号）<br>④ 電気設備に関する技術基準を定める省令（平成9年　通商産業省令第52号）<br>⑤ 発電用水力設備に関する技術基準を定める省令（平成9年　通商産業省令第50号）<br>⑥ 発電用火力設備に関する技術基準を定める省令（平成9年　通商産業省令第51号）<br>⑦ 発電用原子力設備に関する技術基準を定める省令（昭和40年　通商産業省令第62号）<br>⑧ 発電用風力設備に関する技術基準を定める省令（平成9年　通商産業省令第53号）<br>⑨ 発電用核燃料物質に関する技術基準を定める省令（昭和40年　通商産業省令第63号）<br>⑩ 電気工作物の溶接に関する技術基準を定める省令（平成12年　通商産業省令第123号） |

れている。電気事業法の規制の対象となる電気事業には、「一般電気事業者」、「卸電気事業者」、「特定電気事業者」および「特定規模電気事業者」がある。

**(3) 電気工作物の定義**

電気事業法において、電気保安上の必要性からいろいろな規制を受ける電気工作物は、次のように定義されている。

『電気工作物　発電、変電、送電若しくは配電または電気の使用のために設置する機械、器具、ダム、水路、貯水池、電線路その他の工作物（船舶、車両または航空機に設置されるものその他の政令で定めるものを除く。）をいう。』（法第2条第16号）。

この定義から、電気事業法が規制の対象としている電気工作物は、発電から需要設備の末端にいたるまでの強電流の電気機器および発電用のダム、水路、貯水池などの工作物すべてを含んでいる。電話線などの弱電流の電気工作物は、この法律が強電流電気工作物を取締まるものなので、この趣旨から、電気工作物から除かれていると解釈されている。また、船舶・車両または航空機に設置されるものなどで政令で定めるものは電気工作物から除かれており、この法律の適用を受けない。電気事業法上電気工作物から除かれる工作物は、次のようなものである（施行令第1条）。

第1条　電気事業法（以下「法」という。）第2条第1項第16号の政令で定める工作物は、次のとおりとする。
1　鉄道営業法（明治33年法律第65号）、軌道法（大正10年法律第76号）若しくは鉄道事業法（昭和61年法律第92号）が適用され若しくは準用される車両若しくは搬器、船舶安全法（昭和8年法律第10号）が適用される船舶若しくは海上自衛隊の使用する船舶又は道路運送車両法（昭和26年法律第185号）第2条第2項に規定する自動車に設置される工作物であって、これらの車両、搬器、船舶及び自動車以外の場所に設置される電気的設備に電気を供給するためのもの以外のもの。

2　航空法（昭和27年法律第231号）第2条第1項に規定する航空機に設置される工作物。
3　前2号に掲げるもののほか，電圧30ボルト未満の電気的設備であって，電圧30ボルト以上の電気的設備と電気的に接続されていないもの。

　車両や自動車の電気設備であっても，陸上の固定した電気設備に電気を供給することを目的として作られた発電車や変電車などは除外されず，電気事業法の電気工作物として取締りの対象となっている。また，電圧30V未満の単独回路は，そもそも電気的な危険性が少ないものとして電気工作物から除外されているが，変圧器などで高い電圧のものと接続されている回路は混触による危険もあるので，電気工作物として電気事業法の規制を受け，電気設備の技術基準に適合した施設が要求されることとなる。

(4) 電気工作物の種類
　電気工作物は，一般電気工作物と事業用電気工作物（自家用電気工作物を含む）とに分類される。

(a) 一般電気工作物
　一般用電気工作物と自家用電気工作物は，ともに電気需要家の電気設備であるが，その規模の大きさや危険性から両者に分けられている。一般用電気工作物は電気を使用するための電気工作物と小出力発電設備であり，次に当てはまるものをいう。

①同一の構内にある電気を使用するための電気工作物，小出力発電設備，およびこれらが電気的に接続された場合であって，電力会社等から600V以下の電圧で受電し，受電のため以外に構外につながる電線路がないもの。ここで，受電には逆潮流も含まれる。

②構外から受電しないで，小出力発電設備の発電と電気を使用するための電気工作物が構内で完結するもの。

③小出力発電設備は次のとおりである。電圧600V以下で，太陽電池設備では出力50kW未満，風力・水力（ダム式を除く）発電設備では出力20kW未満，内燃力・燃料電池発電設備では出力10kW未満。以上のように低圧受電の比較的危険度の小さい電気工作物であり，住宅，商店，小規模のビル・工場などが該当する。

(b) 自家用電気工作物（事業用電気工作物）
　一般用電気工作物以外のものである事業用電気工作物のうち，電気事業の用に供する電気工作物以外のものであり，次に当てはまるものをいう。

①電力会社から高圧または特別高圧で受電するもの。
②受電用以外に構外にわたる電線路があるもの。
③小出力発電設備以外の発電設備。
④電気事業の用に供する以外の発電所，送電線路など。

　以上のように比較的の危険度の大きい電気工作物であり，建築電気設備では高圧受電以上の需要設備の建築物などが該当する。ここで需要設備とは，電気を使用するために，その使用の場所と同一の構内（発電所および変電所の構内を除く）に設置する電気工作物の総合体をいう。ビルや工場などに設置される受電設備，構内電線路，負荷設備および非常用予備発電装置などである。

### 1.1.2 電気工事士法

#### (1) 概要

電気保安を目的とした法律には,「電気事業法」を中心として,「電気用品安全法」,「電気工事士法」および「電気工事業法」の4つがある。ここでは電気工事士法について解説する。

電気工事士法と関係する政令・省令をあげると(表1.1-2)のとおりとなる。

電気工事士法は,一般電気工作物に対する電気保安確保のためにつくられた法律であり,昭和62年9月に一部改正があり,最大電力500kWの非常用発電設備を含む需要設備である自家用電気工作物もこの法律の規制対象となった。その結果,一般電気工作物の電気工事は第一種電気工事士または第二種電気工事士が行い,自家用電気工作物の電気工事は第一種電気工事士が行うことが義務とされた。

#### (2) 最近の改正内容

平成20年12月に電気工事士法施行規則の一部を改正する省令(平成20年経済産業省令第86号)の公布に伴い,エアコン設置工事にかかわる電気工事士法の解釈適用が明確化された。電気工事士法では,『一般用電気工作物又は自家用電気工作物を設置し,又は変更する工事』を「電気工事」と定めている(第2条第3項)。ただし,法第2条第3項および同項の規定に基づく電気工事士法施行令第1条に規定する「軽微な工事」は「電気工事」から除外されている。当該改正では,つぎに示す①から③により,軽微な作業と電気工事士が直接従事することが必要な作業を明確化された。

①取り付ける作業が「電気工事士が行うべき電気工事」に該当する場合には,取り外す作業も「電気工事士が行うべき電気工事」に該当。

電路がすでに遮断され,以降電気を用いない場合に,遮断された部分についての設備を撤去する作業に該当する場合(建物を取り壊す場合など)には,そもそも「電気工事」に該当しない。ただし,電路を遮断する行為自体としての取り外す作業や,接続を外す作業は「電気工事」となる。

②金属製以外(例:樹脂製)のボックス,防護装置取り付け,取り外しの作業を,「電気工事士が行うべき電気工事」から「軽微な作業」に変更。

③600V以下で使用する電気機器に接地線を取り付ける作業を,「電気工事士が行うべき電気工事」から「軽微な作業」に変更。使用電圧は,需要全体の受電電圧ではなく,個別の電気機器ごとに判断する。ビルなど自家用電気工作物とされたものの中に設置されるエアコンであっても,当該エアコン自体の使用電圧が100Vであれば,本作業は「軽微な工事」となる。

#### (3) 目的

電気工事士法の規制の中心は,電気工事の作業に従事する者について一定の資格と義務を定めることにあり,これによって電気工事の欠陥による災害の発生防止に寄与しようとするものである。「電気工事の作業に従事する者」とは,電気工事の現場において自らが実地に電気工事の作業を行う者をいう。また,いわゆる補助工事人として工事の一部の補助にあたる者であっ

表1.1-2 電気工事士法と関係する政令・省令

| 法律 | 電気工事士法 | (昭和35年 法律第139号) |
|---|---|---|
| 政令 | 電気工事士法施行令 | (昭和35年 政令第260号) |
| 省令 | 電気工事士法施行規則 | (昭和35年 通商産業省令第97号) |

ても，実際に作業を行う場合は，これに該当する。

　しかし，単に工事の監督のみを行う者は該当しない。「電気工事の欠陥による災害の発生防止に寄与する」とは，当該法のみにより災害の発生を根本的に防止し得るものではなく，電気事業法等に基づく他の保安措置と相まってはじめて防止が可能となるものである。また，「災害」とは，漏電などに起因する火災のほか感電事故なども含むことは当然であるが，「電気工事の欠陥」のみを示し，電気工事作業に従事する者自体に対する作業上の災害防止は当該法の目的ではない。これは，昭和62年法律改正以前の電気工事士法では住宅などが対象であったためである。規制の対象外であった中小ビルや工場などに設置されている比較的規模の大きい自家用電気工作物の状況をみると，電気工事の段階における工事不備が主要な原因のひとつとなって多くの事故が発生しているのみならず，それらの多くは，近隣へ影響を及ぼすいわゆる波及事故を誘発する事態を招いていた。

　しかしこのような事態を放置することは，コンピュータなどが広く普及した高度情報社会を迎え，瞬時電圧低下や停電などが少ない極めて高品質の電気供給を必要とする経済社会にとって重大な問題であり，早急な対応が強く要請されていた。

　このような事態に対応するため，自家用電気工作物の電気工事の段階での保安を抜本的強化し，事故を未然に防止することを目的として，一般用電気工作物の場合と同様に，自家用電気工作物の電気工事についても，これを電気工事士が行うことを義務とするなど，所要の措置を講じる必然性が生じたことを背景にして，電気工事士法の改正が行われることとなった。

### (4) 電気工事の種類と資格

　電気工事士法でいう電気工事とは，一般用電気工作物または自家用電気工作物を設置または変更する工事と定義されている。よって，電気事業用の電気工作物の電気工事は，当該法の電気工事とならないため，その工事に関しては当該法では，とくに要求されていない。

　一般用電気工作物は，電気事業法第38条第1項で定められている「一般用電気工作物」と同じであるが，自家用電気工作物の定義は，電気事業法第38条第4項で定める「自家用電気工作物」の定義から，発電所・変電所・最大電力500kW以上の需要設備・その他経済産業省令で定めるものは除かれている。経済産業省令では，送電線・保安通信設備および開閉所が定められている。よって，自家用電気工作物の電気工事を示すものは，最大電力500kW未満の需要設備であり，非常用予備発電設備および配電設備も含まれる設備である自家用電気工作物の電気工事である。

　一般用電気工作物の電気工事作業は，第一種電気工事士または第二種電気工事士免状の交付を受けているものに限られる。自家用電気工作物の電気工事作業は，第一種電気工事士免状の交付を受けているものに限られる。ただし，自家用電気工作物の電気工事作業であっても低圧（600V以下）の電気工作物のみの電気工事作業は，認定電気工事従事者が行うことができる（法第2条第4項）

　一方で自家用電気工作物の電気工事であっても，ネオン工事や非常用予備発電設備の特殊電気工事は，それぞれの特殊電気工事資格者でなければ従事できない。各種の電気工作物の電気工事種類と従事するべき資格者の関係を（表1.1-3）に示す。

### (5) 電気工事士法の対象となる電気工作物の種類

　電気工事士法および電気事業法で，一般用電気工作物と自家用電気工作物の定義が定められているが，電気工事士法と電気事業法とでは，自家用電気工作物の定義が異なっている。

表 1.1-3　電気工事の種類と資格

| 電気工作物の種類と範囲 | | | 電気工事をする場合の資格 |
|---|---|---|---|
| 事業用電気工作物 | 発電所・変電所・送電線路・配電線路・保安通信設備等 | | ― |
| 自家用電気工作物 | 発電所・変電所・送電線路（※1）保安通信設備 | | ― |
| | 最大電力 500kW 以上の需要設備 | | ― |
| | 最大電力 500kW 未満の需要設備（配電設備も含まれる） | | 第一種電気工事士 |
| | 特殊電気工事 | ネオン工事（※2） | ネオン工事にかかわる特殊電気工事資格者 |
| | | 非常用予備発電装置工事（※3） | 非常用予備発電装置工事にかかわる特殊電気工事資格者 |
| | 簡易電気工事 | 600V 以下の電気設備の工事 | 第一種電気工事士または，第二種電気工事士 |
| 一般用電気工作物 | 主として一般家庭の屋内配線屋外配線など | | 第一種電気工事士第二種電気工事士 |

※1 送電線路とは：発電所の相互間ならびに，変電所相互間または，発電所と変電所のあいだの電線路を示す
※2 ネオン工事とは：ネオン用として設置される主開閉器（1次側の電線との接続部を除く）・分電盤・タイムスイッチ・点燈器・ネオン変圧器・ネオン管およびこれらの付帯設備にかかわる電気工事をいう
※3 非常用予備発電装置工事とは：非常用予備発電設備として設置される原動機，発電機，配電盤（他の需要設備とのあいだの接続部を除く）およびこれらの付属設備にかかわる電気工事をいう

電気工事士法の対象となる電気工作物は次のとおりとなっている。
①一般用電気工作物は，すべてが対象
②自家用電気工作物は，最大電力 500kW 未満の需要設備
③自家用電気工作物は，構外にわたる配線路も対象となる
「需要設備」とは，電気を使用するために，その使用場所と同一構内に設置する電気工作物の総合体を示す。要約すれば，工場・ビルを示すこととなる。
電気工事士法と電気事業法の自家用電気工作物の範囲の違いを，表 1.1-4 に示す。

### (6) 電気工事士の義務

電気工事士，特殊電気工事資格者ならびに認定電気工事従事者（以下「電気工事士等」）には，代表的な例示として次にあげるような義務が課せられている。
①電気工事士等は，電気工事士の作業に従事するときには，電気事業法による電気設備の技術基準に適合するようにその作業をしなければならない（法第5条）
②電気工事士等は，電気工事の作業に従事するときには，電気工事士免状またはそれぞれの認定証を携帯しなければならない（法第5条）
③都道府県知事から，電気工事士法第9条の規定により，電気工事の業務に関し報告を求められた場合は，報告しなければならない
④その他電気用品安全法第28条により，電気用品を電気工事に使用する場合は，それぞれ所定の表示のあるものを使用しなければならない

### (7) 電気工事士でなければできない電気工事作業とは

電気工事の作業のうち，電気保安上有資格者でなければ行ってはならない作業が詳細に定め

表 1.1-4 電気工事士法と電気事業法で規程する自家用電気工作物などの範囲

| 電気事業法 | 電気工事士法 | 電気工作物の種類と範囲 | |
|---|---|---|---|
| 自家用電気工作物 | 事業用電気工作物 | 発電所・変電所・送電線路・配電線路・保安通信設備等 | |
| | 自家用電気工作物 | 発電所・変電所・送電線路（※1）保安通信設備 | |
| | | 最大電力 500kW 以上の需要設備 | |
| | | 最大電力 500kW 未満の需要設備（配電設備も含まれる） | |
| | | 特殊電気工事 | ネオン工事（※2） |
| | | | 非常用予備発電装置工事（※3） |
| | | 簡易電気工事 | 600V 以下の電気設備の工事 |
| 一般用電気工作物 | 一般用電気工作物 | 主として一般家庭の屋内配線 屋側配線など | |

※1～※3は表1.1-3参照。

表 1.1-5 電気工事士でなければできない電気工事作業

| ① 電線相互を接続する作業 |
|---|
| ② がいしに電線を取り付ける作業 |
| ③ 電線を直接造営材やその他（がいしを除く）に取り付ける作業 |
| ④ 電線管，線ぴ，ダクト，その他これらに類する物に電線を収める作業 |
| ⑤ 配線器具を造営材その他に固定し，またはこれに電線を節足する作業（露出型点滅器，または露出型コンセントを交換する作業を除く） |
| ⑥ 電線管を曲げ，もしくはねじ切りし，または電線管もしくは電線とボックスその他の付属品とを接続する作業 |
| ⑦ ボックスを造営材その他の物件に取り付ける作業 |
| ⑧ 電線・電線管・線ぴ・ダクトその他これらに類する物が造営材を貫通する部分に防護装置を取り付ける作業 |
| ⑨ 金属製の電線管・線ぴ・ダクトその他これらに類する物またはこれらの附属品を，建造物のメタルラス張りまたは金属板張りの部分に取り付ける作業 |
| ⑩ 配電盤を造営材に取り付ける作業 |
| ⑪ 接地線を自家用電気工作物に取り付け，接地線相互もしくは接地線と接地極とを接続し，または接地極を地面に埋設する作業 |
| ⑫ 電圧 600V を超えて使用する電気機器に電線を接続する作業 |

られている。具体的な例を表 1.1-5 に示す。

ただし，表 1.1-5 にあげた作業で，電気工事士が作業するときに，電気工事士ではないものが電気工事士作業補助することは差し支えないことになっている（施行規則第2条）

(8) 電気工事士ではなくとも作業ができる軽微な電気工事とは

表 1.1-5 で示した電気工事作業のうち，表 1.1-6 に示す内容は電気保安上支障がないものと

表 1.1-6　電気工事士ではなくとも作業ができる軽微な電気工事とは

| |
|---|
| ① 電圧 600V 以下で使用する差込み接続器・ねじ込み接続器・ソケット・ローゼット・その他の接続器，または電圧 600V 以下で使用するナイフスイッチ・カットアウトスイッチ・スナップスイッチ・その他開閉器にコードまたはキャブタイヤーケーブルを接続する工事 |
| ② 電圧 600V 以下で使用する配線器具を除く電気機器または，電圧 600V 以下で使用する蓄電池の端子に電線（コード・キャブタイヤーケーブルおよびケーブルを含む）をねじ止めする工事 |
| ③ 電圧 600V 以下で使用する電力量計もしくは電流制限器またはヒューズを取り付け，または取り外す作業 |
| ④ 電鈴・インターホン・火災報知器・豆電球・その他これらに類する施設に使用する小型変圧器（二次電圧 36V 以下に限る）の二次側配線作業 |
| ⑤ 電線を支持する柱，腕木その他これらに類する工作物を設置し，または変更する工事 |
| ⑥ 地中電線用の暗渠または管を設置し，または変更する工事 |

され，とくに軽微な工事作業として，電気工事士などの資格がないものでも，その工事作業を行うことができることとなっている。

### 1.1.3　電気工事業の業務の適正化に関する法律（電気工事業法）

**(1) 概要と最近の主な改正点**

電気工事業の業務の適正化に関する法律は，電気工事業の事業者の登録とその業務を規制することで，需要家に設置する一般用電気工作物および自家用電気工作物による感電，電気火災，電波障害等の危険および障害の発生を防止し，電気保安を確保するために制定された。

電気工事業の業務の適正化に関する法律について，ここ最近，改正は行われていない。

**(2) 目的（法第1条）**

この法律は，電気工事業を営む者の登録等およびその業務の規制を行うことにより，その業務の適正な実施を確保し，もって一般用電気工作物および自家用電気工作物の保安の確保に資することを目的とする。

**(3) 定義（法第2条）**

① 「電気工事」とは，電気工事士法第2条第3項に規定する電気工事（一般用電気工作物または自家用電気工作物を設置し，または変更する工事）をいう。ただし，家庭用電気機械器具の販売に付随して行う工事を除く。

② 「電気工事業」とは，電気工事を行う事業をいう。

③ 「登録電気工事業者」とは第3条第1項または第3項の登録を受けた者を，「通知電気工事業者」とは第17条の2第1項の規定による通知をした者を，「電気工事業者」とは登録電気工事業者および通知電気工事業者をいう。

④ 「第一種電気工事士」とは電気工事士法第3条第1項に規定する第一種電気工事士を，「第二種電気工事士」とは同条第2項に規定する第二種電気工事士をいう。

⑤ 「一般用電気工作物」とは電気工事士法第2条第1項に規定する一般用電気工作物を，「自家用電気工作物」とは同条第2項に規定する自家用電気工作物をいう。

**(4) 電気工事業者の登録等**

表 1.1-7 に示すように，事業とする電気工事，建設業としての許可の有無により，登録等の申請方法が異なる。

表 1.1-7　電気工事業の登録等

| 事業とする電気工事 | 建設業の許可 | 該当する電気工事業者 | 手続き |
|---|---|---|---|
| 一般用電気工作物<br>自家用電気工作物 | 未取得 | 登録電気工事業者 | 登録申請 |
| | 取得済み | みなし登録電気工事業者 | 開始届出 |
| 自家用電気工作物のみ | 未取得 | 通知電気工事業者 | 開始通知 |
| | 取得済み | みなし通知電気工事業者 | 開始通知 |

(a) 登録電気工事業者（法第3条から法第17条）

　一般用電気工作物または自家用電気工作物を設置し，または変更する電気工事業を営もうとする者は，2つ以上の都道府県の区域内に営業所（電気工事の作業の管理を行わない営業所を除く。以下同じ）を設置してその事業を営もうとするときは経済産業大臣の，1つの都道府県の区域内にのみ営業所を設置してその事業を営もうとするときは当該営業所の所在地を管轄する都道府県知事の登録を受けなければならない。

　登録された登録電気工事業者の有効期間は5年であり，有効期間の満了後，引き続き電気工事業を営もうとする者は，更新の登録をする必要がある。

　登録申請書に記載した事項に変更があったときは，変更の日から30日以内に，その旨をその登録をした経済産業大臣または都道府県知事に届け出なければならない。また，登録証に記載された事項の変更についても，登録証を添えて届け出をし，訂正を受けなければならない。

(b) 通知電気工事業者（法第17条の2から法第18条）

　自家用電気工作物にかかわる電気工事（以下「自家用電気工事」）のみにかかわる電気工事業を営もうとする者は，経済産業省令で定めるところにより，その事業を開始しようとする日の10日前までに，2つ以上の都道府県の区域内に営業所を設置してその事業を営もうとするときは経済産業大臣に，1つの都道府県の区域内にのみ営業所を設置してその事業を営もうとするときは当該営業所の所在地を管轄する都道府県知事にその旨を通知しなければならない。この通知申請した者を通知電気工事業者という。

(c) 建設業者に関する特例（法第34条）

　建設業法第2条第3項に規定する建設業者（以下「建設業者」）については，二重規制となることから，登録等（第3条から第18条）および登録の取消し等（第28条）にかかわる規定が適用除外となる。しかし，建設業者が電気工事業を営むときには，その届出を義務づけ，一般用電気工作物の保安の確保の観点から本法の登録を受けた電気工事業者とみなし本法律の業務，監督等の規定を適用する。また，建設業法の適用を受けている建設業者であって自家用電気工作物のみにかかわる電気工事業を営むものについても，本法の通知をした通知電気工事業者とみなして本法律の業務，監督等の規定を適用することとしている。

①みなし登録電気工事業者

　電気工事業を開始したときは，経済産業省令で定めるところにより，遅滞なく，その旨を経済産業大臣または都道府県知事に届け出なければならない。その届出にかかわる事項について変更があったとき，または当該電気工事業を廃止したときも，同様である。

②みなし通知電気工事業者

　自家用電気工事のみにかかわる電気工事業を開始したときは，経済産業省令で定めるところにより，遅滞なく，その旨を経済産業大臣または都道府県知事に通知しなければならない。そ

の通知にかかわる事項について変更があったとき，または当該電気工事業を廃止したときも，同様である。

(5) 業務上の規制

電気工事業者の業務に関して，次の内容の規制がなされている。

(a) 主任電気工事士の設置（法第19条）

登録電気工事業者は，その一般用電気工作物にかかわる電気工事（以下「一般用電気工事」）の業務を行う営業所ごとに，当該業務にかかわる一般用電気工事の作業を管理させるため，第一種電気工事士または電気工事士法による第二種電気工事士免状の交付を受けたあと電気工事に関し3年以上の実務の経験を有する第二種電気工事士を，主任電気工事士としておかなければならない。

(b) 主任電気工事士の職務等（法第20条）

① 主任電気工事士は，一般用電気工事による危険および障害が発生しないように一般用電気工事の作業の管理の職務を誠実に行わなければならない。

② 一般用電気工事の作業に従事する者は，主任電気工事士がその職務を行うため必要があると認めてする指示に従わなければならない。

(c) 電気工事士等でない者を電気工事の作業に従事させることの禁止（法第21条）

① 電気工事業者は，その業務に関し，第一種電気工事士でない者を自家用電気工事（特殊電気工事を除く）の作業（軽微な作業を除く）に従事させてはならない。

② 登録電気工事業者は，その業務に関し，第一種電気工事士または第二種電気工事士でない者を一般用電気工事の作業（軽微な作業を除く）に従事させてはならない。

③ 電気工事業者は，その業務に関し，特種電気工事資格者でない者を当該特殊電気工事の作業（軽微な作業を除く）に従事させてはならない。

④ 電気工事業者は，認定電気工事従事者（電気工事士法第3条第4項に規定する認定電気工事従事者をいう）を簡易電気工事（電圧600V以下で使用する自家用電気工作物にかかわる電気工事（電線路にかかわるものを除く）をいう）の作業に従事させることができる。

(d) 電気工事を請け負わせることの制限（法第22条）

電気工事業者は，その請け負った電気工事を当該電気工事にかかわる電気工事業を営む電気工事業者でない者に請け負わせてはならない。

(e) 電気用品の使用の制限（法第23条）

電気工事業者は，電気用品安全法の表示が付されている電気用品でなければ，これを電気工事に使用してはならない。

(f) 器具の備付け（法第24条，同法施行規則第11条）

電気工事業者は，その営業所ごとに，次に示す器具を備えなければならない。

① 自家用電気工事の業務を行う営業所にあっては，絶縁抵抗計，接地抵抗計，抵抗および交流電圧を測定することができる回路計，低圧検電器，高圧検電器，継電器試験装置ならびに絶縁耐力試験装置（継電器試験装置および絶縁耐力試験装置にあっては，必要なときに使用し得る措置が講じられているものを含む）。

② 一般用電気工事のみの業務を行う営業所にあっては，絶縁抵抗計，接地抵抗計ならびに抵抗および交流電圧を測定することができる回路計

(g) 標識の掲示（法第25条，同法施行規則第12条）

電気工事業者は，経済産業省令で定めるところにより，その営業所および電気工事の施工場所ごとに，その見やすい場所に，次にあげる事項を記載した標識を掲げなければならない。ただし，電気工事が1日で完了する場合にあっては，当該電気工事の施工場所については行う必要がない。

①登録電気工事業者にあっては，（イ）氏名または名称および法人にあっては，その代表者の氏名，（ロ）営業所の名称および当該営業所の業務にかかわる電気工事の種類，（ハ）登録の年月日および登録番号，（ニ）主任電気工事士等の氏名

②通知電気工事業者にあっては，（イ）氏名または名称および法人にあっては，その代表者の氏名，（ロ）営業所の名称，（ハ）通知の年月日および通知先

(h) 帳簿の備付け等（法第26条，同法施行規則第13条）

　電気工事業者は，その営業所ごとに帳簿を備え，電気工事ごとに，（イ）注文者の氏名または名称および住所，（ロ）電気工事の種類および施工場所，（ハ）施工年月日，（ニ）主任電気工事士等および作業者の氏名，（ホ）配線図，（ヘ）検査結果，の事項を記載しなければならない。また，帳簿は，記載の日から5年間保存しなければならない。

### 1.1.4　電気用品安全法

　昭和36年に制定された「電気用品取締法」が名称を改め，平成13年4月1日に「電気用品安全法」として改正施行された。最近の主な改正点は，平成19年11月21日付け法律第116号により，蓄電池が新たに電気用品として規制されることになった。

　また，旧電気用品取締法により表示されていた▽と○の〒マークのあるものは，電気用品安全法第10条第1項の規定により付されたものとみなすことになった。したがって，旧表示の電気用品は使用や販売できる期限が定められていたが，この期限が撤廃され，今後とも販売や使用ができるようになった。

　平成23年7月1日の閣議決定により，LEDランプが電気用品として新たに規制対象に追加されることになった。

**(1) 目的（法第1条）**

　この法律は，電気用品の製造，販売等を規制するとともに，電気用品の安全性の確保につき民間事業者の自主的な活動を促進することにより，電気用品による危険および障害の発生を防止することを目的とする。

**(2) 定義（法第2条）**

　この法律において「電気用品」とは，次にあげる物をいう。

①一般用電気工作物（電気事業法（昭和39年法律第170号）第38条第1項に規定する一般用電気工作物をいう）の部分となり，またはこれに接続して用いられる機械，器具または材料であって，政令で定めるもの

②携帯発電機であって，政令で定めるもの

③蓄電池であって，政令で定めるもの

　この法律において「特定電気用品」とは，構造または使用方法その他の使用状況からみてとくに危険または障害の発生するおそれが多い電気用品であって，政令で定めるものをいう。

　「特定電気用品」として定められているものは表1.1-8に示すとおりである。また「特定電気用品以外の電気用品」として定められているものは表1.1-9に示すとおりである。

(3) 事業届出（法第3条，政令第2条から第4条）

　電気用品の製造または輸入の事業を行う者は，電気用品の区分（施行規則　別表第一）に従い，事業開始の日から30日以内に，経済産業大臣に届け出なければならない。

(4) 基準適合義務（法第8条），特定電気用品の適合性検査（法第9条）

　届出事業者は，届出の型式の電気用品を製造し，または輸入する場合においては，技術上の基準に適合するようにしなければならない。また，これらの電気用品について（自主）検査を行い，検査記録を作成し，保存しなければならない。

　届出事業者は，製造または輸入にかかわる電気用品が特定電気用品である場合には，その販売するときまでに登録検査機関の技術基準適合性検査を受け，適合性証明書の交付を受け，これを保存しなければならない。

(5) 表示（法第10条，12条）

　届出事業者は，(3)および(4)の義務を履行したときは，当該電気用品に省令で定める方式による表示を付することができる。（表1.1-10）

(6) 販売の制限（法第27条）

　電気用品の製造，輸入または販売の事業を行う者は，(5)の表示（PSEマーク等）が付されているものでなければ，電気用品を販売したりまたは販売の目的で陳列してはならない。

(7) 報告の徴収（法第45条）

　経済産業大臣は，法律の施行に必要な限度において，電気用品の製造，輸入，販売の各事業を行う者等に対し，その業務に関し報告をさせることができる。

(8) 立入検査等（法第46条）

　経済産業大臣はこの法律の施行に必要な限度において，その職員に，電気用品の製造，輸入もしくは販売の事業を行うもの等の事務所，工場，事業場，店舗または倉庫に立ち入り，電気用品，帳簿，書類その他の物件を検査させ，または関係者に質問させることができる。

　このうち，販売事業を行うものに関するものは，事務所，事業場，店舗または倉庫の所在地を管轄する都道府県知事が行う。（施行令第5条）

(9) 改善命令（法第11条）

　経済産業大臣は，届出事業者が基準適合義務等に違反していると認める場合には，届出事業者に対し，電気用品の製造，輸入または検査の方法その他の業務の方法に関し必要な措置をとるべきことを命じることができる。

(10) 表示の禁止（法第12条）

　経済産業大臣は，基準不適合な電気用品を製造または輸入した場合において，危険または障害の発生を防止するためにとくに必要があると認めるとき，検査記録の作成・保存義務や特定電気用品製造・輸入にかかわる認定・承認検査機関の技術基準適合性検査の受検義務を履行しなかったとき等において，届出事業者に対し，1年以内の期間を定めて届出にかかわる型式の電気用品に表示を付することを禁止することができる。

(11) 危険等防止命令（法第42条の5）

　経済産業大臣は，届出事業者等による無表示品の販売，基準不適合品の製造，輸入，販売により危険または障害が発生するおそれがあると認める場合において，当該危険または障害の拡大を防止するためとくに必要があると認めるときは，届出事業者等に対して，販売した当該電気用品の回収を図ることその他当該電気用品による危険および障害の拡大を防止するために必

要な措置をとるべきことを命じることができる。

表 1.1-8　特定電気用品（政令別表第一）

| |
|---|
| 一　電線（定格電圧が100V以上600V以下のものに限る。）であって，次に掲げるもの |
| （一）　絶縁電線であって，次に掲げるもの（導体の公称断面積が100mm$^2$以下のものに限る。） |
| 1　ゴム絶縁電線（絶縁体が合成ゴムのものを含む。） |
| 2　合成樹脂絶縁電線（別表第二第一号（一）に掲げるものを除く。） |
| （二）　ケーブル（導体の公称断面積が22mm$^2$以下，線心が7本以下及び外装がゴム（合成ゴムを含む。）又は合成樹脂のものに限る。） |
| （三）　コード |
| （四）　キャブタイヤケーブル（導体の公称断面積が100mm$^2$以下及び線心が7本以下のものに限る。） |
| 二　ヒューズであって，次に掲げるもの（定格電圧が100V以上300V以下のものであって，交流の電路に使用するものに限る。） |
| （一）　温度ヒューズ |
| （二）　その他のヒューズ（定格電流が1A以上200A以下（電動機用ヒューズにあっては，その適用電動機の定格容量が12kW以下）のものに限り，別表第二第三号に掲げるもの及び半導体保護用速動ヒューズを除く。） |
| 三　配線器具であって，次に掲げるもの（定格電圧が100V以上300V以下（蛍光灯用ソケットにあっては，100V以上1000Vボルト以下）のものであって，交流の電路に使用するものに限り，防爆型のもの及び油入型のものを除く。） |
| （一）　タンブラースイッチ，中間スイッチ，タイムスイッチその他の点滅器（定格電流が30A以下のものに限り，別表第二第四号（一）に掲げるもの及び機械器具に組み込まれる特殊な構造のものを除く。） |
| （二）　開閉器であって，次に掲げるもの（定格電流が100A以下（電動機用のものにあっては，その適用電動機の定格容量が12kW以下）のものに限り，機械器具に組み込まれる特殊な構造のものを除く。） |
| 1　箱開閉器（カバー付スイッチを含む。） |
| 2　フロートスイッチ |
| 3　圧力スイッチ（定格動作圧力が294kPa以下のものに限る。） |
| 4　ミシン用コントローラー |
| 5　配線用遮断器 |
| 6　漏電遮断器 |
| （三）　カットアウト（定格電流が100A以下のものであって，つめ付ヒューズ又はプラグヒューズを取り付けるものに限る。） |
| （四）　接続器及びその附属品であって，次に掲げるもの（定格電流が50A以下のものであって，極数が5以下のものに限り，タイムスイッチ機構以外の点滅機構を有するものを含む。） |
| 1　差込み接続器（別表第二第四号（三）に掲げるもの及び機械器具に組み込まれる特殊な構造のものを除く。） |
| 2　ねじ込み接続器（機械器具に組み込まれる特殊な構造のものを除く。） |
| 3　ソケット（電灯器具以外の機械器具に組み込まれる特殊な構造のものを除く。） |
| 4　ローゼット |
| 5　ジョイントボックス |
| 四　電流制限器（定格電圧が100V以上300V以下及び定格電流が100A以下のものであって，交流の電路に使用するものに限る。） |
| 五　小形単相変圧器及び放電灯用安定器であって，次に掲げるもの（定格一次電圧（放電灯用安定器であって変圧式以外のものにあっては，定格電圧）が100V以上300V以下及び定格周波数（二重定格のものにあっては，その一方の定格周波数。以下同じ。）が50Hz又は60Hzのものであって，交流の電路に使用するもの |

に限る。）
（一）　小形単相変圧器であって、次に掲げるもの（定格容量が500VA以下のものに限る。）

1　家庭機器用変圧器（2に掲げるもの並びに別表第二第五号（一）1及び5に掲げるもの並びに機械器具に組み込まれる特殊な構造のものを除く。）

2　電子応用機械器具用変圧器（定格容量が10VAを超える電源変圧器に限り、機械器具に組み込まれる特殊な構造のものを除く。）

（二）　放電灯用安定器であって、次に掲げるもの（その適用放電管の定格消費電力の合計が500W以下のものに限る。）

1　蛍光灯用安定器（電灯器具以外の機械器具に組み込まれる特殊な構造のものを除く。）

2　水銀灯用安定器その他の高圧放電灯用安定器（電灯器具以外の機械器具に組み込まれる特殊な構造のものを除く。）

3　オゾン発生器用安定器

六　電熱器具であって、次に掲げるもの（定格電圧が100V以上300V以下及び定格消費電力が10kW以下のものであって、交流の電路に使用するものに限る。）

（一）　電気便座
（二）　電気温蔵庫
（三）　水道凍結防止器、ガラス曇り防止器その他の凍結又は凝結防止用電熱器具
（四）　電気温水器
（五）　電熱式吸入器その他の家庭用電熱治療器（別表第二第七号（五七）に掲げるものを除く。）
（六）　電気スチームバス及びスチームバス用電熱器
（七）　電気サウナバス及びサウナバス用電熱器
（八）　観賞魚用ヒーター
（九）　観賞植物用ヒーター
（一〇）　電熱式おもちゃ

七　電動力応用機械器具であって、次に掲げるもの（定格電圧が100V以上300V以下及び定格周波数が50Hz又は60Hzのものであって、交流の電路に使用するものに限る。）

（一）　電気ポンプ（定格消費電力が1.5kW以下のものに限り、別表第二第八号（六五）に掲げるもの並びに真空ポンプ、オイルポンプ、サンドポンプ及び機械器具に組み込まれる特殊な構造のものを除く。）

（二）　冷蔵用又は冷凍用のショーケース（定格消費電力が300W以下の冷却装置を有するものに限る。）

（三）　アイスクリームフリーザー（定格消費電力が500W以下の電動機を使用するものに限る。）

（四）　ディスポーザー（定格消費電力が1kW以下のものに限る。）

（五）　電気マッサージ器

（六）　自動洗浄乾燥式便器

（七）　自動販売機（電熱装置、冷却装置、放電灯又は液体収納装置を有するものに限り、乗車券用のものを除く。）

（八）　電気気泡発生器（浴槽において使用するもの以外のものにあっては、定格消費電力が100W以下のものに限る。）

（九）　電動式おもちゃその他の電動力応用遊戯器具（別表第二第八号（六九）に掲げるものを除く。）

八　高周波脱毛器（定格電圧が100V以上300V以下、定格高周波出力が50W以下及び定格周波数が50Hz又は60Hzのものであって、交流の電路に使用するものに限る。）

九　第二号から前号までに掲げるもの以外の交流用電気機械器具であって、次に掲げるもの（定格電圧が100V以上300V以下及び定格周波数が50Hz又は60Hzのものに限る。）

(一) 磁気治療器
(二) 電撃殺虫器
(三) 電気浴器用電源装置
(四) 直流電源装置(交流電源装置と兼用のものを含み,定格容量が 1kVA 以下のものに限り,無線通信機の試験用のものその他の特殊な構造のものを除く。)
一〇 定格電圧が 30V 以上 300V 以下の携帯発電機

**表 1.1-9 特定電気用品以外の電気用品(政令別表第二)**

一 電線及び電気温床線であって,次に掲げるもの
(一) 絶縁電線であって,次に掲げるもの(導体の公称断面積が 100mm$^2$ 以下のものに限る。)
1 蛍光灯電線
2 ネオン電線
(二) ケーブル(定格電圧が 100V 以上 600V 以下,導体の公称断面積が 22mm$^2$ を超え 100mm$^2$ 以下,線心が 7 本以下及び外装がゴム(合成ゴムを含む。)又は合成樹脂のものに限る。)
(三) 電気温床線

二 電線管類及びその附属品並びにケーブル配線用スイッチボックスであって,次に掲げるもの(銅製及び黄銅製のもの並びに防爆型のものを除く。)
(一) 電線管(可とう電線管を含み,内径が 120mm 以下のものに限る。)
(二) フロアダクト(幅が 100mm 以下のものに限る。)
(三) 線樋(幅が 50mm 以下のものに限る。)
(四) 電線管類の附属品((一)に掲げる電線管,(二)に掲げるフロアダクト若しくは(三)に掲げる線樋を接続し,又はこれらの端に接続するものに限り,レジューサーを除く。)
(五) ケーブル配線用スイッチボックス

三 ヒューズであって,次に掲げるもの(定格電圧が 100V 以上 300V 以下及び定格電流が 1A 以上 200A 以下(電動機用ヒューズにあっては,その適用電動機の定格容量が 12kW 以下)のものであって,交流の電路に使用するものに限る。)
(一) 筒形ヒューズ
(二) 栓形ヒューズ

四 配線器具であって,次に掲げるもの(定格電圧が 100V 以上 300V 以下のものであって,交流の電路に使用するものに限り,防爆型のもの及び油入型のものを除く。)
(一) リモートコントロールリレー(定格電流が 30A 以下のものに限り,機械器具に組み込まれる特殊な構造のものを除く。)
(二) 開閉器であって,次に掲げるもの(定格電流が 100A 以下(電動機用のものにあっては,その適用電動機の定格容量が 12kW 以下)のものに限り,機械器具に組み込まれる特殊な構造のものを除く。)
1 カットアウトスイッチ
2 カバー付ナイフスイッチ
3 分電盤ユニットスイッチ
4 電磁開閉器(箱入りのものであって,過電流継電機構を有するもの又はヒューズを取り付けるものに限る。)
(三) ライティングダクト及びその附属品(ライティングダクトを接続し,又はその端に接続するものに限る。)並びにライティングダクト用接続器(定格電流が 50A 以下のものであって,極数が 5 以下のものに限り,タイムスイッチ機構以外の点滅機構を有するものを含む。)

| 五　小形単相変圧器，電圧調整器及び放電灯用安定器であって，次に掲げるもの（定格一次電圧（放電灯用安定器であって変圧式以外のものにあっては，定格電圧）が100V以上300V以下及び定格周波数が50Hz又は60Hzのものであって，交流の電路に使用するものに限る。） |
|---|

(一)　小形単相変圧器であって，次に掲げるもの（定格容量が500VA以下のものに限る。）

1　ベル用変圧器（機械器具に組み込まれる特殊な構造のものを除く。）

2　表示器用変圧器（機械器具に組み込まれる特殊な構造のものを除く。）

3　リモートコントロールリレー用変圧器（機械器具に組み込まれる特殊な構造のものを除く。）

4　ネオン変圧器（機械器具に組み込まれる特殊な構造のものを除く。）

5　燃焼器具用変圧器（点火用のものに限り，パルス型のものを除く。）

(二)　電圧調整器（定格容量が500VA以下のものに限り，機械器具に組み込まれる特殊な構造のものを除く。）

(三)　放電灯用安定器であって，次に掲げるもの（その適用放電管の定格消費電力の合計が500W以下のものに限る。）

1　ナトリウム灯用安定器（電灯器具以外の機械器具に組み込まれる特殊な構造のものを除く。）

2　殺菌灯用安定器

| 六　小形交流電動機であって，次に掲げるもの（定格周波数が50Hz又は60Hzのものに限り，極数変換型のもの，防爆型のもの，紡績機械用，金属圧延機械用又は医療用機械器具用の特殊な構造のもの及び電動ミシン以外の機械器具に組み込まれる特殊な構造のものを除く。） |
|---|

(一)　単相電動機（定格電圧が100V以上300V以下のものに限る。）

(二)　かご形三相誘導電動機（定格電圧が150V以上300V以下及び定格出力が3kW以下のものに限り，短時間定格のものを除く。）

| 七　電熱器具であって，次に掲げるもの（定格電圧が100V以上300V以下及び定格消費電力が10kW以下のものであって，交流の電路に使用するものに限る。） |
|---|

(一)　電気足温器及び電気スリッパ

(二)　電気ひざ掛け

(三)　電気座布団

(四)　電気カーペット

(五)　電気敷布，電気毛布及び電気布団

(六)　電気あんか

(七)　電気いすカバー及び電気採暖いす

(八)　電気こたつ

(九)　電気ストーブ

(一〇)　電気火鉢その他の採暖用電熱器具（別表第一第六号（一）に掲げるもの及び電熱装置を有する保育器を除く。）

(一一)　電気トースター

(一二)　電気天火

(一三)　電気魚焼き器

(一四)　電気ロースター

(一五)　電気レンジ

(一六)　電気こんろ

(一七)　電気ソーセージ焼き器

(一八)　ワッフルアイロン

(一九)　電気たこ焼き器

(二〇)　電気ホットプレート及び電気フライパン

| | | |
|---|---|---|
| (二一) | 電気がま及び電気ジャー | |
| (二二) | 電気なべ | |
| (二三) | 電気フライヤー | |
| (二四) | 電気卵ゆで器 | |
| (二五) | 電気保温盆 | |
| (二六) | 電気加温台 | |
| (二七) | 電気牛乳沸器，電気湯沸器，電気コーヒー沸器及び電気茶沸器 | |
| (二八) | 電気酒かん器 | |
| (二九) | 電気湯せん器 | |
| (三〇) | 電気蒸し器 | |
| (三一) | 電磁誘導加熱式調理器その他の調理用電熱器具（別表第一第六号（二）に掲げるものを除く。） | |
| (三二) | ひげそり用湯沸器 | |
| (三三) | 電気髪ごて及びヘアカーラー | |
| (三四) | 毛髪加湿器その他の理容用電熱器具 | |
| (三五) | 電熱ナイフ | |
| (三六) | 電気溶解器 | |
| (三七) | 電気焼成炉 | |
| (三八) | 電気はんだごて，こて加熱器その他の工作用又は工芸用の電熱器具 | |
| (三九) | タオル蒸し器 | |
| (四〇) | 電気消毒器（電熱装置を有するものに限る。） | |
| (四一) | 湿潤器 | |
| (四二) | 電気湯のし器 | |
| (四三) | 投込み湯沸器 | |
| (四四) | 電気瞬間湯沸器 | |
| (四五) | 現像恒温器 | |
| (四六) | 電熱ボード，電熱シート及電熱マット | |
| (四七) | 電気乾燥器 | |
| (四八) | 電気プレス器（繊維製品のプレスに使用するものに限る。） | |
| (四九) | 電気育苗器 | |
| (五〇) | 電気ふ卵器 | |
| (五一) | 電気育すう器 | |
| (五二) | 電気アイロン | |
| (五三) | 電気裁縫ごて | |
| (五四) | 電気接着器（高周波ウエルダーを除く。） | |
| (五五) | 電気香炉 | |
| (五六) | 電気くん蒸殺虫器 | |
| (五七) | 電気温きゅう器 | |
| 八 | 電動力応用機械器具であって，次に掲げるもの（定格電圧が100V以上300V以下及び定格周波数が50Hz又は60Hzのものであって，交流の電路に使用するものに限る。） | |
| (一) | ベルトコンベア（可搬型のものに限る。） | |
| (二) | 電気冷蔵庫及び電気冷凍庫（定格消費電力が500W以下の冷却装置を有するものに限る。） | |
| (三) | 電気製氷機（定格消費電力が500W以下の冷却装置を有するものに限る。） | |
| (四) | 電気冷水機（定格消費電力が500W以下の冷却装置を有するものに限る。） | |

（五）　空気圧縮機（定格消費電力が 500W 以下のものに限り，機械器具に組み込まれる特殊な構造のものを除く。）
（六）　電動ミシン
（七）　電気ろくろ
（八）　電気鉛筆削機
（九）　電動かくはん機（定格消費電力が 500W 以下のものに限る。）
（一〇）　電気はさみ
（一一）　電気捕虫機
（一二）　電気草刈機及び電気刈込み機
（一三）　電気芝刈機
（一四）　農業用機械器具であって，次に掲げるもの
1　電動脱穀機，電動もみすり機，電動わら打機及び電動縄ない機
2　選卵機及び洗卵機
（一五）　園芸用電気耕土機
（一六）　昆布加工機及びするめ加工機（定格消費電力が 500W 以下のものに限る。）
（一七）　ジューサー，ジュースミキサー及びフードミキサー（定格消費電力が 500W 以下の電動機を使用するものに限る。）
（一八）　電気製めん機（定格消費電力が 500W 以下の電動機を使用するものに限る。）
（一九）　電気もちつき機（定格消費電力が 500W 以下の電動機を使用するものに限る。）
（二〇）　コーヒーひき機（定格消費電力が 500W 以下のものに限る。）
（二一）　電気缶切機
（二二）　電気肉ひき機，電気肉切り機及び電気パン切り機（定格消費電力が一キロワット以下のものに限る。）
（二三）　電気かつお節削機（定格消費電力が 500W 以下のものに限る。）
（二四）　電気氷削機（定格消費電力が 500W 以下のものに限る。）
（二五）　電気洗米機（定格消費電力が 1kW 以下のものに限る。）
（二六）　野菜洗浄機（定格消費電力が 1kW 以下のものに限る。）
（二七）　電気食器洗機（定格消費電力が 500W 以下の電動機を使用するものに限る。）
（二八）　精米機（定格消費電力が 500W 以下のものに限る。）
（二九）　ほうじ茶機（定格消費電力が 500W 以下の電動機を使用するものに限る。）
（三〇）　包装機械及び荷造機械（定格消費電力が 500W 以下のものに限る。）
（三一）　電気置時計及び電気掛時計
（三二）　自動印画定着器及び自動印画水洗機（定格消費電力が 500W 以下のものに限る。）
（三三）　事務用機械器具であって，次に掲げるもの
1　謄写機及び事務用印刷機（長幅が 515mm 以下及び短幅が 364mm 以下の物の印刷に使用するものに限る。）並びにあて名印刷機
2　タイムレコーダー及びタイムスタンプ
3　電動タイプライター
4　帳票分類機
5　文書細断機及び電動断裁機
6　コレーター
7　紙とじ機，穴あけ機及び番号機
8　チェックライター，硬貨計数機及び紙幣計数機
9　ラベルタグ機械

(三四) ラミネーター
(三五) 洗濯物仕上機械及び洗濯物折畳み機械
(三六) おしぼり巻機（定格消費電力が500W以下の電動機を使用するものに限る。）
(三七) 自動販売機（別表第一第七号（七）に掲げるもの及び乗車券用のものを除く。）及び両替機
(三八) 理髪いす
(三九) 電気歯ブラシ及び電気ブラシ
(四〇) 毛髪乾燥機，電気かみそり，電気バリカン，電気つめ磨き機その他の理容用電動力応用機械器具
(四一) 扇風機及びサーキュレーター（定格消費電力が300W以下のものに限る。）
(四二) 換気扇（定格消費電力が300W以下のものに限る。）
(四三) 送風機（定格消費電力が500W以下のものに限り，機械器具に組み込まれる特殊な構造のものを除く。）
(四四) 電気冷房機（電動機の定格消費電力の合計が7kW以下のものに限り，電熱装置を有するものにあっては，その電熱装置の定格消費電力が5kW以下のものに限る。）
(四五) 電気冷風機（定格消費電力が300W以下のものに限る。）
(四六) 電気除湿機（定格消費電力が500W以下の冷却装置を有するものに限る。）
(四七) ファンコイルユニット及びファン付コンベクター（定格消費電力が30W以下のものに限る。）
(四八) 温風暖房機（定格消費電力が500W以下のものであって，熱源としてガス又は石油を使用するものに限る。）
(四九) 電気温風機（定格消費電力が5kW以下の電熱装置を有するものに限る。）
(五〇) 電気加湿機（定格消費電力が500W以下の電動機を使用するものに限る。）
(五一) 空気清浄機（定格消費電力が500W以下のものに限る。）
(五二) 電気除臭機
(五三) 電気芳香拡散機
(五四) 電気掃除機，電気レコードクリーナー，電気黒板ふきクリーナーその他の電気吸じん機（定格消費電力が1kW以下のものに限る。）
(五五) 電気床磨き機（定格消費電力が1kW以下のものに限る。）
(五六) 電気靴磨き機
(五七) 運動用具又は娯楽用具の洗浄機（定格消費電力が1kW以下の電動機又は電磁振動機を使用するものに限る。）
(五八) 電気洗濯機（定格消費電力が1kW以下の電動機又は電磁振動機を使用するものに限る。）
(五九) 電気脱水機（定格消費電力が1kW以下の電動機を使用する遠心分離式のものであって，繊維製品の脱水に使用するものに限る。）
(六〇) 電気乾燥機（定格消費電力が10kW以下のものに限り，毛髪乾燥機を除く。）
(六一) 電気楽器
(六二) 電気オルゴール
(六三) ベル，ブザー，チャイム及びサイレン（防爆型のもの及び機械器具に組み込まれる特殊な構造のものを除く。）
(六四) 電気グラインダー，電気ドリル，電気かんな，電気のこぎり，電気スクリュードライバーその他の電動工具（定格消費電力が1kW以下のものに限る。）
(六五) 電気噴水機
(六六) 電気噴霧機（定格消費電力が1kW以下のものに限る。）
(六七) 電動式吸入器
(六八) 家庭用電動力応用治療器（別表第一第七号（五）に掲げるものを除く。）

| (六九) | 電気遊戯盤 |
| --- | --- |
| (七〇) | 浴槽用電気温水循環浄化器（定格消費電力が 1.2kW 以下の電熱装置を有するものに限る。） |

九　光源及び光源応用機械器具であって、次に掲げるもの（定格電圧が 100V 以上 300V 以下及び定格周波数が 50Hz 又は 60Hz のものであって、交流の電路に使用するものに限る。）

(一)　写真焼付器
(二)　マイクロフィルムリーダー（スクリーンの長幅が 500mm 以下のものに限り、自動検索装置又は自動連続焼付装置を有するものを除く。）
(三)　スライド映写機及びオーバーヘッド映写機（テレビジョン用のもの及び光源としてキセノンアーク式ランプハウスを使用するものを除く。）
(四)　反射投影機（定格消費電力が 2kW 以下のものに限り、テレビジョン用のもの及び光源としてキセノンアーク式ランプハウスを使用するものを除く。）
(五)　ビューワー
(六)　エレクトロニックフラッシュ（定格蓄積電力量が 1.5kW 秒以下の可搬型のものに限り、顕微鏡用のもの、医療用機械器具用のものその他の特殊な構造のものを除く。）
(七)　写真引伸機及び写真引伸機用ランプハウス（原板挟みの開口の長幅が 125mm 以下及び短幅が 100mm 以下のものに限り、写真引伸機にあっては、自動露光装置又は印画紙の自動送り装置を有するものを除く。）
(八)　白熱電球（一般照明用電球であって、口金の外径が 26.03mm 以上 26.34mm 以下のものに限る。）
(九)　蛍光ランプ（定格消費電力が 40W 以下のものに限る。）
(一〇)　電気スタンド、家庭用つり下げ型蛍光灯器具、ハンドランプ、庭園灯器具、装飾用電灯器具（口金のない電球又は受金の内径が 15.5mm 以下のソケットを有するものに限る。）その他の白熱電灯器具及び放電灯器具（防爆型のものを除く。）
(一一)　広告灯
(一二)　検卵器
(一三)　電気消毒器（殺菌灯を有するものに限る。）
(一四)　家庭用光線治療器
(一五)　充電式携帯電灯
(一六)　複写機（光源の定格出力が 1.2kW 以下のものに限る。）

一〇　電子応用機械器具であって、次に掲げるもの（定格電圧が 100V 以上 300V 以下及び定格周波数が 50Hz 又は 60Hz のものであって、交流の電路に使用するものに限る。）

(一)　電子時計
(二)　電子式卓上計算機及び電子式金銭登録機
(三)　電子冷蔵庫
(四)　インターホン
(五)　電子楽器
(六)　ラジオ受信機、テープレコーダー、レコードプレーヤー、ジュークボックスその他の音響機器
(七)　ビデオテープレコーダー
(八)　消磁器
(九)　テレビジョン受信機（産業用テレビジョン受信機を除く。）
(一〇)　テレビジョン受信機用ブースター
(一一)　高周波ウエルダー（定格高周波出力が 2.5kW 以下のものに限る。）
(一二)　電子レンジ
(一三)　超音波ねずみ駆除機

| | |
|---|---|
| （一四） | 超音波加湿機（定格高周波出力が50W以下のものに限る。） |
| （一五） | 超音波洗浄機（定格高周波出力が50W以下のものに限る。） |
| （一六） | 電子応用遊戯器具（テレビジョン受信機に接続して使用するもの又はブラウン管を有するものに限る。） |
| （一七） | 家庭用低周波治療器 |
| （一八） | 家庭用超音波治療器及び家庭用超短波治療器（定格高周波出力が50W以下のものに限る。） |
| 一一 | 第三号から前号までに掲げるもの以外の交流用電気機械器具であって，次に掲げるもの（定格電圧が100V以上300V以下及び定格周波数が50Hz又は60Hzのものに限る。） |
| （一） | 電灯付家具，コンセント付家具その他の電気機械器具付家具 |
| （二） | 調光器（定格容量が1kVA以下のものに限る。） |
| （三） | 電気ペンシル |
| （四） | 漏電検知器 |
| （五） | 防犯警報器 |
| （六） | アーク溶接機（定格電圧が150Vを超えるものにあっては，定格二次電流が130A以下のものに限る。） |
| （七） | 雑音防止器（テレビジョン受信機又はラジオ受信機の雑音の原因となる高周波の電流が伝わることを防止するものであって，コンデンサー又はコンデンサー及びコイルを主たる構成要素とするものに限り，定格電流が五アンペアを超えるもの及び機械器具に組み込まれる特殊な構造のものを除く。） |
| （八） | 医療用物質生成器 |
| （九） | 家庭用電位治療器 |
| （一〇） | 電気冷蔵庫（吸収式のものに限る。） |
| （一一） | 電気さく用電源装置 |
| 一二 | リチウムイオン蓄電池（単電池一個当たりの体積エネルギー密度が400Wh/l以上のものに限り，自動車用，原動機付自転車用，医療用機械器具用及び産業用機械器具用のもの並びにはんだ付けその他の接合方法により，容易に取り外すことができない状態で機械器具に固定して用いられるものその他の特殊な構造のものを除く。） |

表 1.1-10 表示の方式

| 電気用品の区分け | 特定電気用品 | 特定電気用品以外の電気用品 |
|---|---|---|
| 表示記号 | ◇PSE◇<br>サイズ，色等は自由。<br>電線，ヒューズ，配線器具等の部品材料であって構造上表示スペースを確保することが困難なものにあっては，この記号に代えて〈PS〉Eとすることができる。 | ○PSE○<br>サイズ，色等は自由。<br>電線，電線管類およびその附属品，ヒューズ，配線器具等の部品材料であって，構造上表示スペースを確保することが困難なものは，この記号に代えて（PS）Eとすることができる。 |
| 表示事項 | 記号<br>届出事業者名<br>登録検査機関名称<br>定格電圧・定格電流等の諸元（電気用品ごとに異なる） | 記号<br>届出事業者名<br>定格電圧・定格電流等の諸元（電気用品ごとに異なる） |
| 表示例 | 略称：検査機関により異なる<br>◇PSE◇ ABC<br>経済産業電機株式会社<br>100V　30W<br>50／60Hz<br>屋外用<br>→原則近接<br>→製品により記載事項が異なる | ○PSE○　経済産業電機株式会社<br>100V　30W<br>50／60Hz<br>屋外用<br>→原則近接<br>→製品により記載事項が異なる |

## 1.2　その他関係法令

### 1.2.1　建築に関する法令

(1) 建設業法

　建設業法は，昭和24年5月に制定され，平成18年12月20日付で公布された建築士法等の一部を改正する法律（平成18年法律第114号）により法改正が行われ，平成20年11月28日から施行された。主な改正点は，次のとおり。

①一括下請負の全面禁止の対象工事が拡大

　建設業法第22条第3項（一括下請負わせの禁止）の改正により，建設業者は，平成20年11月28日以降に請け負った「共同住宅を新築する建設工事」について，元請人があらかじめ発注者の書面による承諾を得た場合であっても，一括下請負が禁止された。

②監理技術者制度が拡充

　建設業法第26条第4項（公共工事における監理技術者の資格）の改正により，監理技術者の

専任を要する民間工事についても，当該監理技術者は監理技術者資格者証の交付を受けている者であって，国土交通大臣の登録を受けた講習を受講した者から選任しなければならない。

③保存義務の対象となる営業に関する図書の追加

建設業法第40条の3（帳簿の備付等）の改正により，営業に関する図書として以下の図書の保存が義務づけられた。

（イ）完成図

（ロ）発注者との打合せ記録

（ハ）施工体系図

※保存期間は目的物の引渡しをしたときから10年間

(a) 目的（法第1条）

建設業法は，建設業の構造的特性に対処しつつ，良質な住宅・社会資本の整備を推進するため「建設業を営む者の資質の向上，建設工事の請負契約の適正化等を図ることによって，建設工事の適正な施工を確保し，発注者を保護するとともに，建設業の健全な発展を促進し，もって公共の福祉の増進に寄与することを目的」として制定されている。

(b) 定義（法第2条）

この法律で使用される基本的用語は，次のように定義されている。

①「建設工事」とは，土木建築に関する工事をいい，土木一式工事，建築一式工事，大工工事，左官工事など28工事に分類されている（表1.2-1　参照）。

②「建設業」とは，元請，下請その他いかなる名義をもってするかを問わず，建設工事の完成を請け負う営業をいう。

③「建設業者」とは，建設業法による許可を受けて建設業を営む者をいう。

④「下請契約」とは，建設工事を他の者から請け負った建設業を営む者と他の建設業を営む者と

表1.2-1　建設工事の種類と対応する建設業の許可の種類　（※は指定建設業）

| 建設工事の種類 | 土木一式工事 | 建築一式工事 | 大工工事 | 左官工事 | とび・土工・コンクリート工事 | 石工事 | 屋根工事 | 電気工事 | 管工事 | タイル・れんが・ブロック工事 | 鋼構造物工事 | 鉄筋工事 | ほ装工事 | 防水工事 | 内装仕上工事 | 機械器具設置工事 | 熱絶縁工事 | 電気通信工事 | 造園工事 | さく井工事 | 建具工事 | 水道施設工事 | 消防施設工事 | 清掃施設工事 |
|---|---|---|---|---|---|---|---|---|---|---|---|---|---|---|---|---|---|---|---|---|---|---|---|---|
| 建設業の許可の種類 | ※土木工事業 | ※建築工事業 | 大工工事業 | 左官工事業 | とび・土工工事業 | 石工事業 | 屋根工事業 | ※電気工事業 | ※管工事業 | タイル・れんが・ブロック工事業 | ※鋼構造物工事業 | 鉄筋工事業 | ※ほ装工事業 | 防水工事業 | 内装仕上工事業 | 機械器具設置工事業 | 熱絶縁工事業 | 電気通信工事業 | ※造園工事業 | さく井工事業 | 建具工事業 | 水道施設工事業 | 消防施設工事業 | 清掃施設工事業 |

の間で当該建設工事の全部または一部について締結される請負契約をいう。
⑤「発注者」とは，建設工事（他の者から請け負ったものを除く）の注文者をいう。
⑥「元請負人」とは，下請契約における注文者で建設業者であるものをいう。
⑦「下請負人」とは，下請契約における請負人をいう。

(c) 建設業の許可等（法第3条）

建設業法では，一定の規模以下の軽微な建設工事のみを請け負う場合を除き，建設業を営もうとする者について許可を受けることが義務づけられている。

① 大臣許可と知事許可（法第3条第1項）

建設業を営もうとする者は，2以上の都道府県の区域内に営業所を設けて営業をしようとする場合には国土交通大臣の許可を，1つの都道府県の区域内のみに営業所を設けて営業をしようとする場合には当該都道府県知事の許可を受けなければならない。

この「営業所」とは，本店または支店もしくは常時，建設工事の請負契約を締結する事務所のことをいう。また，建設業の許可は，営業について地域的制限はなく，知事許可をもって全国で営業活動や建設工事の施工をすることができる。

② 許可を必要としない場合（軽微な建設工事のみの請負）（令第1条の2）

建設業を営もうとする者であっても，軽微な建設工事のみを請け負うことを営業とする者は許可を受けなくてもよいとされている。この軽微な工事の規模は，工事1件の請負代金額が建築一式工事で1500万円未満または延べ面積が150m²未満の木造住宅工事の場合，それ以外の建設工事では500万円未満の場合である。

なお，建築物等の解体工事の実施には，当該解体工事が建設業の許可を必要としない工事（請負金額が500万円未満の工事）であっても，建設工事にかかわる資材の再資源化等に関する法律（建設リサイクル法）に定める都道府県知事への登録と技術管理者の配置を必要とする（工事規模にかかわらず，工事を行う都道府県ごとに必要）。

③ 一般建設業の許可と特定建設業の許可

建設業の許可は，一般建設業の許可と特定建設業の許可に区分して与えられる。

(イ) 一般建設業の許可（法第3条第1項第1号）　建設業を営もうとする者であって，特定建設業の許可を受けようとする者以外の者は，一般建設業の許可を受けなければならない。

(ロ) 特定建設業の許可（法第3条第1項第2号）　建設業を営もうとする者であって，発注者から直接請け負う1件の建設工事につき，その工事の全部または一部を，下請代金の額が3000万円以上（建築工事業にあっては4500万円以上）となる下請契約を締結して施

表 1.2-2　許可の区分

| 許可の区分 | 区分の内容 |
|---|---|
| 都道府県知事許可 | 1つの都道府県の区域内にしか営業所を設置していない業者 |
| 国土交通大臣許可 | 2以上の都道府県の区域に営業所を設置している業者 |
| 許可を必要としない者（軽微な建設工事のみを請け負う場合）（令第1条の2） | 工事1件の請負代金の額が建築一式工事にあっては，1500万円に満たない工事または延べ面積が150m²に満たない木造住宅工事，建築一式工事以外にあっては500万円に満たない工事だけを請け負っている建設業を営むものは許可が不必要である。 |

工しようとする者は，特定建設業の許可を受けなければならない。
　（ハ）指定建設業（法第15条，令第5条の2）　　指定建設業とは，施工技術が日々進歩する中で，建設業を近代化し，良質な建設生産物を創造していくことができるよう技術水準の向上を図るために設けられた制度である。

指定建設業の指定は，特定建設業の中で施工技術（設計図書にしたがって建設工事を適正に実施するために必要な専門知識およびその応用能力をいう）の総合性，施工技術の普及状況，国家資格制度の普及状況等の事情を考慮して行われ，現在，土木工事業，建築工事業，電気工事業，管工事業，鋼構造物工事業，舗装工事業，造園工事業の7業種が指定されている。

指定建設業に指定されると，特定建設業の許可の取得や更新の際，営業所の専任技術者や特定建設業者が設置しなければならない監理技術者が1級の国家資格者等に限られるなど厳しい基準となっている。

なお，指定建設業の許可を受けようとする者は，営業所ごとにおく専任の技術者は，次の国家資格者でなければならない。
　（イ）建設業法による技術検定の合格者（電気工事では，一級電気工事施工管理技士）
　（ロ）技術士法による技術士（電気工事では，電気電子部門および建設部門の技術士）
　（ハ）国土交通大臣が（イ）または（ロ）にあげる者と同等以上の能力を有する者と認定した者

(d) 施工技術の確保（法第25条の27，法第27条）

建設工事における新技術・新工法の導入による施工技術の高度化に対応して，建設業者においても施工技術の向上を図ることが必要であり，建設業者の施工技術を確保するため，建設工事現場における技術者の設置義務および技術検定制度が定められている。

①技術者の設置

建設業者は，建設業の許可を受けるときは営業所ごとにおく専任の技術者，また，建設工事の現場施工にあたっては，主任技術者または監理技術者の設置義務が課せられている。
　（イ）営業所における専任の技術者の設置（法第7条，法第15条）　　建設業者は，建設業の許可を受けるときは，営業所ごとに専任の技術者をおくことが義務づけられている。一般建設業では二級以上の施工管理技士，特定建設業では一級施工管理技士，技術士などをおかなければならない。
　（ロ）主任技術者の設置（法第26条第1項）　　建設業者は，元請工事，下請工事を問わず，請け負った建設工事を施工するときは，請負金額の大小に関係なく，その工事現場の建設工事の技術上の管理をつかさどるものとして一定の実務経験等を有する主任技術者（一般建設業の営業所におく専任の技術者の資格要件と同じ）をおかなければならないと定められており，二級以上の施工管理技士が適用される。
　（ハ）監理技術者の設置（法第26条第2項）　　発注者から直接建設工事を請け負った特定建設業者は，当該建設工事にかかわる下請契約の請負代金が3000万円以上（建築工事業では4500万円以上）のときは，その工事現場における建設工事の施工の技術上の管理を司る者として，監理技術者をおかなければならないと定められており，一級の施工管理技士，技術士などが該当する。

②専任の主任技術者または監理技術者をおかなければならない工事（法第26条第3項から第5項，令第27条）

建設業者は，表1.2-3の要件に該当する工事を施工するときは，元請，下請にかかわらず，工事現場ごとに専任の主任技術者または監理技術者をおかなければならない。

　なお，監理技術者については大規模な工事の統合的な監理を行う性格上，常時継続的に1工事現場におかれていることが必要で主任技術者の特例は適用されない。

③主任技術者および監理技術者の職務（法第26条の3）

　主任技術者も監理技術者も，その職務はいずれも建設工事の施工の技術上の管理を司ることであるが，主任技術者の職務は建設工事の施工計画を作成し，工程管理，品質管理，安全管理等を行うことにより適切な施工を確保することであり，監理技術者の職務は，具体的な機能が若干異なり，工事施工に関する総合的な企画，指導が重視されている。

④監理技術者資格者証制度（電気工事の場合）（法第26条第4項）

　発注者から工事を直接請け負い，かつ，3000万円（建築一式工事の場合には4500万円）以上を下請契約して工事を施工する場合には，現場に専任で配置すべき監理技術者は「監理技術者資格証」の交付を受けている者から選任しなければならないとされている。

(e) 技術検定（施工管理技士）（法第27条）

　技術検定は，近年の建設工事の大規模化，技術水準の向上，工事施工の複雑化等に対応して，工事の適正な施工を確保するため，施工技術者の質の確保と向上を図ることを目的に，国土交通大臣が技術検定を行うことができると定められている。

　技術検定は，建設工事の施工にあたり，設計図書を理解し，施工計画の作成，工事の工程管理，品質管理，安全管理等施工を適切に実施するために必要な技術について，6種目（建設機械施工・土木施工管理・建築施工管理・電気工事施工管理・管工事施工管理・造園施工管理）の技術検定が行われている。

　技術検定の合格者には合格証書が交付され，級名および種目の名称を冠する技士の称号が与えられる。電気工事の場合には，一級電気工事施工管理技士，二級電気工事施工管理技士の名称が与えられる。なお，一級電気工事施工管理技士の受験にあたり，第一種電気工事士免状取

表1.2-3 主任技術者，監理技術者を専任でおく工事

| | |
|---|---|
| 主任技術者，監理技術者を専任でおく工事 | 公共性のある工作物に関する重要な下記のいずれかに該当する場合で工事1件の請負代金が2500万円以上（建築一式工事においては5000万円以上）のもの。<br>● 国・地方公共団体が発注する工事<br>● 鉄道・道路・ダム・河川・港湾・上下水道等の公共施設の工事<br>● 電気・ガス事業用施設の工事<br>● 学校・図書館・病院等公衆または不特定多数が使用する施設の工事を指し，個人住宅を除き，ほとんどの工事がその対象となっている。 |
| 監理技術者資格者証の交付を受け，講習を受講した監理技術者を専任でおく工事 | 国，地方公共団体，政令で定める公共法人が発注する工事を直接請け負い，下請代金が3000万円以上（建築工事業においては4500万円以上）となる下請契約を締結して施工する場合<br>◆発注者の請求があったときは監理技術者資格者証を提示しなければならない。 |

(注1) 「専任」とは，他の工事現場との兼務を認めないことを意味し，常時継続的にその現場に勤務していなければならない。
(注2) 専任の主任技術者または監理技術者は，その建設工事を施工する建設業者と直接的かつ恒常的な雇用関係にある者でなければならない。
(注3) 公共性のある重要な工事であっても，密接な関連のある2つ以上の工事を同一の建設業者が同一の場所または近接した場所において施工する場合，同一の専任の主任技術者が管理できる。

得者に対しては，受験要件の実務経験年数が免除される。
(f) 施工体制の適正化

特定建設業者が発注者から直接請け負った建設工事で，一定規模以上（電気工事は3000万円以上）を下請けに出す場合，建設工事の適正な施工を確保するため施工体制台帳を作成し工事現場に備え置かなければならない。

この施工体制台帳は平成6年に作成等が義務づけられたが，平成13年4月に「公共工事の入札及び契約の適正化の促進に関する法律」が施行され，平成13年10月には「建設業法施行規則の一部を改正する省令」の施行により，施工体制台帳の添付書類の拡充，再下請負通知の内容の追加など，公共工事における施工体制により一層の適正化が図られた。

## (2) 建築基準法

建築基準法は，昭和25年5月に制定され，平成10年6月に改正され，建築確認・検査の民間開放，建築基準（単体）の性能規定化，中間検査などが規定された。

その後，平成18年6月21日付で公布された建築基準法等を改正する法律（平成18年法律第92号）により改正が行われ，平成19年6月20日から施行された。

主な改正点は，建築物の安全性の確保を図るため，都道府県知事による構造計算適合性判定の実施，指定確認検査機関に対する監督の強化および建築基準法に違反する建築物の設計者等に対する罰則の強化，建築士および建築士事務所に対する監督および罰則の強化，建設業者および宅地建物取引業者の瑕疵を担保すべき責任に関する情報開示の義務づけ等の措置を講じるものである。

(a) 目的（法第1条）

この法律は，建築物の敷地，構造，設備および用途に関する最低の基準を定めて，国民の生命，健康および財産の保護を図り，もって公共の福祉の増進に資することを目的としている。

(b) 定義（法第2条）

この法律で使用される基本的用語は，次のように定義されている。

①建築物（法第2条1号）

本法の規制の対象となる建築物とは，土地に定着する工作物のうち，屋根および柱もしくは壁を有するもの，これに附属する門もしくは塀，観覧のための工作物または地下もしくは高架の工作物内に設ける事務所，店舗，興行場，倉庫その他これらに類する施設（鉄道および軌道の線路敷地内の運転保安に関する施設ならびに跨線橋，プラットホームの上家，貯蔵槽その他これらに類する施設を除く）をいい，建築設備を含むものとする。したがって，電気設備は建築物に含まれる。

②特殊建築物（法第2条2号）

特殊建築物は，不特定多数の者が利用する建築物，火災発生のおそれが大きい建築物，周囲に及ぼす衛生上または環境上の影響が大きい建築物であり，法律上は一般の建築物と区別され，防火，避難等に関して安全確保の観点から種々の規制が強化されている。特殊建築物の例には，学校，病院，劇場，百貨店，共同住宅，倉庫，博物館などがある。

③建築設備（法第2条第3号）

建築設備とは，建築物に設ける電気，ガス，給水，排水，換気暖房，冷房，消火，排煙もしくは汚物処理の設備または煙突，昇降機もしくは避雷針をいう。

すなわち，建築設備とは建築物と一体になって建築物の機能を維持・増進するための設備で

あり，これらの建築設備について，法においては基本的な基準が，また，政令においては技術的基準を定めている。

(c) 電気設備関係の規定

建築物の電気設備に関する規定としては，電気設備，避雷設備，避難設備として非常用の照明装置，非常用の進入口に掲示する赤色灯等について，次のように規定している。

① 電気設備（法第32条）

建築物の電気設備は，法律またはこれに基づく命令の規定で，電気工作物にかかわる建築物の安全および防火に関するものの定める工法によって設けなければならない。ここでいう法律等は，電気事業法に基づく電気設備技術基準およびその解釈などである。

② 避雷設備（法第33条）

避雷設備は，落雷による人命危害，建物火災その他の建物損傷を防止するために設置する設備であり，高さが20mを超える建築物には，有効に避雷設備を設けなければならないと規定している。

③ 非常用の照明装置

非常用の照明装置は，地震，火災等の災害時の停電時においても最低限の避難行動ができるように，最低の床面照度を確保するために設置される照明設備であり，次のように規定している。

(イ) 非常用の照明装置を設置すべき建築物の部分（令第126条の4）

1) 対象建築物
- 特殊建築物（(b) ②参照）
- 階数が3以上で，延べ面積が500m$^2$を超える建築物（階数には地下の階数も含まれる）。
- 開口部の採光有効面積がその居室の床面積の1/20未満の建築物（無窓の居室）
- 延べ面積1000m$^2$を超える建築物

2) 対象外建築物または建築物の部分
- 一戸建の住宅，共同住宅の住戸等（ただし，共同住宅の廊下，階段等は必要）
- 病院の病室，下宿の宿泊室等（ただし，廊下，階段等は必要）
- 学校，体育館，ボーリング場，スキー場，スケート場，水泳場等

(ロ) 非常用の照明装置の構造（令126条の5および昭和45年建設省告示第1830号，改正平成12年5月建設省告示第1405号）　照明は直接照明とし，床面において1ルクス以上（地下街の地下道にあっては10ルクス以上）とし，蛍光灯等の放電灯では，火災時の温度の上昇に伴って照度が低下するため，平常において2ルクス以上とする。

④ 非常用の進入口の設置および赤色灯

非常用の進入口は，災害時に消防隊が消火・救助のために建築物内に進入するための開口部に取り付けるものである。

(イ) 非常用の進入口の設置（令第126条の6）　建築物の高さ31m以下の部分にある3階以上の階の外壁面には，非常用の進入口を設けなければならない。

(ロ) 非常用の進入口に掲示する赤色灯（令第126条の7）　進入口またはその近くに，外部から見やすい方法で赤色灯の標識を掲示することが定められている。また，告示に赤色灯の構造基準が定められている（昭和45年12月28日建設省告示第1831号）。

⑤ 中央管理室（令第20条の2第2号）

高さ31mを超え，非常用エレベータの設置が必要な建築物または各構えの床面積の合計が1000m$^2$を超える地下街には，防災設備の監視制御のための管理室として，中央管理室の設置が建築基準法により定められている。

(3) 建築士法

建築士法は，昭和25年（1950）年5月に制定され，平成18年12月20日付で公布された建築士法等の一部を改正する法律（平成18年法律第114号）により改正が行われ，平成20年12月28日から施行された。

今回の主な改正は，建築士の資質・能力の向上，高度な専門能力を有する建築士の育成・活用，設計・工事監理業務の適正化，建設工事の施工の適正化等を図り，構造計算書偽装問題によって失われた建築物の安全性や建築士制度に対する国民の信頼を回復させることを目的としている。

建築設備にあっては，一定規模以上（3階以上で延べ床面積5000m$^2$超の建物）の建築物の設備設計について，設備設計一級建築士による法適合チェックが義務づけられた。また，建築士に，国土交通省令で定められた期間ごとの定期講習の受講が義務づけられた。なお，建築設備士に関する事項については，法改正がされていない。

(a) 目的（法第1条）

建築士法は，建築物の設計・工事監理等を行う技術者の資格を定めて，その業務の適正を図り，もって建築物の質の向上に寄与させることを目的としている。

(b) 定義（法第2条）

この法律で使用される基本的用語は，次のように定義されている。

①「建築士」とは，一級建築士，二級建築士および木造建築士をいう。
②「一級建築士」とは，国土交通大臣の免許を受け，一級建築士の名称を用いて，建築物に関し，設計，工事監理その他の業務を行う者をいう。
③「二級建築士」とは，都道府県知事の免許を受け，二級建築士の名称を用いて，建築物に関し，設計，工事監理その他の業務を行う者をいう。
④「木造建築士」とは，都道府県知事の免許を受け，木造建築士の名称を用いて，木造の建築物に関し，設計，工事監理その他の業務を行う者をいう。
⑤「設計図書」とは建築物の建築工事の実施のために必要な図面（現寸図その他これに類するものを除く）および仕様書を，「設計」とはその者の責任において設計図書を作成することをいう。

(c) 建築設備士

建築設備士は，昭和58年に改正された建築士法によって制定された資格であるが，平成13年に法改正があり，法第20条（業務に必要な表示行為）第4項に業務内容が示され，また，資格の内容について施行規則第17条の18（建築設備士）に規定されている。

建築設備士の役割は，建築士に対して，高度化・複雑化した建築設備全般の設計・監理に関する適切な助言を行える資格である。受験資格のひとつとして，電気主任技術者の免状が交付されている者は，実務経験が2年以上あれば受験対象となる（法第20条〈業務に必要な表示行為〉第5項の規定）。

建築士は，大規模の建築物その他の建築物の建築設備にかかわる設計または工事監理を行う場合において，建築設備に関する知識および技能につき国土交通大臣が定める資格を有する者

（建築設備士）の意見を聴いたときは，設計図書または工事監理報告書において，その旨を明らかにしなければならない。

**(4) 建設工事に係る資材の再資源化等に関する法律（建設リサイクル法）**

本法施行前，我が国においては，建設工事に伴い発生する廃棄物の量が増大し，廃棄物の最終処分場のひっ迫および廃棄物の不適正処理等廃棄物処理をめぐる問題が深刻化していた。その一方で，限りある資源の有効な利用を確保する観点から，これらの廃棄物について再資源化を行い，再び資源として利用していくことが強く求められていた。

このような状況に対処するため，平成14年5月30日から，「建設工事に係る資材の再資源化等に関する法律」（以下「建設リサイクル法」）が全面施行され，一定規模以上の工事については，特定建設資材廃棄物を基準に従って工事現場で分別解体等し，再資源化することが義務づけられている（義務づけは，特定建設資材を用いた建築物等の解体工事，特定建設資材を使用する新築工事等に限られる）。

(a) 目的（法第1条）

この法律は，特定の建設資材について，その分別解体等および再資源化等を促進するための措置を講じるとともに，解体工事業者について登録制度を実施すること等により，再生資源の十分な利用および廃棄物の減量等を通じて，資源の有効な利用の確保および廃棄物の適正な処理を図り，もって生活環境の保全および国民経済の健全な発展に寄与することを目的とする。

(b) 定義（法第2条）

この法律で使用される基本的用語は，次のように定義されている。

① 「建設資材」とは，建設工事（土木建築に関する工事）に使用する資材のこと。
② 「建設資材廃棄物」とは，建設資材が廃棄物（廃棄物の処理および清掃に関する法律に規定する廃棄物）となったもの。

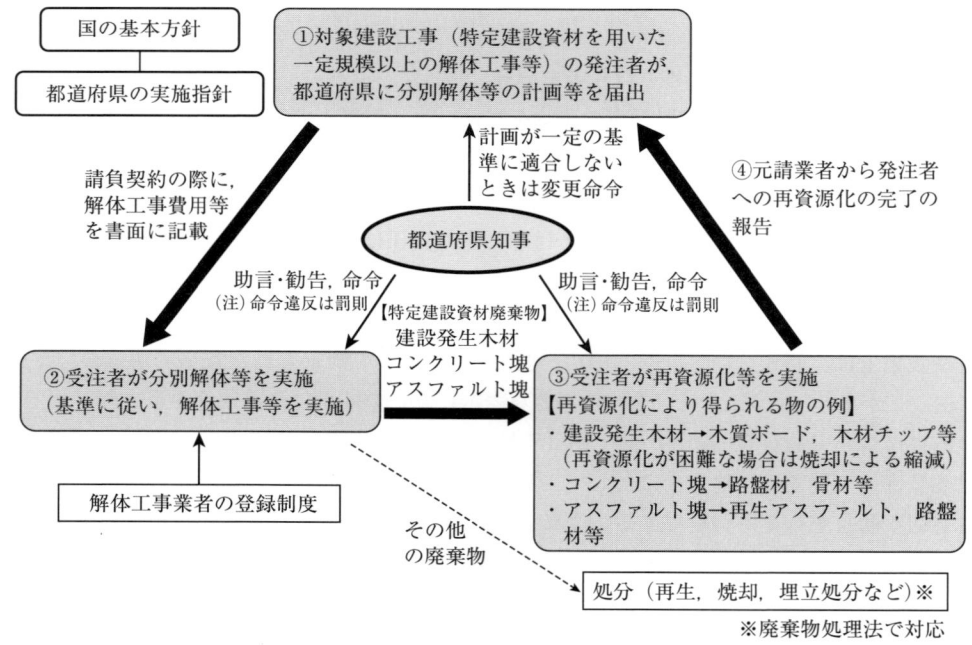

図 1.2-1　建設リサイクル法（平成12年5月公布，平成14年5月完全施行）の仕組み
（環境省ホームページより引用）

③「分別解体等」とは，次にあげる工事の種別に応じ，それぞれに次に定める行為。
　（イ）解体工事　　建築物等に用いられた建設資材廃棄物をその種類ごとに分別しつつ工事を計画的に施工する行為をいう。
　（ロ）解体工事以外の工事（新築工事等）　　工事に伴い副次的に生じる建設資材廃棄物をその種類ごとに分別しつつ工事を施工する行為をいう。
④「再資源化」とは，次にあげる行為であって，分別解体等に伴って生じた建設資材廃棄物の運搬または処分（再生することを含む）に該当するもの。
　（イ）分別解体に伴って生じた建設資材廃棄物を，資材または原材料として利用すること（建設資材廃棄物をそのまま用いることを除く）ができる状態にすること。
　（ロ）分別解体に伴って生じた建設資材廃棄物で，燃焼の用に供することができるものまたはその可能性のあるものを，熱を得ることに利用することができる状態にすること。
⑤「特定建設資材」とは，建設資材廃棄物となった場合に再資源化が資源の有効な利用および廃棄物の減量を図るうえでとくに必要であり，かつ，その再資源化が経済性の面において制約が著しくないものとして政令で定めた下記の4種類。
　（イ）コンクリート
　（ロ）コンクリートおよび鉄からなる建設資材
　（ハ）木材
　（ニ）アスファルト・コンクリート
⑥「縮減」とは，建設資材廃棄物について，焼却，脱水圧縮その他の方法で大きさを減じる行為。
⑦「再資源化等」とは，再資源化および縮減をいう。
⑧「解体工事業」とは，建築物等を除却するための解体工事を請け負う営業をいう。
⑨「解体工事業者」とは，都道府県知事の登録を受けて解体工事業を営む者をいう。
(c) 建設業を営む者の責務（法第5条）
①建築物等の設計およびこれに用いる建設資材の選択，建設工事の施工方法等を工夫することにより，建設資材廃棄物の発生を抑制するとともに，分別解体等および建設資材廃棄物の再資源化等に要する費用を低減するように努めなければならない。
②建設資材廃棄物の再資源化により得られた建設資材を使用するように努めなければならない。
(d) 対象建設工事（法第9条第1項，第3項，令第2条第1項）
　「建設リサイクル法」では，特定建設資材を使用して行う新築工事等または特定建設資材を使用した建物等の解体工事のうち表1.2-4の規模以上の工事について，分別解体等および再資源化が義務づけられている。
(e) 特定建設資材（法第2条第5項，第6項，令第1条）
　廃棄物となった場合に，再資源化が資源の有効な利用および廃棄物の減量を図るうえでとくに必要であり，かつ，その再資源化が経済性の面において制約が著しくないものとして政令で定めた下記の4種類の建設資材を，特定建設資材という。
(f) 対象建設工事の元請業者が行うべき事項（法第10条，第12条，第13条，第18条）
①対象建設工事の元請業者は，発注者に対し次の事項（発注者は，これらの事項を工事着手の7日前までに都道府県知事に届け出る）を記載した書面を交付して説明しなければならない。
　（イ）解体工事の場合は，解体する建築物等の構造
　（ロ）新築工事等の場合は，使用する特定建設資材の種類

表 1.2-4 対象建設工事

| 工事の種類 | 規模の基準 |
|---|---|
| 建築物の解体 | 床面積の合計　　　　　80m² 以上 |
| 建築物の新築・増築 | 床面積の合計　　　　　500m² 以上 |
| 建築物の修繕・模様替え（リフォーム等） | 請負金額　　　　　　　1億円以上 |
| その他の工作物に関する工事（土木工事等） | 請負金額　　　　　　　500万円以上 |

(注1) 解体工事とは，建築物の場合，基礎，基礎ぐい，壁，札小屋組，土台，斜材，床板，屋根板または横架材で，建築物の自重もしくは積載荷重，積雪，風圧，土圧もしくは水圧または地震その他振動もしくは衝撃を支える部分を解体することをさす。

(注2) 建築物の一部を解体，新築，増築する工事については，当該工事にかかわる部分の床面積が基準にあてはまる場合について対象建設工事となる。また，建築物の改築工事は，解体工事＋新築（増築）工事となる。

表 1.2-5 特定建設資材の種類と建設資材廃棄物

| 特定建設資材 | 建設資材廃棄物 |
|---|---|
| コンクリート | コンクリート塊（コンクリートが廃棄物となったもの） |
| コンクリートおよび鉄から成る建設資材 | コンクリート塊 |
| 木材 | 建設発生木材（木材が廃棄物となったもの） |
| アスファルト・コンクリート | アスファルト・コンクリート塊（アスファルト・コンクリートが廃棄物となったもの） |

(注) 木材が廃棄物となったもの（廃木材）については，工事現場から最も近い再資源化施設までの距離が50kmを超える場合等，経済性等の制約が大きい場合には，再資源化に代えて縮減（焼却）を行ってもよい。

　（ハ）工事着手の時期および工程の概要
　（ニ）分別解体等の計画
　（ホ）解体工事の場合は，解体する建築物等に用いられた建設資材の量の見込み

②元請業者は，請け負った工事を下請けさせる場合は，下請業者に対し，都道府県知事への届出事項を告知したうえで下請契約を締結しなければならない。

③元請業者は，各下請負人が建設工事の施工に伴って生じる特定建設資材廃棄物の再資源化等を適切に行うよう指導しなければならない。

④元請業者は，請け負った工事の特定建設資材廃棄物の再資源化等が完了したときは，発注者に書面で報告するとともに，再資源化等の実施状況に関する記録を作成し，保存しなければならない。

(g) 分別解体等にかかわる施工方法に関する基準

　工事の受注者には，対象建設工事においては，分別解体等および特定建設資材廃棄物の再資源化等が義務づけられている。その分別解体等は次の基準に従い実施することとされている。

①事前調査（残存物品の有無，吹き付け石綿等の付着物の有無等）
②分別解体計画の作成
③事前措置の実施（残存物品の搬出の確認，吹き付け石綿等の付着物の除去など）
④分別解体
　また，建築物の解体は次の工程に従い実施しなければならない。
　（イ）建築設備，内装材等の取外し

（ロ）屋根ふき材の取外し
　　（ハ）外装材，構造材（基礎を除く）の取壊し
　　（ニ）基礎および基礎ぐいの取壊し
（h）都道府県知事による助言・勧告・命令（法第14条，第15条，第19条，第20条）
　都道府県知事は，対象建設工事の受注者または自主施工者（請負契約によらず自ら工事を施工する者）が分別解体等または再資源化等を適正に実施するよう，必要に応じ助言または勧告あるいは分別解体等，再資源化等の方法の変更その他必要な措置をとるよう命令することができる。
（i）解体工事業者（法第21条）
　建築物等の解体工事を実施するためには，下記のとおり建設業の許可または解体工事業の登録が必要である。
①解体工事が実施できる建設業の許可業種（解体工事業の登録は不要）
　　（イ）土木工事業
　　（ロ）建築工事業
　　（ハ）とび・土工工事業
②解体工事業の登録をした者（解体工事業者）
　解体工事業の登録を受けた者が，上記の建設業の許可を受けた場合は，登録は効力を失う。
③解体工事業の登録は，5年ごとの更新制である。
④解体工事業者は，営業所および解体工事の現場ごとに，公衆の見やすい場所に，商号，名称，氏名，登録番号その他省令で定める事項を記載した標識を提示しなければならない（法第33条）。

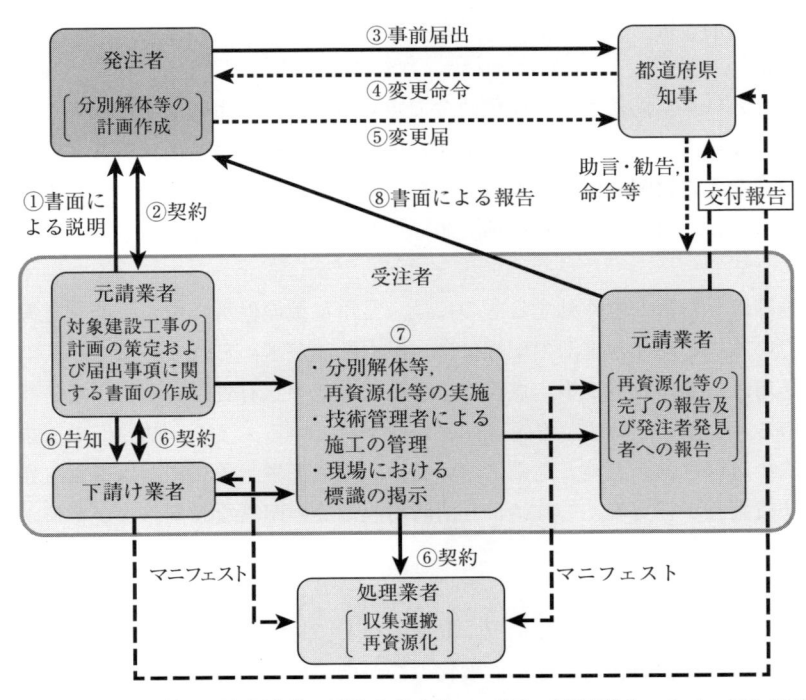

図1.2-2　分別解体等・再資源化等の発注から実施への流れ（環境省ホームページより引用）

(j) 技術管理者（法第 22 条，第 31 条，第 32 条）
①解体工事業の登録には，技術管理者の選任が必要である。
②解体工事業者は，工事現場における解体工事の施工の技術上の管理をつかさどる者（技術管理者）を設置しなければならない。
③解体工事業者は，解体工事を施工するときは，技術管理者に解体工事の施工に従事する他の者の監督をさせなければならない。
④技術管理者の資格要件　技術管理者になるためには，1 級建築施工管理技士等の国家資格，または解体工事に関する一定の実務経験を有することが要件とされる。

### 1.2.2　防災に関する法令（消防法）

消防法（昭和 23 年 7 月 24 日法律第 186 号）は，『火災を予防し，警戒し及び鎮圧し，国民の生命，身体及び財産を火災から保護するとともに，火災又は地震等の災害に因る被害を軽減し，もつて安寧秩序を保持し，社会公共の福祉の推進に資することを目的とする。』（第 1 条）を目的とする法律である。

消防法の内容は，おおむね次のとおりである。

①火災予防および消防活動に関する措置命令，立入検査，火災予防措置命令，建築確認同意など
②危険物の規制に関すること
③消防用設備等の規制に関すること
④火災調査，救急業務，雑則，罰則

火災の早期発見，早期通報，安全避難を図るための消防法施工令・施行規則，危険物の規制に関する政令・規則ほか，各地方の特色により一律に規制できない消防体制を考慮して，各市町村の火災予防条例と併せて規制することとしている。

(a) 消防用設備等

消防用設備等とは，消防法および関係政令で定める「消防の用に供する設備，消防用水及び消火活動上必要な施設」の総称である。消防の用に供する設備は，消火器などの消火設備，自動火災報知設備などの警報設備，避難はしごなどの避難設備に大別される。建築電気設備にかかわる主要なものは，自動火災報知設備，誘導灯および誘導標識，非常コンセント設備などがある。

消防用設備等のうち電力で作動するものには，常用電源の停電に備え，非常電源の設置が義務づけられている。この非常電源の配線には，耐火性能が求められている。

また，消防用設備等の設置工事，点検作業の範囲を定め，有資格者が行う消防設備士制度が定められている。しかし，いずれも電源関係が除かれている。また，誘導灯の工事については，電気工事士法が適用され，点検と整備については，電気工事士免状または電気主任技術者免状を有する消防設備士が行える。これにより消防用設備等の確実な設置および維持が図られている。

(b) 危険物の規制

可燃物，爆発物などの製造所，貯蔵所，取扱所などに対する規制があり，建築電気設備では，主に発電設備の燃料などが該当する。危険物の量が指定数量未満であっても，各市町村の火災予防条例で少量危険物として規制している。

(c) 電気設備

非常電源以外の電気設備で直接関連する次の設備について，火災予防上の観点から，位置，構造および管理に関し，政令で定める基準に従い各市町村の火災予防条例で定めることとしており，各市町村で規制を行っている。その際に各市町村によっては内容を厳しくするなどが行われているので，条例を調べておく必要がある。
① 燃料電池発電設備
② 変電設備
③ 内燃機関を原動力とする発電設備
④ 蓄電池設備
⑤ ネオン管灯設備
⑥ 舞台装置等の電気設備

### 1.2.3 労働安全衛生に関する法令
(1) 労働安全衛生法

労働安全衛生法とは，職場における労働者の健康と安全を確保し，快適な作業環境をつくることを目的に，労働災害の防止について総合的，計画的な対策を推進することを定めた法律である。

職場における労働者の安全と健康の確保をより一層推進するため，労働安全衛生法が改正された。

改正労働安全衛生法の公布は平成18年3月31日，施行は平成18年4月1日，平成18年12月1日。主な改正点は次のとおり。
① 長時間労働者への医師による面接指導の実施（法第66条の8，第66条の9，第104条）
② 特殊健康診断結果の労働者への通知（法第66条の6）
③ 危険性・有害性等の調査および必要な措置の実施（法第28条の2）
④ 認定事業者に対する計画届の免除（法第88条）
⑤ 安全管理者の資格要件の見直し※平成18年10月1日施行（安衛則第5条）
⑥ 安全衛生管理体制の強化（安衛則第21条から第23条等）
⑦ 製造業の元方事業者による作業間の連絡調整の実施（法第30条の2）
⑧ 化学設備の清掃等の作業の注文者による文書等の交付（法第31条の2）
⑨ 化学物質等の表示・文書交付制度の改善※平成18年12月1日施行（法第57条，第57条の2）
⑩ 有害物ばく露作業報告の創設（安衛則第95条の6）
⑪ 免許・技能講習制度の見直し

調整規定の公布は平成18年6月2日，施行は平成20年12月1日。
(a) 目的（法第1条）

労働安全衛生法は，「危害防止基準の確立」，「責任体制の明確化」，「自主的活動の促進」，「総合的計画的な対策」を推進することにより，職場における労働者の安全と健康を確保するとともに快適な職場環境の形成を促進することを目的とする。
(b) 定義（法第2条）
① 労働災害

労働者の就業にかかわる建設物，設備，原材料，ガス，蒸気，粉じん等により，または作業行動その他業務に起因して，労働者が負傷し，疾病にかかり，または死亡することをいう。
②労働者
　労働基準法第9条に規定する労働者をいう。
③事業者
　事業を行う者で，労働者を使用するものをいう。
(c) 事業者等の責務（法第3条，第4条）
①事業者の責務
　事業者は，労働災害の防止のための最低基準を守るだけでなく，快適な職場環境の実現と労働条件の改善を通じて職場における労働者の安全と健康を確保しなければならない。また，国が実施する労働災害の防止に関する施策に協力しなければならない。
②労働者の責務
　労働者は，労働災害を防止するため必要な事項を守るほか，事業者その他の関係者が実施する労働災害の防止に関する措置に協力するように努めなければならない。
(d) 安全衛生管理体制
①総括安全衛生管理者（法第10条）
　事業者は，一定規模以上の事業所において総括安全衛生管理者を選任し，安全管理者，衛生管理者または第25条の2第2項の規定により技術的事項を管理する者を指揮させるとともに，次の業務を統括管理させなければならない。
　　（イ）労働者の危険または健康障害を防止するための措置
　　（ロ）労働者の安全または衛生のための教育の実施
　　（ハ）健康診断の実施その他健康の保持増進のための措置
　　（ニ）労働災害の原因の調査および再発防止対策
②安全管理者と衛生管理者（法第11条，第12条）
　事業者は，一定規模以上の事業所において安全管理者と衛生管理者を選任し，それぞれ安全と衛生にかかわる技術的事項を管理させなければならない。安全管理者および衛生管理者は，作業場を巡視し，危険防止や健康障害防止のために必要な措置を講じなければならない。
③安全衛生推進者（法第12条の2）
　事業者は，安全管理者および衛生管理者の選任が必要でなく，常時10人以上50人未満の労働者を使用する事業所において事業所安全衛生推進者を選任し，安全衛生にかかわる業務を担当させなければならない。
④産業医（法第13条）
　事業者は，常時50人以上の労働者を使用する事業所において産業医を選任し，労働者の健康管理を行わせなければならない。
⑤作業主任者（法第14条）
　事業者は，地山の掘削や酸素欠乏等の危険箇所での作業など，施行令第6条に規定する労働災害を防止するための管理を必要とする作業について作業主任者を選任し，当該作業に従事する労働者の指揮等を行わせなければならない。
⑥統括安全衛生責任者，元方安全衛生管理者，店社安全衛生管理者および安全衛生責任者（法第15条，第16条，第30条）

特定元方事業者は，元方と下請事業者の労働者が同一の場所で作業を行う場合，混在によって生じる労働災害を防止するため，以下の事項について必要な措置を講じなければならない。
- （イ）協議組織の設置および運営
- （ロ）作業間の連絡および調整
- （ハ）作業場所の巡視
- （ニ）労働者の安全または衛生のための教育に対する指導および援助
- （ホ）工程計画および機械，設備等の配置計画，機械，設備等を使用する作業に講じるべき措置についての指導

1) 労働者が労働安全衛生施行令第7条第2項に定める数以上の場合
　統括安全衛生責任者は，元方事業者から選任され，上記事項の統括管理を行う。
　元方安全衛生管理者は，元方事業者から選任され，上記事項のうち技術的事項について管理する。
　安全衛生責任者は下請事業者から選任され，統括安全衛生責任者との連絡等を行う。

2) 労働者が労働安全衛生施行令第7条第2項に定める数以上の場合
　店社安全衛生管理者は，元方事業者から選任され，上記事項の担当者への指導等を行う。

(e) 安全委員会，衛生委員会等（法17条，第18条）

　事業者は，労働者の危険防止を目的として，安全委員会を月1回以上開催しなければならない。また労働者を常時50人以上使用する事業所は，労働者の健康障害防止を目的として，衛生委員会を月1回以上開催しなければならない。

(f) 事業者の講じるべき措置

①危険防止（法第20条，第21条）

　事業者は，下記の危険を防止するため必要な措置を講じなければならない。
- （イ）機械等の設備による危険
- （ロ）爆発性，発火性，引火性の物等による危険
- （ハ）電気，熱その他のエネルギーによる危険
- （ニ）掘削，採石，荷役，伐木等の業務における作業方法から生じる危険
- （ホ）墜落するおそれのある場所，土砂等が崩壊するおそれのある場所等にかかわる危険

②健康障害防止（法第22条）

　事業者は，下記の健康障害を防止するため必要な措置を講じなければならない。
- （イ）原材料，ガス，蒸気，粉じん，酸素欠乏空気，病原体等による健康障害
- （ロ）放射線，高温，低温，超音波，騒音，振動，異常気圧等による健康障害
- （ハ）計器監視，精密工作等の作業による健康障害
- （ニ）排気，排液または残さい物による健康障害

③作業場等の措置（法第23条）

　事業者は，労働者が就業する建設物や作業場について，下記の措置を講じなければならない。
- （イ）通路，床面，階段等の保全
- （ロ）換気，採光，照明，保温，防湿，休養，避難および清潔
- （ハ）労働者の健康，風紀および生命の保持

④労働災害防止（法第24条，第25条）

　事業者は，労働災害防止に努めるとともに，労働災害発生の急迫した危険があるときは，直

ちに作業を中止し，労働者を作業場から退避させる等必要な措置を講じなければならない。
(g) 重量表示（法第35条）

　1つの貨物で重量が1t以上のものを発送する場合は，見やすく，かつ，容易に消滅しない方法で，当該貨物にその重量を表示する。

(h) 特定機械の使用制限（法第40条）

　下記に示す特定機械は，製造時に所定の検査を受けていないものを使用してはならない。

　　（イ）ボイラー
　　（ロ）第1種圧力容器
　　（ハ）吊り上げ荷重が3t以上のクレーン
　　（ニ）吊り上げ荷重が3t以上の移動式クレーン
　　（ホ）吊り上げ荷重が2t以上のデリック
　　（ヘ）積載荷重が1t以上のエレベータ
　　（ト）ガイドレールの高さが18m以上の建設用リフト
　　（チ）ゴンドラ

(i) 定期自主検査（法第45条）

　事業者は，ボイラーその他の機械について，定期的に自主検査を行い，その結果を記録しておかなければならない。

(j) 教育

①安全衛生教育（法第59条）

　事業者は，労働者を雇い入れたときは，従事する業務に関する安全または衛生のため下記の教育を行わなければならない。

　　（イ）機械等，原材料等の危険性または有害性およびこれらの取扱い方法に関すること
　　（ロ）安全装置，有害物抑制装置または保護具の性能およびこれらの取扱い方法に関すること
　　（ハ）作業手順に関すること
　　（ニ）作業開始時の点検に関すること
　　（ホ）当該業務に関して発生するおそれのある疾病の原因および予防に関すること
　　（ヘ）整理，整頓および清潔の保持に関すること
　　（ト）事故時等における応急措置および退避に関すること

②特別教育（法第59条第3項）

　事業者は，危険または有害な業務で，厚生労働省令で定めるものに労働者をつかせるときは，業務に関する安全または衛生のための特別の教育を行わなければならない。ただし，特別の科目について十分な知識および技能を有していると認められる労働者については，当該科目の特別教育を省略することができる。

　特別教育を必要とする業務の例は下記のとおり。

　　（イ）高圧もしくは特別高圧の充電電路もしくは当該充電電路の支持物の敷設，点検，修理もしくは操作の業務
　　（ロ）低圧の充電電路の敷設もしくは修理の業務または配電盤室，変電室等区画された場所に設置する低圧の電路のうち充電部分が露出している開閉器の操作の業務
　　（ハ）作業床の高さが10m未満の高所作業車の運転の業務
　　（ニ）動力により駆動される巻上げ機の運転の業務

（ホ）つり上げ荷重が1t未満のクレーン，移動式クレーンまたはデリックの玉掛けの業務
　　事業者は，特別教育を行ったときは，当該特別教育の受講者，科目等の記録を作成して，これを3年間保存しておかなければならない。
③職長等の教育（法第60条）
　　事業者は，その事業場の業種が政令で定めるものに該当するときは，新たに職務に就くこととなった職長その他の作業中の労働者を直接指導または監督する者（作業主任者を除く）に対し，次の事項について，安全または衛生のための教育を行わなければならない。
　　（イ）作業方法の決定および労働者の配置に関すること
　　（ロ）労働者に対する指導または監督の方法に関すること
　　（ハ）労働災害を防止するため必要な事項で，厚生労働省令で定めるもの
　　職長等の教育を行うべき業種は，下記のとおり。
　　（イ）建設業
　　（ロ）製造業（食料品，繊維工業等を除く）
　　（ハ）電気業
　　（ニ）ガス業
　　（ホ）自動車整備業
　　（ヘ）機械修理業
(k) 就業制限
①就業制限（法第61条）
　　事業者は，クレーンの運転その他の業務で，政令で定めるものについては，免許，技能講習，資格を有する者でなければ，当該業務に就かせてはならない。
　　就業制限にかかわる業務の例は，下記のとおり。
　　（イ）つり上げ荷重が5t以上のクレーンの運転の業務
　　（ロ）つり上げ荷重が1t以上の移動式クレーンの運転の業務
　　（ハ）最大荷重が1t以上のフォークリフトの運転の業務
　　（ニ）作業床の高さが10m以上の高所作業車の運転の業務
　　（ホ）制限荷重が1t以上の揚貨装置またはつり上げ荷重が1t以上のクレーン，移動式クレーンもしくはデリックの玉掛けの業務
②中高年齢者等についての配慮（法第62条）
　　事業者は，中高年齢者その他労働災害の防止上その就業にあたってとくに配慮を必要とする者については，これらの者の心身の条件に応じて適正な配置を行うように努めなければならない。
(l) 作業環境
①作業環境測定（法第65条）
　　事業者は，有害な業務を行う屋内作業場その他の作業場で，政令で定めるものについて，必要な作業環境測定を行い，およびその結果を記録しておかなければならない。
　　作業環境測定を行うべき作業場の例は，下記のとおり。
　　（イ）土石，岩石，鉱物，金属または炭素の粉じんを著しく発散する屋内作業場で，厚生労働省令で定めるもの
　　（ロ）暑熱，寒冷または多湿の屋内作業場で，厚生労働省令で定めるもの

（ハ）著しい騒音を発する屋内作業場で，厚生労働省令で定めるもの
　（ニ）中央管理方式の空気調和設備を設けている建築物の室で，事務所の用に供されるもの
　（ホ）酸素欠乏危険場所において作業を行う場合の当該作業場など
②作業環境測定結果の評価（法第65条の2）
　事業者は，作業環境測定の結果の評価に基づいて，労働者の健康を保持するため必要があると認められるときは，施設または設備の設置または整備，健康診断の実施その他の適切な措置を講じなければならない。
(m)　健康診断
①健康診断（法第66条）
　事業者は，労働者に対し，医師による健康診断を行わなければならない。また，有害な業務で，政令で定めるものに従事する労働者に対し，医師による特別の項目についての健康診断を行わなければならない。
　健康診断を行うべき有害な業務の例は，下記のとおり。
　（イ）放射線業務
　（ロ）石綿の粉じんを発散する場所における業務
　（ハ）酸素欠乏危険場所における業務など
②健康診断の結果について医師等からの意見聴取（法第66条の4）
　事業者は，健康診断の結果（異常の所見があると診断された労働者にかかわるものに限る）に基づき，当該労働者の健康を保持するために必要な措置について，医師または歯科医師の意見を聴かなければならない。
③健康診断実施後の措置（法第66条の5）
　事業者は，医師または歯科医師の意見を勘案し，その必要があると認めるときは，当該労働者の実情を考慮して，就業場所の変更，作業の転換，労働時間の短縮，深夜業の回数の減少等の措置を講じるほか，作業環境測定の実施，施設または設備の設置または整備，当該医師または歯科医師の意見の衛生委員会もしくは安全衛生委員会または労働時間等設定改善委員会への報告その他の適切な措置を講じなければならない。

(2) 労働安全衛生規則（安衛則）
(a)　停電作業を行う場合の措置（安衛則第339条）
　事業者は，電路を開路して，当該電路またはその支持物の敷設，点検，修理，塗装等の電気工事の作業を行うときは，当該電路を開路したあとに，当該電路について，表1.2-6に定める措置を講じなければならない。
(b)　断路器等の開路（安衛則第340条）
　事業者は，高圧または特別高圧の電路の断路器，線路開閉器等の開閉器で，負荷電流をしゃ断するためのものでないものを開路するときは，当該開閉器の誤操作を防止するため，当該電路が無負荷であることを示すためのパイロットランプ，当該電路の系統を判別するためのタブレット等により，当該操作を行う労働者に当該電路が無負荷であることを確認させなければならない。
(c)　高圧活線作業（安衛則第341条）および高圧活線近接作業（安衛則第342条）
　活線および活線近接作業を行うときは，表1.2-8のような感電防止対策を講じなければならない。

表1.2-6　停電作業時の危険防止対策

| 項　目 | 危険防止対策 |
|---|---|
| 開閉器の通電禁止 | ①配電盤の扉を施錠しておく<br>②通電禁止に関する所要事項を表示しておく<br>③監視人をおく |
| 残留電荷の放電 | 残留電荷による危険を生じるおそれのあるものについては，安全な方法により確実に放電させる |
| 短絡接地 | 検電器具により停電を確認し，誤通電，他の電路との混触または他の電路からの誘導による感電の危険を防止するため，短絡接地器具を用いて確実に短絡接地する。 |
| 通電時の措置 | 作業終了後，開路した電路に通電する前に感電の危険がないことおよび短絡接地器具を取りはずしたことを確認する。 |

表1.2-7　高圧受電設備の停電作業実施手順およびその管理方法

| 実施手順項目 | 停電作業の管理方法 |
|---|---|
| 作業計画の確立 | 1. 適切な作業計画の確立<br>①作業計画に当たっては，作業現場の状況をよく把握し，無理のない計画を立てる。<br>②区分開閉器がない場合は，電力会社と打合せを行い，送電停止操作をしてもらう。 |
| 安全用具の確認 | 2. 安全用具の確認<br>①絶縁用保護具，絶縁用防具など安全用具の外観上の点検を行い，異常のないことを確認する。<br>②検電器の性能を検電器テスタなどで確認する。 |
| 作業前の打合せ | 3. 作業前の打合せ<br>　2名以上で作業を行う場合は，作業責任者を定め作業前に打合せを行う。また，受電設備を一部停電して作業を行う場合は，充電部分と停電部分，停電している時間を特に緻密に打合せ，作業者全員に次のことを周知徹底する。<br>①作業の内容と作業分担<br>②作業の方法と手順<br>③作業時間と停電時間（停電時刻と送電時刻）<br>④停電範囲と充電部分<br>⑤作業環境（作業場所，通路，照明など） |
| 停 電 操 作 | 4. 停電操作<br>　停電操作は次の手順で行う。<br>①低圧開閉器の開放<br>②主遮断器の開放<br>③断路器の開放<br>④区分開閉器の開放<br>　なお，作業中に充電されている回路があるときは，充電状態であることの標識「充電中」を付ける。また，開路した断路器には投入禁止標識を取り付ける。<br>　LBSのように充電部分と停電部分が接近していて，誤って投入のおそれがあるときは，絶縁シート等を用いて防護する。 |

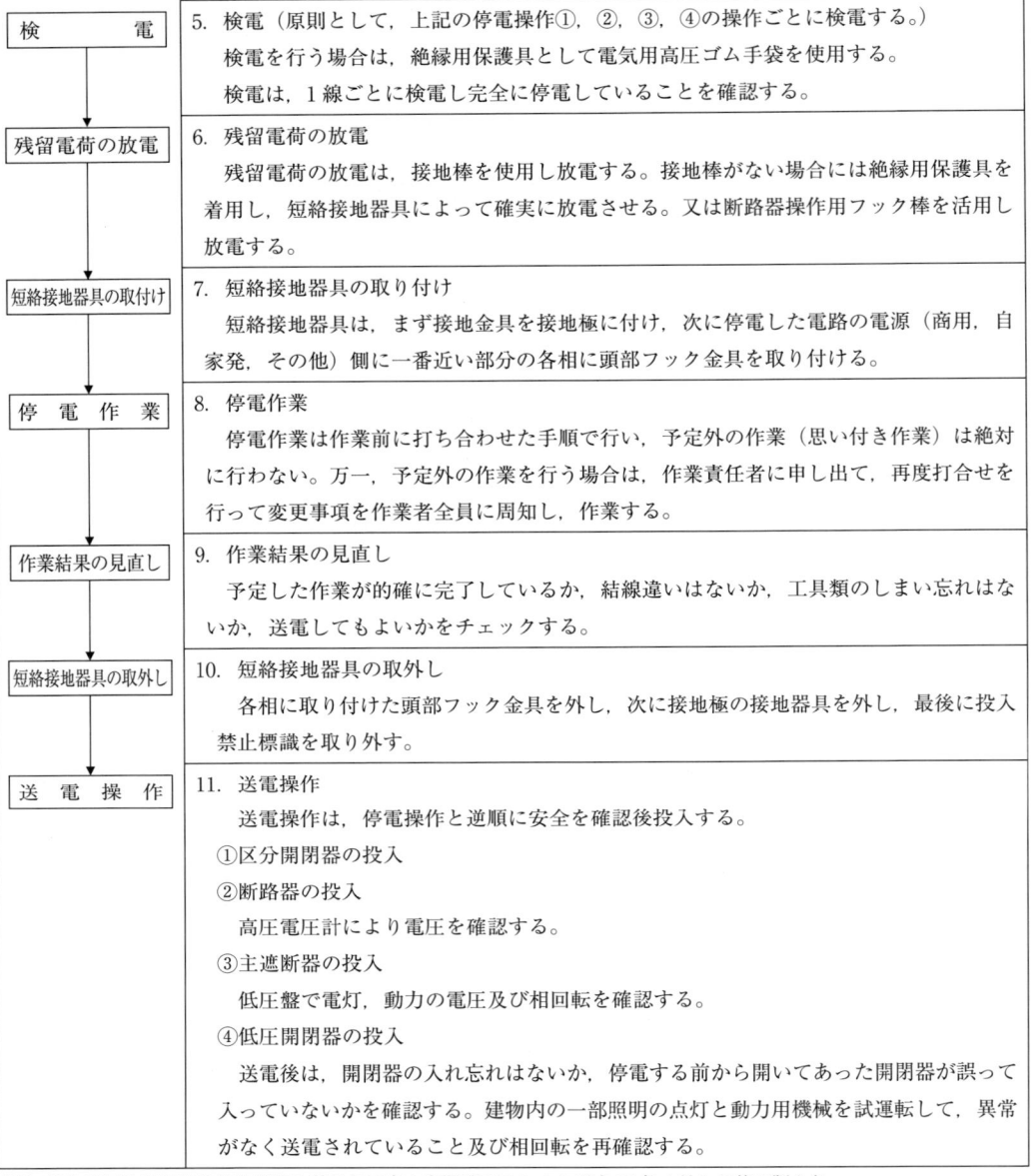

| | |
|---|---|
| 検　電 | 5. 検電（原則として，上記の停電操作①，②，③，④の操作ごとに検電する。）<br>　　検電を行う場合は，絶縁用保護具として電気用高圧ゴム手袋を使用する。<br>　　検電は，1線ごとに検電し完全に停電していることを確認する。 |
| 残留電荷の放電 | 6. 残留電荷の放電<br>　　残留電荷の放電は，接地棒を使用し放電する。接地棒がない場合には絶縁用保護具を着用し，短絡接地器具によって確実に放電させる。又は断路器操作用フック棒を活用し放電する。 |
| 短絡接地器具の取付け | 7. 短絡接地器具の取り付け<br>　　短絡接地器具は，まず接地金具を接地極に付け，次に停電した電路の電源（商用，自家発，その他）側に一番近い部分の各相に頭部フック金具を取り付ける。 |
| 停　電　作　業 | 8. 停電作業<br>　　停電作業は作業前に打ち合わせた手順で行い，予定外の作業（思い付き作業）は絶対に行わない。万一，予定外の作業を行う場合は，作業責任者に申し出て，再度打合せを行って変更事項を作業者全員に周知し，作業する。 |
| 作業結果の見直し | 9. 作業結果の見直し<br>　　予定した作業が的確に完了しているか，結線違いはないか，工具類のしまい忘れはないか，送電してもよいかをチェックする。 |
| 短絡接地器具の取外し | 10. 短絡接地器具の取外し<br>　　各相に取り付けた頭部フック金具を外し，次に接地極の接地器具を外し，最後に投入禁止標識を取り外す。 |
| 送　電　操　作 | 11. 送電操作<br>　　送電操作は，停電操作と逆順に安全を確認後投入する。<br>　　①区分開閉器の投入<br>　　②断路器の投入<br>　　　高圧電圧計により電圧を確認する。<br>　　③主遮断器の投入<br>　　　低圧盤で電灯，動力の電圧及び相回転を確認する。<br>　　④低圧開閉器の投入<br>　　　送電後は，開閉器の入れ忘れはないか，停電する前から開いてあった開閉器が誤って入っていないかを確認する。建物内の一部照明の点灯と動力用機械を試運転して，異常がなく送電されていること及び相回転を再確認する。 |

（独）製品評価技術基盤機構発行第1種電気工事士定期講習テキスト平成16年4月1日第3版より

(d) 電気機械器具による感電防止

　電気機械器具による感電防止対策を表1.2-9に示す。

(e) 絶縁用保護具等の定期自主検査（安衛則第351条）

　事業者は，絶縁用保護具等を，6カ月以内ごとに1回，定期的に，その絶縁性能について自主検査を行う。

(f) 電気機械器具等の使用前点検等（安衛則第352条）

　事業者は，電気機械器具等を使用するときは，その日に使用開始する前に点検し，異常を認めたときは直ちに補修し，または取り換える。電気工事に関係の深い点検および検査を必要とする機器，設備および耐電圧試験を表1.2-10に示す。

表 1.2-8 活線および活線近接作業の感電防止対策

| 項　目 | 感電防止対策の内容 |
|---|---|
| 高圧活線作業<br>（安衛則第341条） | 事業者は，高圧充電電路の点検，修理等当該充電電路を取扱う作業を行う場合，労働者に感電の危険があるときは，次の各号のいずれかに該当する措置をとらなければならない。<br>①労働者に絶縁用保護具を着用させ，かつ，当該充電電路のうち労働者が現に取り扱っている部分以外の部分が，接触し，または接近することにより感電の危険が生じるおそれのあるものに絶縁用防具を装着する。<br>②労働者に活線作業用器具を使用させる。<br>③労働者に活線作業用装置を使用させる。 |
| 高圧活線近接作業<br>（安衛則第342条） | 事業者は，電路またはその支持物の電気工事作業を行う場合，労働者が高圧の充電電路に接触し，または接近することにより感電の危険が生じるおそれのあるときは，当該充電電路に絶縁用防具を装着する。ただし，当該作業に従事する労働者が絶縁用保護具を着用して作業する場合はこの限りでない。 |
| 絶縁用防具の装着等<br>（安衛則第343条） | 事業者は，絶縁用防具の装着または取外し作業を労働者に行わせるときは，労働者に，絶縁用保護具を着用させるか，または活線作業用器具もしくは活線作業用装置を使用させる。 |
| 低圧活線作業<br>（安衛則第346条） | 労働者に感電の危険が生じるおそれのあるときは，絶縁用保護具を着用させるか，または活線作業用器具を使用させる。 |
| 低圧活線近接作業<br>（安衛則第347条） | 事業者は，低圧の充電電路に近接する場所で電気工事行う場合，当該充電電路に絶縁用防具を装着する。ただし，労働者に絶縁用保護具を着用させて作業を行う場合は，この限りでない。 |

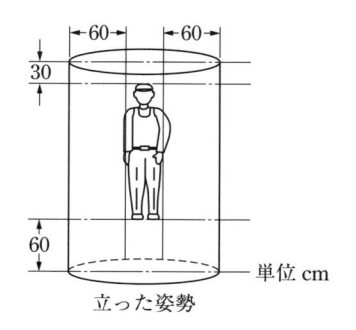

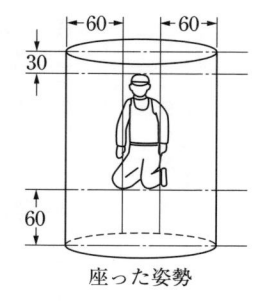

図 1.2-3　絶縁用防護を装着すべき範囲の図事例

(g) 墜落・転落防止（安衛則第518条から第530条）
　墜落・転落防止対策を表 1.2-11 に示す。
(h) 飛来落下防止（安衛則第536条から第538条）
　飛来・落下による危険防止策を表 1.2-12 に示す。
(i) 重量物運搬危険防止（安衛則第151条の70，第41条，第151条の67）
　重量物危険防止対策を表 1.2-13 に示す。

表1.2-9 電気機械器具による感電防止対策

| 項　目 | 関電防止対策 |
|---|---|
| 電気機械器具の囲い等<br>（安衛則第329条） | 事業者は，電気機械器具の充電部分で，労働者が作業中または通行の際に接触し，または接近することにより感電の危険を生じるおそれのあるものについては，感電を防止するための囲いまたは絶縁覆いを設ける。 |
| 電気機械器具の囲い等の点検等<br>（安衛則第353条） | 事業者は，第329条の囲いおよび絶縁覆いについて，毎月1回以上，その損傷の有無を点検し，異常を認めたときは，直ちに補修する。 |
| 漏電による感電の防止<br>（安衛則第333条） | 事業者は，電動機を有する機械または器具で，以下に示すものについては，漏電による感電の危険を防止するため，感電防止用漏電断器を設置する。<br>①対地電圧が150Vを超える移動式もしくは可搬式のもの<br>②水等導電性の高い液体によって湿潤している場所その他鉄板上，鉄骨上，定盤上等導電性の高い場所において使用する移動式もしくは可搬式のもの<br>　事業者は，感電防止用漏電断器を設置することが困難なときは，電動機械器具の金属製外わく，電動機の金属製外被等の金属部分を，接地して使用する。 |

表1-2-10 点検および検査を必要とする機器，設備および耐電圧試験

| 電気機械器具等の種別 | 使用前点検 | 定期自主検査 |
|---|---|---|
| 溶接場等のホルダ | 絶縁防護部分およびホルダ用ケーブルの接続部の有無 | |
| 交流アーク溶接機用自動電撃防止装置 | 作動状態 | |
| 感電防止用漏電遮断装置 | | |
| 電動機械機器具等の接地<br>（安衛則第333条） | 接地線の断線。接地極の浮上がり等の異常の有無 | |
| 移動用電線および附属する接続器具 | 被覆または外装の損傷の有無 | |
| 検電器具 | 検電性能 | |
| 短絡接地器具 | 取付金具および接地導の損傷の有無 | |
| 絶縁用保護具 | ひび，割れ，破れ，その他の，損傷の有無および乾燥状態 | 絶縁性能<br>（6カ月に1回）<br>（昭和50年7月20日第405号）<br>（昭和47年2月4日労働省告示第144号） |
| 絶縁用防具 | | |
| 活線作業用器具 | | |
| 活線作業用装置 | | |
| 絶縁用防護具 | | |

表 1.2-11 墜落・転落防止対策

| 項目 | 墜落・転落防止対策 |
|---|---|
| 作業床の設置等<br>（安衛則第 518 条） | ①事業者は，高さが 2m 以上の箇所で作業を行う場合，墜落により労働者に危険を及ぼすおそれのあるときは，足場を組み立てる等の方法により作業床を設ける。<br>②事業者は，作業床を設けることが困難なときは，防網を張り，労働者に安全帯を使用させる等，墜落による労働者の危険を防止する措置を講じる。 |
| 開口部，作業床の端等の囲い等の設置<br>（安衛則第 519 条） | ①事業者は，高さが 2m 以上の作業床の端，開口部等で墜落により労働者に危険を及ぼすおそれのある箇所には，囲い，手すり，覆い等を設ける。<br>②事業者は，囲い等を設けることが著しく困難なときまたは作業の必要上臨時に囲い等を取り外すときは，防網を張り，労働者に安全帯を使用させる等，墜落による労働者の危険を防止する措置を講じる。 |
| 安全帯等の使用<br>（安衛則第 520 条） | 労働者は，作業床の設置，囲い等の設置が困難なときは，安全帯等を使用する。 |
| 安全帯等の取付設備等<br>（安衛則第 521 条） | ①事業者は，高さが 2m 以上の箇所で作業を行う場合，労働者に安全帯等を使用させるときは，安全帯等を安全に取り付けるための設備等を設ける。<br>②事業者は，労働者に安全帯等を使用させるときは，安全帯等およびその取付け設備等の異常の有無について，随時点検しなければならない。 |
| 昇降するための設備の設置等<br>（安衛則第 526 条） | 事業者は，高さまたは深さが 1.5m を超える箇所で作業を行うときは，労働者が安全に昇降するための設備等を設ける。 |
| 悪天候時の高所作業禁止<br>（安衛則第 522 条） | 事業者は，高さが 2m 以上の箇所で作業を行う場合，強風，大雨，大雪等の悪天候のため，危険が予想されるときは，作業を中止する。 |
| 必要照度の保持<br>（安衛則第 523 条） | 事業者は，高さが 2m 以上の箇所で作業を行うときは，作業を安全に行うための必要な照度を確保する。 |
| スレート等の屋根上の危険の防止<br>（安衛則第 524 条） | 事業者は，スレート，木毛板等の屋根の上で作業を行う場合，踏み抜きの危険があるときは，幅 30cm 以上の歩み板を設け，防網を張る等踏み抜きによる労働者の危険を防止するための措置を講じる。 |
| 関係者以外立入禁止<br>（安衛則第 530 条） | 事業者は，墜落により労働者に危険を及ぼすおそれのある箇所に関係者以外の労働者の立入りを禁止する。 |

表 1.2-12 飛来・落下防止対策

| 項目 | 飛来・落下防止対策 |
|---|---|
| 高所からの物体投下による危険防止<br>（安衛則第536条） | ①事業者は，3m以上の高所から物体を投下するときは，適当な投下設備を設け，監視人をおく等労働者の危険を防止する措置を講じる。<br>②労働者は，適当な落下設備が設けられていないときは，3m以上の高所から物体を投下しない。 |
| 物体の落下による危険の防止<br>（安衛則第537条） | 事業者は，作業のため物体が落下することにより，労働者に危険を及ぼすおそれのあるときは，防網の設備を設け，立入区域を設定する等の措置を講じる。 |
| 物体の飛来による危険の防止<br>（安衛則第538条） | 事業者は，作業のため物体が飛来することにより労働者に危険を及ぼすおそれのあるときは，飛来防止の設備を設け，労働者に保護具を使用させる等の危険を防止するための措置を講じる。 |
| 建築現場の屋上，外壁未装階からの材料の風散防止 | ①高層建築物になると上層階ほど風が強くなり，材料等をしっかり固定しておかないと風によって飛ばされ，第三者の通行人等に危険を及ぼす可能性が考えられるため，気象状況を見極めて固定する。<br>②固定することが困難なときは建物全体をネット，シート等で養生して風散防止を図る。 |

表 1.2-13 重量物危険防止対策

| 項目 | 重量物運搬危険防止対策 |
|---|---|
| 積卸し<br>（安衛則第151条の70） | 事業者は，1つの荷物でその重量が100kg以上のものを貨物自動車に積む作業または貨物自動車から卸す作業を行うときは，作業指揮者を定め，次の事項を行わせる。<br>①作業手順および作業手順ごとの作業方法を決定し，作業を直接指揮する。<br>②器具および工具を点検し，不良品を取り除く。<br>③関係労働者以外を立ち入らせない。<br>④ロープ解き作業，シート外し作業を行うときは，荷くずれによる荷の落下の危険がないことを確認した後に作業の着手を指示する。<br>⑤車両に昇降するための設備および保護帽の使用状況を監視する。 |
| 就業制限の確認<br>（安衛則第61条） | 事業者は，クレーンの運転および玉掛け業務は，それぞれの有資格者に行わせる。 |
| 昇降設備<br>（安衛則第151条の67） | 事業者は，最大積載量が5t以上の貨物自動車に荷の積み降ろし作業を行うときは，墜落による危険を防止するため，労働者が安全に昇降するための設備（はしご等）を設ける。 |
| 道路使用許可 | 公道に貨物自動車を止め，移動式クレーン車等で積み降ろす作業をするときは，所管警察署より道路使用許可を受ける。 |

## 1.2.4 品質確保に関する法令

### (1) 工業標準化法

平成24年6月1日に鉱工業の品質改善や生産の合理化の目的で制定された法律で，製品の種類，材料，形状，品質，寸法などを標準化することだけでなく，工事方法，品質管理，安全規制など多方面にわたって品質の安定と生産効率の向上が図られている。この法案を元に，統一された規格が日本工業規格（JIS）にあたる。JISには用語や単位を定める「基本規格」と，寸法や品質を定める「製品規格」の2種類がある。これまで国が行っていた認証業務を民間にも開放，基準も変更するなどして，ISOが設定する国際標準規格などにも対応した，新たな日本の標準化作業への移行が図られた。建築電気設備にかかわるものではIEC規格に準拠したJIS C 0360シリーズなどが，電技解釈へ取り入れられている。平成17年7月26日に工業標準化法が改正され，平成17年10月1日からJIS表示制度が改正され，現在にいたっている。

(a) 目的（法第1条）

この法律は，適正かつ合理的な工業標準の制定および普及により工業標準化を促進することによって，鉱工業品の品質の改善，生産能率の増進その他生産の合理化，取引の単純公正化および使用または消費の合理化を図り，あわせて公共の福祉の増進に寄与することを目的としている。

(b) 定義（法第2条）

この法律において「工業標準化」とは，下記の事項を全国的に統一し，または単純化することをいい，「工業標準」とは，工業標準化のための基準をいう。

①鉱工業品の種類，型式，形状，寸法，構造，装備，品質，等級，成分，性能，耐久度または安全度
②鉱工業品の生産方法，設計方法，製図方法，使用方法もしくは原単位または鉱工業品の生産に関する作業方法もしくは安全条件
③鉱工業品の包装の種類，型式，形状，寸法，構造，性能もしくは等級または包装方法
④鉱工業品に関する試験，分析，鑑定，検査，検定または測定の方法
⑤鉱工業の技術に関する用語，略語，記号，符号，標準数または単位
⑥建築物その他の構築物の設計，施行方法または安全条件

(c) 日本工業標準調査会について（法第3条から第10条）
(d) 日本工業規格の制定について（法第11条から第18条）
(e) 鉱工業品等の日本工業規格への適合性の認証について
①日本工業規格への適合の表示（法第19条から第24条）
②認証機関の登録（法第25条から第30条）
③国内登録認証機関（法第31条から第40条）
④外国登録認証機関（法第41条から第56条）
(f) 製品試験の事業について（法第57条から第66条）
(g) 日本工業規格の尊重（法第67条）

国および地方公共団体は，鉱工業に関する技術上の基準を定めるとき，その買い入れる鉱工業品に関する仕様を定めるとき，その他その事務を処理するにあたって，前項の定義（法第2条）にあげる事項に関し一定の基準を定めるときは，日本工業規格を尊重してこれをしなければならない。

## (2) 計量法

　旧計量法（昭和26年）を全部改訂して，平成4年5月20日に新計量法が制定された。商業取引・証明などに使用する計量器・計測器は，誤差が規定値内であることを，国家標準により検定を受けなければならないことを定めている。もともとは日本における計量の基準を定め，取引が統一基準の下に行われることを目的とした法律（度量衡法）であったが，現在の計量法は国際単位系（SI）の採用により，国際的に計量基準を統一することと，各種計量器の正確さを維持するためのトレーサビリティの維持を主な目的としている。また，計量の専門家である計量士（環境に関する計量については，環境計量士）の育成，環境問題への対応のための環境計量への対応がなされている。現在，計量法の課題は日本工業規格（JIS）との整合性を図ることであり，そのために計量法での具体的規定を，JISを参照するようにすることが検討されており，一部の特定計量器についてはJISを引用する形に条文が改正されている。検定品目は定められていて，建築電気設備にかかわるものでは，取引用電力量計，騒音計，照度計などがある。電圧計，電流計などは検定品ではないが，使用者が定めている期間ごとに校正することを求めている。

### (a) 目的（法第1条）
　この法律は，計量の基準を定め，適正な計量の実施を確保し，もって経済の発展および文化の向上に寄与することを目的としている。

### (b) 定義（法第2条）
　この法律において「計量」とは，次にあげるものを計ることをいい，「計量単位」とは，計量の基準となるものをいう。

① 「物象の状態の量」として熟度の高い72量
② 「物象の状態の量」として熟度の低い17量
③ 「取引」とは，有償か無償かを問わず，物または役務の給付を目的とする業務上の行為をいい，「証明」とは，公にまたは業務上他人に一定の事実が真実である旨を表明することをいう。
④ 「計量器」とは，計量をするための器具，機械または装置をいい，「特定計量器」とは，取引もしくは証明における計量に使用され，または主として一般消費者の生活の用に供される計量器のうち，適正な計量の実施を確保するためにその構造または器差にかかわる基準を定め

表1.2-14　「物象の状態の量」として熟度の高い72量

| 72量 | 長さ，質量，時間，電流，温度，物質量，光度，角度，立体角，面積，体積，角速度，角加速度，速さ，加速度，周波数，回転速度，波数，密度，力，力のモーメント，圧力，応力，粘度，動粘度，仕事，工率，質量流量，流量，熱量，熱伝導率，比熱容量，エントロピー，電気量，電界の強さ，電圧，起電力，静電容量，磁界の強さ，起磁力，磁束密度，磁束，インダクタンス，電気抵抗，電気のコンダクタンス，インピーダンス，電力，無効電力，皮相電力，電力量，無効電力量，皮相電力量，電磁波の減衰量，電磁波の電力密度，放射強度，光束，輝度，照度，音響パワー，音圧レベル，振動加速度レベル，濃度，中性子放出率，放射能，吸収線量，吸収線量率，カーマ，カーマ率，照射線量，照射線量率，線量当量または線量当量率 |
|---|---|

表1.2-15　「物象の状態の量」として熟度の低い17量

| 17量 | 繊度，比重，引張強さ，圧縮強さ，硬さ，衝撃値，粒度，耐火度，力率，屈折度，湿度，粒子フルエンス，粒子フルエンス率，エネルギーフルエンス，エネルギーフルエンス率，放射能面密度，放射能濃度 |
|---|---|

る必要があるものとして政令で定めるものをいう。
⑤「標準物質」とは，政令で定める物象の状態の量の特定の値が付された物質であって，当該物象の状態の量の計量をするための計量器の誤差の測定に用いるものをいう。
⑥「計量器の校正」とは，その計量器の表示する物象の状態の量と第134条第1項の規定による指定にかかわる計量器または同項の規定による指定にかかわる器具，機械もしくは装置を用いて製造される標準物質が現示する計量器の標準となる特定の物象の状態の量との差を測定することをいう。
⑦「標準物質の値付け」とは，その標準物質に付された物象の状態の量の値を，その物象の状態の量と第134条第1項の規定による指定にかかわる器具，機械または装置を用いて製造される標準物質が現示する計量器の標準となる特定の物象の状態の量との差を測定して，改めることをいう。

(c) 計量単位について（法第3条から第9条）
(d) 適正な計量の実施について
①正確な計量（法第10条）
　物象の状態の量について，法定計量単位により取引または証明における計量をする者は，正確にその物象の状態の量の計量をするように努めなければならない（法10条1）。
②商品の販売にかかわる計量（法第11条から第15条）
③計量器等の使用（法第16条から第18条）
④定期検査（法第19条から第25条）
⑤指定定期検査機関（法第26条から第39条）
(e) 検定等について
①検定，変成器付電気計器検査および装置検査（法第70条から第75条）
②型式の承認（法第76条から第89条）
(f) 適正な計量管理について
①計量士（法第122条から第126条）
②適正計量管理事業所（法第127条から第133条）
(g) 計量器の校正等について
①特定標準器による校正等（法第134条から第142条）
②特定標準器以外の計量器による校正等（法第143条から第146条）

### (3) 製造物責任法（PL法）

　製造者の責任を定めた法律のひとつ。製造物責任法（PL法，The Product Liability Law）は，製造物の欠陥により人の生命，身体または財産にかかわる被害が生じた場合における製造業者等の損害賠償の責任について定めることにより，被害者の保護を図ることを目的として平成6年7月1日に制定され，平成7年7月から施行されている。
　製造物責任法は，過失責任である不法行為責任（民法第709条）の特別法として定められたものであり，製品事故分野において欠陥製造物の製造業者に損害賠償を請求する場合，被害者は製造業者の故意または過失に代えて客観的な製造物の欠陥を立証すればよいこととなっている。
　電気工事業者が行う電気工事の内容を次の3ケースに分類し，その電気工事について製造物責任が適用される場合について分析した結果は，次のとおりである。

①屋内配線工事など電気工専用材料を建物に取り付ける工事

　屋内配線工事は，電線の接続，配線器具やコンセントの設置等電気工専用材料を用いて電気工作物という新しい価値を有するものをつくり出す行為であり，通常の製造または加工と類似している。しかしながら，製造物責任法では不動産を対象としておらず，屋内配線等の電気工作物については，不動産である建物に固定されて取引きされるものであり，かつ，当該電気工作物のみをもって建物と独立した価値を有する動産とは解されないことから，電気工事によって設置された屋内配線等の電気工作物は製造物責任法の製造物ではないものと考えられる。なお，現行の民法の下における裁判例の分析によれば，役務の提供の結果，動産や不動産に欠陥という性状が存在した場合には，役務の提供者に過失があったものと推定され，損害賠償責任が課されている。したがって，電気工事業者は，電気工事の結果によって他人に損害を及ぼすことのないように万全な措置を採るべき高度な注意義務が課されており，電気工事の結果その電気工事にかかわる電気工作物に欠陥という性状が認められた場合には，この義務に違反したとして，民法第709条（不法行為）や民法第415条（債務不履行）に基づいて損害賠償責任を負うこととなることに留意する必要がある。

②照明器具や安定器を取り替える場合

　その行為が製造または加工と解される場合には，電気工事業者がその結果について製造物責任を負うこととなる。照明器具や安定器を取り替える場合は，基本的に製造物が引き渡されたあとの問題であり，新たな物品をつくりだす，または新しい性能等を付加するものとはいえないことから製造または加工には当たらないと解されている。

③複数の電気機器を組み合わせて電気工作物を設置する工事

　産業機械等では複数の電気機器を組み合わせて製造ラインを設置することがあり，電気工事業者がこれらを施工した場合，このようなラインは，容易に移動または取り外しができ，独立して取引の対象となり得るものであることから，ライン全体として製造物責任法の製造物と解されることがある。

(a) 目的（法第1条）

　この法律は，製造物の欠陥により人の生命，身体または財産にかかわる被害が生じた場合における製造業者等の損害賠償の責任について定めることにより，被害者の保護を図り，もって国民生活の安定向上と国民経済の健全な発展に寄与することを目的とする。

(b) 定義（法第2条）

①「製造物」とは，製造または加工された動産をいう。

②「欠陥」とは，当該製造物の特性，その通常予見される使用形態，その製造業者等が当該製造物を引き渡した時期その他の当該製造物にかかわる事情を考慮して，当該製造物が通常有すべき安全性を欠いていることをいう。

③この法律において「製造業者等」とは，次のいずれかに該当する者をいう。

　（イ）当該製造物を業として製造，加工または輸入した者（以下「製造業者」）

　（ロ）自ら当該製造物の製造業者として当該製造物にその氏名，商号，商標その他の表示（以下「氏名等の表示」）をした者，または当該製造物にその製造業者と誤認させるような氏名等の表示をした者

　（ハ）前項にあげる者のほか，当該製造物の製造，加工，輸入または販売にかかわる形態その他の事情からみて，当該製造物にその実質的な製造業者と認めることができる氏名等の

表示をした者
(c) 製造物責任（法第3条）
　製造業者等は，その製造，加工，輸入または第2条第3項第2号もしくは第3号の氏名等の表示を製造物であって，その引き渡したものの欠陥により他人の生命，身体または財産を侵害したときは，これによって生じた損害を賠償する責めに任じる。ただし，その損害が当該製造物についてのみ生じたときは，この限りでない。
(d) 免責事由（法第4条）
　第3条の場合において，製造業者等は，次にあげる事項を証明したときは，同条に規定する賠償の責めに任じない。
①当該製造物をその製造業者等が引き渡したときにおける科学または技術に関する知見によっては，当該製造物にその欠陥があることを認識することができなかったこと。
②当該製造物が他の製造物の部品または原材料として使用された場合において，その欠陥がもっぱら当該他の製造物の製造業者が行った設計に関する指示に従ったことにより生じ，かつ，その欠陥が生じたことにつき過失がないこと。
(e) 期間の制限（法第5条）
①第3条に規定する損害賠償の請求権は，被害者またはその法定代理人が損害および賠償義務者を知ったときから3年間行わないときは，時効によって消滅する。その製造業者等が当該製造物を引き渡したときから10年を経過したときも，同様とする。
②前項後段の期間は，身体に蓄積した場合に人の健康を害することとなる物質による損害または一定の潜伏期間が経過した後に症状が現れる損害については，その損害が生じたときから起算する。
(f) 民法の適用（法第6条）
　製造物の欠陥による製造業者等の損害賠償の責任については，この法律の規定によるほか，民法（明治29年法律第89号）の規定による。

### 1.2.5　環境保全に関する法令
(1) エネルギーの使用の合理化に関する法律（省エネ法）
(a) 最近の省エネ法改正
　「エネルギーの使用の合理化に関する法律」（以下「省エネ法」）は，昭和54年6月22日に制定されて以来，たびたび改正が行われている。
　平成20年5月30日改正では，これまで一定規模以上の大規模な工場に対してのみエネルギー管理が義務づけられていたが，中小規模の事業所を数多く設置している事業者やコンビニエンスストア等のフランチャイズチェーンも加盟店も含めて本社に対してもエネルギー管理が義務づけられることになった。改正省エネ法では平成21年4月から1年間のエネルギー使用量の計測・記録が必要となり，平成22年4月1日から施行された。
①特定事業者の指定
　企業全体（本社，工場，支店，営業所など）の年間エネルギー使用量が，合計原油換算1500kl以上であれば，特定事業者の指定を受ける必要がある。
②特定連鎖化事業者の指定
　コンビニエンスストア等のフランチャイズチェーンも加盟店を含めて，年間エネルギー使用

量が合計原油換算 1500kl 以上であれば，特定連鎖化事業者の指定を受ける必要がある。
③エネルギー管理指定工場の指定（変更なし）
　エネルギー管理指定工場の指定はこれまでと同様に年間エネルギー使用量により第 1 種および第 2 種が規定されている。
④報告書の提出
　エネルギー管理指定工場の定期報告書，中長期計画書の提出が，工場・事業場単位から企業単位での提出となった。
⑤エネルギー管理統括者等の選任
　特定事業者および特定連鎖化事業者は，エネルギー管理統括者（企業の事業経営に発言権をもつ役員クラスの者など）とエネルギー管理企画推進者（エネルギー管理統括者を実務面で補佐する者，エネルギー管理講習修了者またはエネルギー管理士から選任）を選任する義務がある。
⑥エネルギー使用量の記録
　エネルギー使用量は，平成 21 年 4 月から 1 年間記録し，年間エネルギー使用量が合計して原油換算 1500kl 以上であればエネルギー使用状況届出書を経済産業局に届ける必要がある。
　また，住宅・建築物分野での改正点として，大規模な建築物の省エネ措置が著しく不十分である場合の命令の導入や，一定の中小規模の建築物について省エネ措置の届出等が義務づけられた。
⑦大規模な建築物（2000$m^2$）の省エネ措置が著しく不十分である場合の命令の導入。
⑧一定の中小規模（300$m^2$）の建築物について，省エネ措置の届出等を義務づけ。
⑨登録建築物調査機関による省エネ処置の維持保全状況にかかわる調査の制度化。
⑩住宅を建築し販売する住宅供給事業者（住宅事業建築主）に対し，その新築する特定住宅の省エネ性能の向上を促す措置の導入。
⑪建築物の設計，施行を行う者に対し，省エネ性能の向上および当該性能の表示に関する国土交通大臣の指導助言。
⑫建築物の販売または賃貸の事業を行う者に対し，省エネ性能の表示による一般消費者への情報提供の努力義務を明示。
　これらの施行日は平成 21 年 4 月 1 日（⑧については平成 22 年 4 月 1 日）である。
（b）目的（法第 1 条）
　この法律は，省エネルギー法または省エネ法と略称されており，内外におけるエネルギーをめぐる経済的社会的環境に応じた燃料資源の有効な利用の確保に資するため，工場，輸送，建築物および機械器具についてのエネルギーの合理化に関する所要の措置とその他のエネルギーの使用の合理化を総合的に進めるために必要な措置等を講じることとし，もって国民経済の健全な発展に寄与することを目的としている。
（c）省エネ法における措置
　建築物にかかわる措置として，建築主は，空気調和設備その他の機械換気設備，照明設備，給湯設備および昇降機にかかわるエネルギーの効率的利用のための措置を的確に実施し，エネルギーの使用の合理化に努めなければならないとし，さらに特定建設物にかかわる指示等を次のように規定している。
　所管行政庁（建築主事をおく市町村の長等）は，特定建築物（延べ面積が 2000$m^2$ 以上の建

表 1.2-16　改正後の対象者および義務内容

|  | 旧制度 | 現行制度 |
|---|---|---|
| 適用日 | 平成22年3月31日まで | 平成22年4月1日から |
| 対象範囲 | 事業場ごと | 事業者ごと |
| 義務対象者 | 年間のエネルギー使用量の合計が1500kl（原油換算）以上の事業所<br>●第1種エネルギー管理指定工場（エネルギー使用量3000kl/年）<br>●第2種エネルギー管理指定工場（エネルギー使用量1500kl/年） | 設置しているすべての工場・事業場（フランチャイズチェーンについては，一定条件化の加盟店を含む）における年間のエネルギー使用量の合計が1500kl（原油換算）以上の事業者および左記の事業所 |
| 業務内容 | ●第1種エネルギー管理指定工場<br>●エネルギー管理者[注1]またはエネルギー管理員の選任<br>●中長期計画書の提出<br>●第2種エネルギー管理指定工場<br>●エネルギー管理員の選任<br>●定期報告書の提出<br>（建築にかかわる届出）<br>●2000m$^2$以上の建築物の新築・増改築および大規模修繕時の際，省エネ措置を所管行政庁に届出<br>●省エネ措置が著しく不十分の場合：指示，指示に従わない場合に公表<br>（2000m$^2$未満の建築物については届出にかかわる規定なし）<br><br>（維持保全状況の報告）<br>●上記の届け出た省エネ措置に関する維持保全状況を所管行政庁に定期報告<br>●維持保全状況が著しく不十分は勧告<br>（2000m$^2$未満の建築物については届出にかかわる規定なし）<br><br>（維持保全状況の報告） | ●特定事業者，特定連鎖化事業者<br>●エネルギー管理統括者を選任<br>●エネルギー管理企画推進者を選任<br>●中長期計画書の提出<br>●定期報告書の提出<br>●第1種エネルギー管理指定工場等<br>●エネルギー管理者[注2]またはエネルギー管理員の選任<br>●第2種エネルギー管理指定工場等<br>●エネルギー管理員の選任<br>●第一種特定建築物とし，新築・増改築および大規模修繕時の際，省エネ措置を所管行政庁に届出<br>●省エネ措置が著しく不十分の場合：指示，指示に従わない場合に公表，命令（罰則）<br>●一定規模以上を第二種特定建築物とし，新築・増改築の際，省エネ措置を所管行政庁に届出<br>●省エネ措置が著しく不十分は勧告<br>●第一種特定建築物の省エネ措置の維持保全状況を所管行政庁に定期報告<br>●維持保全状況が著しく不十分は勧告<br>●第二種特定建築物（住宅を除く）の省エネ措置の維持保全状況を所管行政庁に定期報告<br>●維持保全状況が著しく不十分は勧告<br>●登録建築物調査機関の調査<br>●登録講習機関による調査員の講習 |

注1：製造業，鉱業，電気供給業，ガス供給業，熱供給業に限る。
注2：エネルギー管理指定工場を有している場合は事業者全体の報告に加え，各指定工場の情報も内訳として報告する。

築物のもの）の外壁，窓等を通しての熱損失の防止および空気調和設備等について必要な指示をすることができる（法第75条）。

最近の改正による工場・事業場に対する対象者と課せられている義務をまとめると表1.2-16のようになる。

(2) 大気汚染防止法

人の健康を保護し生活環境を保全するうえで維持されることが望ましい基準として,「環境基準」が環境基本法において設定されており,この環境基準を達成することを目標に,大気汚染防止法に基づいて規制を実施している。

(a) 最近の大気汚染防止法改正

この法律が,昭和43年6月10日に制定されて以来,たびたび改正が行われている。

平成18年2月10日改正では,以前の大気汚染防止法では,解体等の作業に伴うアスベストの飛散防止対策として,建築物の解体等の作業のみが規制対象とされている。一方,工場のプラントなどの,建築物に該当しない工作物の解体等の作業については,規制対象とされていない。このため,今後,飛散性のアスベスト建材が使用されている工作物の解体等の作業に伴い,大気汚染が問題化する懸念がある。また,同種の施設（建築物に付設された煙突と工作物に付設された煙突など）の間で不合理な規制格差が生じることとなる。アスベストを使用している工作物の解体作業を,大気汚染防止法の規制対象に追加する。

平成22年5月10日改正では,近年,地球温暖化を始めとする環境問題の多様化,地方公共団体や企業における経験豊富な公害防止担当者が多数退職しつつあること等を背景として,公害防止対策を取り巻く状況が構造的に変化している。こうした中,昨今,事業者の公害防止管理体制等に綻びが生じている事例がみられている。具体的には,一部の事業者において,大気汚染防止法の排出基準の超過があった場合に,ばい煙の測定結果を改ざんする等の不適正事案が発生している。このような現状にかんがみ,事業者および地方公共団体による公害防止対策の効果的な実施を図るために改正された。

①事業者による記録改ざん等への厳正な対応

排出状況の測定結果の未記録,虚偽の記録等に対し罰則を創設した（現行では排出基準違反については罰則があるものの,未記録・虚偽の記録に対する罰則はなかった）。

②排出基準超過にかかわる地方自治体による対策の推進

継続してばい煙にかかわる排出基準超過のおそれがある場合に,事業者による改善対策を地方自治体との連携の下で確実に図るため,地方自治体が改善命令等を広く発動できるよう見直しした（現行では「人の健康又は生活環境に係る被害を生ずると認められるとき」に限定されていた）。

③事業者による自主的な公害防止の取組みの促進

ばい煙の排出状況の把握を行う。また,汚染物質の排出を抑制するために必要な措置を実施する。

(b) 目的（法第1条）

この法律は,工場および事業場における事業活動ならびに建築物等の解体等に伴うばい煙,揮発性有機化合物および粉じんの排出等を規制し,有害大気汚染物質対策の実施を推進し,ならびに自動車排出ガスにかかわる許容限度を定めること等により,大気の汚染に関し,国民の健康を保護するとともに生活環境を保全し,ならびに大気の汚染に関して人の健康にかかわる被害が生じた場合における事業者の損害賠償の責任について定めることにより,被害者の保護を図ることを目的としている。

(c) 大気汚染防止法での措置

大気汚染防止法では,固定発生源（工場や事業場）から排出または飛散する大気汚染物質について,物質の種類ごと,施設の種類・規模ごとに排出基準等が定められており,大気汚染物

質の排出者等はこの基準を守らなければならない。

① ばい煙の排出規制

「ばい煙」とは，物の燃焼等に伴い発生するいおう酸化物，ばいじん（いわゆるスス），有害物質（カドミウムおよびその化合物，塩素および塩化水素，フッ素・フッ化水素およびフッ化ケイ素，鉛およびその化合物，窒素酸化物）をいう。大気汚染防止法では33の項目に分けて，一定規模以上の施設が「ばい煙発生施設」として定められている。

② 揮発性有機化合物の排出規制

「揮発性有機化合物」とは大気中に排出され，または飛散したときに気体である有機化合物（浮遊粒子状物質およびオキシダントの生成の原因とならない物質として政令で定める物質を除く）をいう。大気汚染防止法では，9の項目に分けて，一定規模以上の施設が「揮発性有機化合物排出施設」として定められている。

揮発性有機化合物の排出および飛散の抑制に関する施策は，揮発性有機化合物の排出の規制と，事業者が自主的に行う揮発性有機化合物の排出および飛散の抑制のための取組みとを適切に組み合わせて効果的に実施することとされている（平成18年4月1日施行）。

③ 粉塵の排出規制

「粉じん」とは，物の破砕やたい積等により発生し，または飛散する物質をいう。このうち，大気汚染防止法では，人の健康に被害を生じるおそれのある物質を「特定粉じん」（現在，石綿を指定），それ以外の粉じんを「一般粉じん」として定めている。

④ 有害大気汚染物質の対策の推進

「有害大気汚染物質」とは，低濃度であっても長期的な摂取により健康影響が生じるおそれのある物質のことをいい，科学的知見の充実の下に，将来にわたって人の健康にかかわる被害が未然に防止されるよう施策を講じることとされている。

(3) 騒音規制法

この法律は，住民の生活環境を脅かす騒音発生源を指定し，指定を受けた施設や建設作業を行う者に届出義務を課し，基準規制を守らせ，勧告や命令に従わせるものであり，昭和43年6月10日（法律第98号）に制定され，最終改正は平成17年4月27日（法律第33号）。

(a) 目的（法第1条）

この法律は，工場および事業場における事業活動ならびに建設工事に伴って発生する相当範囲にわたる騒音について必要な規制を行うとともに，自動車騒音にかかわる許容限度を定めること等により，生活環境を保全し，国民の健康の保護に資することを目的とする。

(b) 定義（法第2条）

① 「特定施設」とは，工場または事業場に設置される施設のうち，著しい騒音を発生する施設であって政令で定めるものをいう。

② 「規制基準」とは，特定施設を設置する工場または事業場（以下「特定工場等」）において発生する騒音の特定工場等の敷地の境界線における大きさの許容限度をいう。

③ 「特定建設作業」とは，建設工事として行われる作業のうち，著しい騒音を発生する作業であって政令で定めるものをいう。

　(イ) 特定施設（令第1条）

　　騒音規制法（以下「法」）の政令で定める施設は，同法の別表第一にあげる施設とする。

　　1) 金属加工機械

2) 液圧プレス（矯正プレスを除く）
3) 土石用または鉱物用の破砕機，摩砕機，ふるいおよび分級機（原動機の定格出力が7.5kW 以上のものに限る）
4) 織機（原動機を用いるものに限る）
5) 建設用資材製造機械
6) 穀物用製粉機（ロール式のものであって，原動機の定格出力が7.5kW 以上のものに限る）
7) 木材加工機械
8) 抄紙機
9) 印刷機械（原動機を用いるものに限る）
10) 合成樹脂用射出成形機
11) 鋳型造型機（ジョルト式のものに限る）

(ロ) 特定建設作業（令第2条）

　法第2条第3項の政令で定める作業は，同法の別表第二にあげる作業とする。ただし，当該作業がその作業を開始した日に終わるものを除く。

1) くい打機（もんけんを除く），くい抜機またはくい打くい抜機（圧入式くい打くい抜機を除く）を使用する作業（くい打機をアースオーガーと併用する作業を除く）
2) びょう打機を使用する作業
3) さく岩機を使用する作業（作業地点が連続的に移動する作業にあっては，1日における当該作業にかかわる2地点の最大距離が50m を超えない作業に限る）
4) 空気圧縮機（電動機以外の原動機を用いるものであって，その原動機の定格出力が15kW 以上のものに限る）を使用する作業（さく岩機の動力として使用する作業を除く）
5) コンクリートプラント（混練機の混練容量が$0.45m^3$ 以上のものに限る）またはアスファルトプラント（混練機の混練重量が200kg 以上のものに限る）を設けて行う作業（モルタルを製造するためにコンクリートプラントを設けて行う作業を除く）
6) バックホウ（一定の限度を超える大きさの騒音を発生しないものとして環境大臣が指定するものを除き，原動機の定格出力が80kW 以上のものに限る）を使用する作業
7) トラクターショベル（一定の限度を超える大きさの騒音を発生しないものとして環境大臣が指定するものを除き，原動機の定格出力が70kW 以上のものに限る）を使用する作業
8) ブルドーザー（一定の限度を超える大きさの騒音を発生しないものとして環境大臣が指定するものを除き，原動機の定格出力が40kW 以上のものに限る）を使用する作業

(c) 地域の指定（法第3条）

①都道府県知事は，住居が集合している地域，病院または学校の周辺の地域等，騒音を防止することにより住民の生活環境を保全する必要があると認める地域を，特定工場等において発生する騒音および特定建設作業に伴って発生する騒音について規制する地域として指定しなければならない。

②都道府県知事は，①の規定により地域を指定，変更または廃止しようとするときは，関係市町村長の意見をきかなければならない。

表1.2-17　騒音規制法の指定区域

| 第1号区域 | ①良好な住居の環境を保全するため，とくに静穏の保持を必要とする区域 |
|---|---|
| | ②住居の用に供されているため，静穏の保持を必要とする区域 |
| | ③住居の用にあわせて商業，工業用の用に供されている区域であって，相当数の住居が集合しているため，騒音の発生を防止する必要がある区域 |
| | ④学校，保育所，病院および診療所（ただし，患者の収容設備を有するもの），図書館ならびに特別養護老人ホームの施設の周囲おおむね80mの区域 |
| 第2号区域 | 指定区域のうちで上記以外の区域 |

③都道府県知事は，①の規定により地域を指定，変更または廃止するときは，環境省令で定めるところにより，公示しなければならない。

また，この指定区域については，さらに2つの区域に区分され，夜間または深夜における作業の時間帯，1日の作業時間の長さについて異なった規制を受ける（表1.2-7）。

(d) 規制基準の設定（法第4条）

①都道府県知事は，地域を指定するときは，環境大臣が特定工場等において発生する騒音について規制する必要の程度に応じて昼間，夜間その他の時間の区分および区域の区分ごとに定める基準の範囲内において，当該地域について，これらの区分に対応する時間および区域の区分ごとの規制基準を定めなければならない。

②市町村は，指定された地域の全部または一部について，当該地域の自然的，社会的条件に特別の事情があるため，前項の規定により定められた規制基準によっては当該地域の住民の生活環境を保全することが十分でないと認めるときは，条例で，環境大臣の定める範囲内において，同項の規制基準にかえて適用すべき規制基準を定めることができる。

③法第3条第3項の規定は，規制基準の設定ならびにその変更および廃止について準用する。

(e) 規制基準の遵守義務（法第5条）

表1.2-18　特定工事等にかかわる騒音の規制基準（単位：dB）

| 時間の区分 | 区域の区分 | | | |
|---|---|---|---|---|
| | 第1種区域 | 第2種区域 | 第3種区域 | 第4種区域 |
| 昼間（8〜19時） | 45以上50以下 | 50以上60以下 | 60以上65以下 | 65以上70以下 |
| 朝・夕<br>（6〜8時）<br>（19〜23時） | 40以上45以下 | 45以上50以下 | 55以上65以下 | 60以上70以下 |
| 夜間（23〜6時） | 40以上45以下 | 40以上50以下 | 50以上55以下 | 55以上65以下 |

備考
1　「第1種区域」とは，良好な住居の環境を保全するため，とくに静穏の保持を必要とする区域をいう。
　　（第1種および第2種低層住居専用地域，第1種および第2種中高層住居専用区域）
2　「第2種区域」とは，住居の用に供されているため，静穏の保持を必要とする区域をいう。
　　（第1種および第2種住居地域，準住居区域，市街化調整区域）
3　「第3種区域」とは，住居の用にあわせて商業，工業等の用に供されている区域であって，その区域内の住民の生活環境を保持するため，騒音の発生を防止する必要がある区域をいう。
　　（近隣商業地域，商業地域，準工業地域）
4　「第4種区域」とは，主として工業等の用に供されている区域であって，その区域内の住民の生活環境を悪化させないため，著しい騒音の発生を防止する必要がある区域をいう。
　　（工業地域）

指定地域内に特定工場等を設置している者は，当該特定工場等にかかわる規制基準を遵守しなければならない。

(f) 特定施設の設置の届出（法第6条）

①指定地域内において工場または事業場に特定施設を設置しようとする者は，その特定施設の設置の工事の開始の日の30日前までに，環境省令で定めるところにより，次の事項を市町村長に届け出なければならない。

　（イ）氏名または名称および住所ならびに法人にあっては，その代表者の氏名
　（ロ）工場または事業場の名称および所在地
　（ハ）特定施設の種類ごとの数
　（ニ）騒音の防止の方法
　（ホ）その他環境省令で定める事項

②届け出には，特定施設の配置図その他環境省令で定める書類を添附しなければならない。

(g) 経過措置（法第7条）

①地域が指定地域となった際，現にその地域内において工場もしくは事業場に特定施設を設置している者または施設が特定施設となった際，現に指定地域内において工場もしくは事業場にその施設を設置している者は，当該地域が指定地域となった日または当該施設が特定施設となった日から30日以内に，環境省令で定めるところにより，法第6条第1項に掲げる事項を市町村長に届け出なければならない。

②法第6条第2項の規定は，第1項の規定による届出について準用する。

(h) 特定施設の数等の変更の届出（法第8条）

①規定による届出をした者は，その届出にかかわる事項の変更をしようとするときは，当該事項の変更にかかわる工事の開始の日の30日前までに，環境省令で定めるところにより，その旨を市町村長に届け出なければならない。ただし，変更が環境省令で定める範囲内である場合または変更が当該特定工場等において発生する騒音の大きさの増加を伴わない場合は，この限りでない。

②法第6条第2項の規定は，第1項の規定による届出について準用する。

(i) 計画変更勧告（法第9条）

　市町村長は，規定による届出があった場合において，その届出にかかわる特定工場等において発生する騒音が規制基準に適合しないことによりその特定工場等の周辺の生活環境が損なわれると認めるときは，その届出を受理した日から30日以内に限り，その届出をした者に対し，その事態を除去するために必要な限度において，騒音の防止の方法または特定施設の使用の方法もしくは配置に関する計画を変更すべきことを勧告することができる。

(j) 氏名の変更等の届出（法第10条）

　規定による届出をした者は，その届出にかかわる事項に変更があったとき，またはその届出にかかわる特定工場等に設置する特定施設のすべての使用を廃止したときは，その日から30日以内に，その旨を市町村長に届け出なければならない。

(k) 承継（法第11条）

①規定による届出をした者からその届出にかかわる特定工場等に設置する特定施設のすべてを譲り受け，または借り受けた者は，当該特定施設にかかわる当該届出をした者の地位を承継する。

②規定による届出をした者について相続，合併または分割（その届出にかかわる特定工場等に設置する特定施設のすべてを承継させるものに限る）があったときは，相続人，合併後存続する法人もしくは合併により設立した法人または分割により当該特定施設のすべてを承継した法人は，当該届出をした者の地位を承継する。

③地位を承継した者は，その承継があった日から30日以内に，その旨を市町村長に届け出なければならない。

(l) 改善勧告および改善命令（法第12条）

①市町村長は，指定地域内に設置されている特定工場等において発生する騒音が規制基準に適合しないことにより，その特定工場等の周辺の生活環境が損なわれると認めるときは，当該特定工場等を設置している者に対し，期限を定めて，その事態を除去するために必要な限度において，騒音の防止の方法を改善し，または特定施設の使用の方法もしくは配置を変更すべきことを勧告することができる。

②市町村長は，法第9条の規定による勧告を受けた者がその勧告に従わないで特定施設を設置しているとき，または前項の規定による勧告を受けた者がその勧告に従わないときは，期限を定めて，同条または同項の事態を除去するために必要な限度において，騒音の防止の方法の改善または特定施設の使用の方法もしくは配置の変更を命じることができる。

③②の規定は，第7条第1項の規定による届出をした者の当該届出にかかわる特定工場等については，同項に規定する指定地域となった日または同項に規定する特定施設となった日から3年間は，適用しない。ただし，当該地域が指定地域となった際または当該施設が特定施設となった際その者に適用されている地方公共団体の条例の規定に相当するものがあるとき，およびその者が規定による届出をした場合において当該届出が受理された日から30日を経過したときは，この限りでない。

(m) 小規模の事業者に対する配慮（法第13条）

市町村長は，小規模の事業者に対する規定の適用にあたっては，その者の事業活動の遂行に著しい支障を生じることのないよう当該勧告または命令の内容についてとくに配慮しなければならない。

(n) 特定建設作業の実施の届出（法第14条）

①指定地域内において特定建設作業を伴う建設工事を施工しようとする者は，当該特定建設作業の開始の日の7日前までに，環境省令で定めるところにより，次の事項を市町村長に届け出なければならない。ただし，災害その他非常の事態の発生により特定建設作業を緊急に行う必要がある場合は，この限りでない。

　（イ）氏名または名称および住所ならびに法人にあっては，その代表者の氏名
　（ロ）建設工事の目的にかかわる施設または工作物の種類
　（ハ）特定建設作業の場所および実施の期間
　（ニ）騒音の防止の方法
　（ホ）その他環境省令で定める事項

②①のただし書の場合において，当該建設工事を施工する者は，速やかに，同項各号にあげる事項を市町村長に届け出なければならない。

③②の規定による届出には，当該特定建設作業の場所の附近の見取図その他環境省令で定める書類を添付しなければならない。

(o) 改善勧告および改善命令（法第15条）
①市町村長は，指定地域内において行われる特定建設作業に伴って発生する騒音が昼間，夜間その他の時間の区分および特定建設作業の作業時間等の区分ならびに区域の区分ごとに環境大臣の定める基準に適合しないことによりその特定建設作業の場所の周辺の生活環境が著しく損なわれると認めるときは，当該建設工事を施工する者に対し，期限を定めて，その事態を除去するために必要な限度において，騒音の防止の方法を改善し，または特定建設作業の作業時間を変更すべきことを勧告することができる。
②市町村長は，勧告を受けた者がその勧告に従わないで特定建設作業を行っているときは，期限を定めて，同項の事態を除去するために必要な限度において，騒音の防止の方法の改善または特定建設作業の作業時間の変更を命じることができる。
③市町村長は，公共性のある施設または工作物にかかわる建設工事として行われる特定建設作業について勧告または命令を行うにあたっては，当該建設工事の円滑な実施についてとくに

表1.2-19 特定建設作業騒音の規制基準

| 特定建設作業の種類 | 環境に対応する規制基準 | | | | | |
|---|---|---|---|---|---|---|
| | 騒音の大きさ | 夜間または深夜作業の禁止時間帯 | 1日の作業時間の制限 | 作業期間の制限 | 作業休止日 | 適用除外 |
| 1. くい打機，くい抜機，くい打くい抜機を使用する作業 | 85dBを超えてはならない | 1号区域は午後7時から翌日の午前7時まで　2号区域では午後10時から翌日の午前6時まで | 1号区域は1日につき10時間を超えてはならない　2号区域では1日につき14時間を超えてはならない | 同一場所においては連続6日間を超えてはならない | 日曜日またはその他の休日 | くい打機をアースオーガーと併用する作業 |
| 2. びょう打機を使用する作業 | | | | | | |
| 3. さく岩機を使用する作業 | | | | | | 1日50m以上にわたり移動する作業 |
| 4. 空気圧縮機を使用する作業 | | | | | | 電動機以外の原動機の定格出力15kW未満のもの，さく岩機の動力として使用する作業 |
| 5. コンクリートプラントまたはアスファルトプラントを設けて行う作業 | | | | | | モルタル製造のためにコンクリートプラントを設けて行う作業 |
| 6. バックホウを使用する作業 | | | | | | 原動機の定格出力80kW未満のもの |
| 7. トラクターショベルを使用する作業 | | | | | | 原動機の定格出力70kW未満のもの |
| 8. ブルドーザーを使用する作業 | | | | | | 原動機の定格出力40kW未満のもの |

配慮しなければならない。
(p) 電気工作物等にかかわる取扱い（法第21条）
① 電気事業法に規定する電気工作物，ガス事業法に規定するガス工作物または鉱山保安法の経済産業省令で定める施設である特定施設を設置する者については，第6条から第11条までの規定ならびに第12条第2項および第13条の規定を適用せず，電気事業法，ガス事業法または鉱山保安法の相当規定の定めるところによる。
② 前項に規定する法律に基づく権限を有する国の行政機関の長（以下この条において単に「行政機関の長」）は，第6条，第8条，第10条または第11条第3項の規定に相当する電気事業法，ガス事業法または鉱山保安法の規定による前項に規定する特定施設にかかわる許可もしくは認可の申請または届出があったときは，その許可もしくは認可の申請または届出にかかわる事項のうちこれらの規定による届出事項に該当する事項を当該特定施設の所在地を管轄する市町村長に通知するものとする。
③ 市町村長は，①に規定する特定施設を設置する特定工場等において発生する騒音によりその特定工場等の周辺の生活環境が損なわれると認めるときは，行政機関の長に対し，当該特定施設について，第9条または第12条第2項の規定に相当する電気事業法，ガス事業法または鉱山保安法の規定による措置を執るべきことを要請することができる。
④ 行政機関の長は，前項の規定による要請があった場合において講じた措置を当該市町村長に通知するものとする。
⑤ 市町村長は，第1項に規定する特定施設について，第12条第1項の規定による勧告または同条第2項の規定による命令をしようとするときは，あらかじめ，行政機関の長に協議しなければならない。

(4) 廃棄物の処理および清掃に関する法律
　この法律は，産業構造の高度化による経済社会のめざましい発展拡大の反面，大量な廃棄物の排出による最終処分場のひっ迫，不法投棄をはじめとする不適正処理の増加などの問題が生じたため，廃棄物の処理を行う体制，処理の基準，廃棄物処理施設の構造，維持管理の基準，ならびに清掃の保持などを規定するものであり，昭和45年12月25日（法律第137号）に制定，平成18年以降は5回改正され，最終改正は平成23年5月2日（法律第35号）。
(a) 目的（法第1条）
　この法律は，廃棄物の排出を抑制し，および廃棄物の適正な分別，保管，収集，運搬，再生，処分等の処理をし，ならびに生活環境を清潔にすることにより，生活環境の保全および公衆衛生の向上を図ることを目的とする。
(b) 定義
　この法律において「廃棄物」とは，ごみ，粗大ごみ，燃え殻，汚泥，ふん尿，廃油，廃酸，廃アルカリ，動物の死体その他の汚物または不要物であって，固形状または液状のもの（放射性物質およびこれによって汚染された物を除く）をいう（法第2条第1項）。
　この法律では，廃棄物を「一般廃棄物」，「産業廃棄物」に大別し，さらに爆発性，毒性，感染性その他の人の健康または生活環境に被害を生じるおそれがある性状を有するものに関しては，おのおの特別管理廃棄物として，全部で5種類の廃棄物を定義している。
(c) 事業者の責務
　事業者は，その事業活動に伴って生じた廃棄物を自らの責任において適正に処理しなければ

```
放射性廃棄物を除く廃棄物
├─ 産業廃棄物
│   ├─ 事業活動に伴って生じた廃棄物のうち，燃え殻，汚泥，廃油，廃酸，廃アルカリ，廃プラスチック類
│   ├─ 輸入された廃棄物（上にあげた廃棄物，航行廃棄物ならびに携帯廃棄物を除く）
│   └─ 特別管理産業廃棄物（産業廃棄物のうち，爆発性，毒性，感染性のあるもの）
└─ 一般廃棄物（産業廃棄物以外の廃棄物）
    ├─ 特別管理一般廃棄物以外の廃棄物
    └─ 特別管理一般廃棄物（一般廃棄物のうち，爆発性，毒性，感染性のあるもの）
```

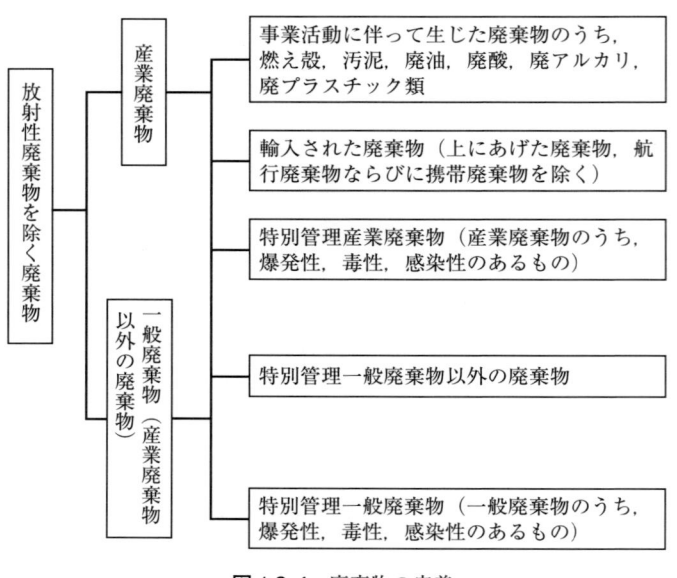

図 1.2-4　廃棄物の定義

ならない（法第3条第1項）。
①廃棄物は自らの責任で適正に処理する
②廃棄物の再利用等により減量につとめる
③廃棄物として適正な処理が困難とならない製品，容器等の開発およびその処理方法の情報提供を行う
④廃棄物の減量その他適正な処理を行うことに関し，国および地方公共団体の施策に協力する

(d)　事業者および地方公共団体の処理

事業者は，その産業廃棄物を自ら処理しなければならない（法第11条第1項）。

処理方法は，事業者自らが運搬または処分する場合と，産業廃棄物を運搬，処分を業とする者等，他人に委託する場合とは異なる。

①事業者が自ら運搬，処分を行う場合の基準

事業者は，自らその産業廃棄物の運搬または処分を行う場合には，政令で定める産業廃棄物の収集，運搬および処分に関する基準に従わなければならない（法第12条第1項）。

事業者は，その産業廃棄物が運搬されるまでのあいだ，環境省令で定める技術上の基準に従い，生活環境の保全に支障のないようにこれを保管しなければならない（法第12条第2項）。

（イ）産業廃棄物の収集，運搬，処分等の基準（施行令第6条）

　1）収集・運搬
- 運搬車の車体の外側に，環境奨励で定めるところにより，産業廃棄物の収集または運搬の用に供する運搬車であることを表示し，かつ環境省令で定める書面を備え付ける
- 収集，運搬にあたっては，廃棄物が飛散，流出しないようにし，悪臭，騒音，振動，施設の設置によって生活環境の保全に支障が生じないようにすること
- 運搬車，運搬容器等は，廃棄物が飛散，流出せず，悪臭がもれないものであること
- 収集，運搬にあたって積替えを行う場合は，周囲に囲いが設けられ，積替えの場所であることが表示されている場所で行うこと

- 積替え場所から廃棄物が飛散，流出，地下への浸透，悪臭の発生がないよう，必要な措置を講じ，かつ，ネズミが生息，蚊，はえその他害虫が発生しないようにすること
- 収集，運搬に伴う保管は，積替えを行う場所以外で行わないこと
- 保管する廃棄物の数量が，1日当たりの平均的な搬出量に7を乗じた数字を超えないようにすること

2) 処分（埋立および海洋投入処分を除く）・再生
- 処分，再生にあたっては，廃棄物が飛散，流出しないようにし，悪臭，騒音，振動，施設の設置によって生活環境の保全に支障が生じないようにすること
- 廃棄物を焼却する場合は，定められた構造の焼却設備で焼却すること
- 処分，再生にあたって保管を行う場合は，周囲に囲いが設けられ，廃棄物の保管の場所であることが表示されている場所で行うこと
- 保管場所から廃棄物が飛散，流出，地下への浸透，悪臭の発生がないよう，必要な措置を講じ，かつ，ネズミが生息，蚊，はえその他害虫が発生しないようにすること
- 保管する廃棄物の数量が，1日当たりの平均的な搬出量に7を乗じた数字を超えないようにすること

3) 埋立処分
- 埋立てにあたっては，廃棄物が飛散，流出しないようにし，悪臭，騒音，振動，埋立施設の設置によって生活環境の保全に支障が生じないようにすること
- 埋立て処分を行う場合は，周囲に囲いが設けられ，廃棄物の処分の場所であることが表示されている場所で行うこと
- 埋立地にネズミが生息，蚊，はえその他害虫が発生しないようにすること
- 地中の空間を利用して処分してはならないこと
- 埋立処分にあたっては，有害な廃棄物は遮断型処分場で，公共の水域および地下水を汚染するおそれがある廃棄物は管理型処分場でそのおそれのない廃棄物は安定型処分場で行うこと
- 安定型処分場において埋立てを行う場合は，安定型産業廃棄物以外に廃棄物が混入し，または付着するおそれのないよう分別など必要な措置を講じること
- 廃棄物を焼却する場合は，焼却設備を設けること（水面埋立処分を除く汚泥の埋立処分を行う場合には，あらかじめ焼却設備を用いて焼却し，または含水率85％以下にすること）
- 埋立処分を終了する場合は，生活環境の保全に支障が生じないよう，埋立地の表面を土砂で覆うこと

(ロ) 石綿含有産業廃棄物の処理

石綿含有産業廃棄物は，工作物の新築，改築または除去に伴って生じた産業廃棄物であって，石綿をその重量の0.1％を超えて含有するもの（廃石綿等を除く）とする（施行規則第7条の2の3）。

1) 石綿含有産業廃棄物の収集，運搬，処分等の基準（施行令第6条抜粋）
- 収集または運搬を行う場合には，破砕することのないような方法により，かつ，（その他のものと混合するおそれがないように）他の物と区分して行う
- 処分は（埋立てを除く）は，溶解または環境大臣が認める無害化により行う

- 埋立処分を行う場合は，一定の場所で分散しないようにし，表面を土砂で覆うなど必要な措置を行う

(ハ) 特別管理産業廃棄物の処理

事業者は，自らその特別管理産業廃棄物の運搬または処分を行う場合には，政令で定める特別管理産業廃棄物の収集，運搬および処分に関する基準に従わなければならない（法第12条の2第1項）。

1) 特別管理産業廃棄物の収集，運搬，処分等の基準（施行令第6条）
- 収集，運搬を行う場合は，他のものと区分する
- 処分または再生の方法は，溶融設備を用いて十分に溶融すること，または環境大臣の認める方法で無害化する
- 埋立処分にあたっては，耐水性の材料で二重に梱包するか固形化するかのいずれかで処分する
- 運搬，処分を委託する際には，委託するものにあらかじめ，特別管理産業廃棄物の種類，数量，性状，荷姿，取扱いの注意事項を文書で通知する

2) 建設工事の特別管理産業廃棄物

建設工事に関係する特別管理産業廃棄物は，廃石綿等（飛散性アスベスト）があり，廃石綿については以下のとおり定義されている（施行令第1条，第2条の4）。
- 石綿を吹き付けられた建築材料から石綿建材除去事業により除去された石綿
- 石綿を含む建築材料から石綿建材除去事業により除去された次のもの
  石綿保温材
  けいそう土保温材
  パーライト保温材
  接触，気流，振動等により上記と同等以上に石綿が飛散するおそれのある保温材，断熱材および耐被覆材
- 石綿除去事業に用いられた，廃棄プラスチックシート，防塵マスク，作業着その他の用具，器具で石綿が付着しているおそれのあるもの

② 産業廃棄物の運搬，処分等を委託する場合の基準

事業者は，前項の規定によりその産業廃棄物の運搬または処分を委託する場合には，政令で定める基準に従わなければならない（法第12条第6項）。

(イ) 事業者の産業廃棄物の運搬，処分等の委託の基準（施行令第6条の2）

1) 運搬については，委託しようとする産業廃棄物がその事業の範囲に含まれる，産業廃棄物の運搬を業として行える者または厚生労働省で定める者
2) 処分または再生については，委託しようとする産業廃棄物の処分または再生がその事業の範囲に含まれる，産業廃棄物の処分または再生を業として行える者または環境省令で定める者
3) 委託契約は，次の条項が含まれる書面により行うこと
- 委託する産業廃棄物の種類および数量
- 運搬の最終目的地の所在地
- 処分または再生する場所の所在地，方法および処理能力
- 最終処分の場所の所在地，方法および処理能力

●その他環境省令（施行規則第8条の2）で定める事項
4) 処理業者の許可証, 認定証等の写しを添付する
5) 委託契約書, 添付書類, 再生委託を承諾した場合の承諾書を5年間保存する

③産業廃棄物管理票（マニフェスト）
(イ) 産業廃棄物を生じる事業者は, 産業廃棄物の運搬または処分を他人に委託する場合には, 当該産業廃棄物の運搬を受託した者に対し, 当該委託にかかわる産業廃棄物の種類および数量, 運搬または処分を受託した者の氏名または名称その他環境省令で定める事項を記載した産業廃棄物管理票（以下「管理票」）を交付しなければならない（法第12条の3第1項）。
(ロ) 管理票を交付したもの（以下「管理票交付者」）は, 運搬, 処分受託者から管理票の写しの送付を受けたときは, 当該運搬または処分が終了したことを当該管理票の写しにより確認し, かつ, 当該管理票の写しを当該送付を受けた日から環境省令で定める期間保存しなければならない（法第12条の3第3項から第6項）。
(ハ) 管理票交付者は, 環境省令で定めるところにより, 当該管理票に関する報告書を作成し, これを都道府県知事に提出しなければならない（法第12条の3第7項）。
(ニ) 管理票交付者は, 環境省令で定める期間内に, 管理票の写しの送付を受けないとき, これらの規定に規定する事項が記載されていない管理票の写し等の送付を受けたときは, 速やかに当該委託にかかわる産業廃棄物の運搬または処分の状況を把握するとともに, 環境省令で定めるところにより, 適切な措置を講じなければならない（法第12条の3第8項）。

(e) 産業廃棄物処理業および産業廃棄物処理施設

①産業廃棄物処理業
(イ) 産業廃棄物の収集または運搬を業として行おうとする者は, 当該業を行おうとする区域を管轄する都道府県知事の許可を受けなければならない（法第14条第1項）。
(ロ) 一般廃棄物の収集または運搬を業として行おうとする者は, 当該業を行おうとする区域を管轄する市町村長の許可を受けなければならない（法第7条第1項）。
(ハ) 事業者が自らその産業廃棄物を運搬する場合, 再生利用の目的となる産業廃棄物のみの

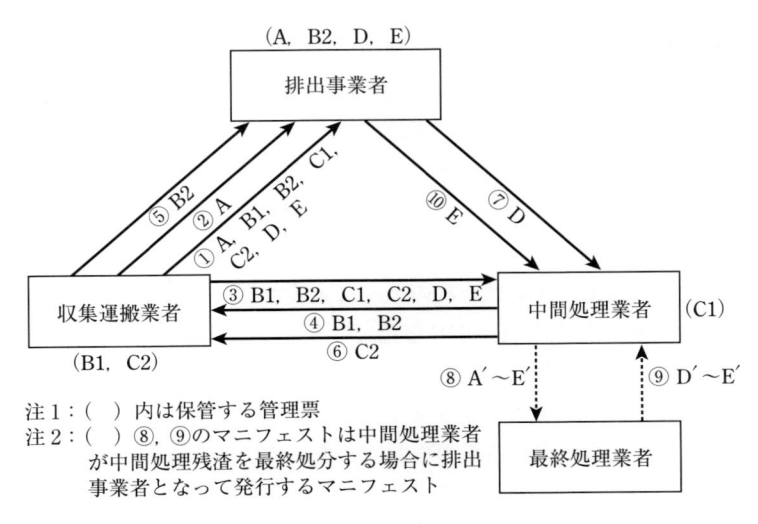

注1：（ ）内は保管する管理票
注2：（ ）⑧, ⑨のマニフェストは中間処理業者が中間処理残渣を最終処分する場合に排出事業者となって発行するマニフェスト

図1.2-5　マニフェストフロー

収集または運搬を専業として行う者その他環境省令で定める者については，この限りでない（法第14条第1項，法第7条第1項 共通）。
②産業廃棄物処理施設
　（イ）産業廃棄物処理施設（廃プラスチック類処理施設，産業廃棄物の最終処分場その他の産業廃棄物の処理施設で政令第7条で定めるもの）を設置しようとする者は，当該産業廃棄物処理施設を設置しようとする地を管轄する都道府県知事の許可を受けなければならない（法第15条第1項）。
(f) 措置命令
　一般廃棄物処理基準に適合しない一般廃棄物の収集，運搬または処分が行われ，生活環境の保全上支障が生じ，または生じるおそれがあると認められるときは，原則として市町村長は，必要な限度において，当該収集，運搬または処分を行った者に対し，期限を定めて，その支障の除去または発生の防止のために必要な措置を講じるべきことを命じることができる（法第19条の4第1項）。

(5) ポリ塩化ビフェニル廃棄物の適正な処理の推進に関する特別措置法
　「ポリ塩化ビフェニル廃棄物の適正な処理の推進に関する特別措置法」は，「PCB特措法」とも略称される。ポリ塩化ビフェニル（PCB，電気機器の絶縁油などに使われていた主に油状の物質で，毒性が強いことから現在は製造・輸入が禁止されている）の廃棄物を確実，適正に処理するため，PCB廃棄物をもつ事業者に適正処分などを義務づけたもので，平成13年7月15日から施行された。
　平成16年12月から，一般企業等が保管しているPCB廃棄物を無害化処理する広域処理が始まっており，この法律はPCB廃棄物の保管事業者（所有者）に対し，平成28年7月15日までに処理することを義務づけている。

(a) 目的（法第1条）
①この法律は，ポリ塩化ビフェニルが難分解性の性状を有し，かつ，人の健康および生活環境にかかわる被害を生じるおそれがある物質であること，ならびに我が国においてポリ塩化ビフェニル廃棄物が長期にわたり処分されていない状況にあることにかんがみ，ポリ塩化ビフェニル廃棄物の保管，処分等について必要な規制等を行うとともに，ポリ塩化ビフェニル廃棄物の処理のための必要な体制を速やかに整備することにより，その確実かつ適正な処理を推進し，もって国民の健康の保護および生活環境の保全を図ることを目的とする。
②ポリ塩化ビフェニル廃棄物の処理については，この法律に定めるもののほか，廃棄物の処理および清掃に関する法律（昭和45年法律第137号。以下「廃棄物処理法」という）の定めるところによる。

(b) 定義（法第2条）
　この法律で使用される基本的用語は，次のように定義されている。
①「ポリ塩化ビフェニル廃棄物」とは，ポリ塩化ビフェニル，ポリ塩化ビフェニルを含む油またはポリ塩化ビフェニルが塗布され，染み込み，付着し，もしくは封入された物が廃棄物（廃棄物処理法第2条第1項に規定する廃棄物をいう）となったもの（環境に影響を及ぼすおそれの少ないものとして政令で定めるものを除く）をいう（法第2条第1項）。
　「廃棄物」とは，ごみ，粗大ごみ，燃え殻，汚泥，ふん尿，廃油，廃酸，廃アルカリ，動物の死体その他の汚物または不要物であって，固形状または液状のもの（放射性物質およびこ

れによって汚染された物を除く）をいう（廃棄物処理法第2条第1項）。

②「事業者」とは，第13条を除き，その事業活動に伴ってポリ塩化ビフェニル廃棄物を保管する事業者をいう。

(c) 環境に影響を及ぼすおそれの少ない廃棄物の基準

ポリ塩化ビフェニル廃棄物の適正な処理の推進に関する特別措置法施行令（平成13年政令第215号）第1条の環境省令で定める基準は，ポリ塩化ビフェニル，ポリ塩化ビフェニルを含む油またはポリ塩化ビフェニルが塗布され，染み込み，付着し，もしくは封入された物が廃棄物となったものを処分するために処理したものについて，当該処理したものが，表1.2-20の左欄にあげる廃棄物である場合ごとに，それぞれ同表の右欄に定めるとおりとする。

(d) 事業者の責務（法第3条）

事業者は，そのポリ塩化ビフェニル廃棄物を自らの責任において確実かつ適正に処理しなければならない。

ポリ塩化ビフェニル廃棄物の適正な処理の推進に関する特別措置法施行令第4条において，ポリ塩化ビフェニル廃棄物処理計画は以下のよう定められている。

①ポリ塩化ビフェニル廃棄物の発生量，保管量および処分量の見込みは，ポリ塩化ビフェニル廃棄物の種類ごとに定めること。

②ポリ塩化ビフェニル廃棄物の確実かつ適正な処理の体制の確保に関する事項には，次の事項を定めること。

　（イ）ポリ塩化ビフェニル廃棄物の処理の体制の現状

　（ロ）ポリ塩化ビフェニル廃棄物の処理の体制の確保のための方策

　（ハ）ポリ塩化ビフェニル廃棄物の処理施設の整備に関する事項

　（ニ）ポリ塩化ビフェニル廃棄物の広域的な処理の体制に関する事項

③ポリ塩化ビフェニル廃棄物の確実かつ適正な処理を推進するために必要な監視，指導その他の措置に関する事項を定めること。

④ポリ塩化ビフェニル廃棄物の確実かつ適正な処理を推進するために必要な関係地方公共団体との連携に関する事項を定めること。

⑤ポリ塩化ビフェニル廃棄物の確実かつ適正な処理を推進するために必要な国民，事業者およ

表1.2-20　ポリ塩化ビフェニル廃棄物

| 1 | 廃油 | 当該廃油に含まれるポリ塩化ビフェニルの量が試料1kgにつき0.5mg以下であること |
|---|---|---|
| 2 | 廃酸または廃アルカリ | 当該廃酸または廃アルカリに含まれるポリ塩化ビフェニルの量が試料1Lにつき0.03mg以下であること |
| 3 | 廃プラスチック類または金属くず | 当該廃プラスチック類または金属くずにポリ塩化ビフェニルが付着していない，または封入されていないこと |
| 4 | 陶磁器くず | 当該陶磁器くずにポリ塩化ビフェニルが付着していないこと |
| 5 | 廃油，廃酸，廃アルカリ，廃プラスチック類，金属くずおよび陶磁器くず以外の廃棄物 | 当該処理したものに含まれるポリ塩化ビフェニルの量が検液1Lにつき0.003mg以下であること |

基準は，廃棄物の処理および清掃に関する法律施行規則（昭和46年厚生省令第35号）第1条の2第53項に規定する環境大臣が定める方法の例により検定した場合における検出値によるものとする（ポリ塩化ビフェニル廃棄物の適正な処理の推進に関する特別措置法施行規則第3条）。

びポリ塩化ビフェニル製造者等の理解を深めるための方策に関する事項を定めること。
⑥前各号に規定するもののほか，ポリ塩化ビフェニル廃棄物の確実かつ適正な処理に関する事項であって必要と認められるものを定めること。

(e) 保管等の届出（法第8条）

事業者およびポリ塩化ビフェニル廃棄物を処分（再生することを含む）する者は，毎年度，環境省令で定めるところにより，そのポリ塩化ビフェニル廃棄物の保管および処分の状況に関し，環境省令で定める事項を都道府県知事に届け出なければならない。

ただし，この法律の規定により都道府県知事の権限に属する事務の一部は，政令で定めるところにより，政令で定める市の長が行うこととすることができる。

保管等の状況等の届出には，毎年度，前年度におけるポリ塩化ビフェニル廃棄物の保管および処分の状況について，当該年度の6月30日までに，次にあげる事項を記載した様式第1号による届出書の正本および副本を当該保管および処分にかかわる事業場の所在地を管轄する都道府県知事に提出することにより行うものとする。

①氏名または名称および住所ならびに法人にあっては，その代表者の氏名
②事業場の名称および所在地
③ポリ塩化ビフェニル廃棄物の種類および量ならびに保管または処分の状況
④事業者にあっては，次にあげる事項
　（イ）資本金の額または出資の総額
　（ロ）常時使用する従業員の数
　（ハ）当該保管にかかわる事業の属する業種の種別
　（ニ）法人にあっては，その発行済株式の総数，出資口数の総数または出資価額の総額の100分の50以上に相当する数または額の株式または出資を所有する法人がある場合には，当該法人の名称，住所および代表者の氏名ならびに資本金の額または出資の総額
　（ホ）前各号に規定するもののほか，ポリ塩化ビフェニル廃棄物の保管および処分の状況について参考となるべき事項

届出書には，次にあげる書類を添付しなければならない。
①事業者にあっては，前年度におけるそのポリ塩化ビフェニル廃棄物の処分についての産業廃棄物管理票の写し
②ポリ塩化ビフェニル廃棄物を処分する者にあっては，前年度におけるそのポリ塩化ビフェニル廃棄物の処分についての産業廃棄物管理票を複写機によりA3判以下の大きさの用紙に複写したもの
③その他環境大臣が定める書類および都道府県知事が必要と認める書類

事業者等は，そのポリ塩化ビフェニル廃棄物を保管する事業場に変更があったときは，その変更のあった日から10日以内に，様式第2号による届出書を当該変更の直前の事業場の所在地を管轄する都道府県知事および変更後の事業場の所在地を管轄する都道府県知事に提出しなければならない。

(f) 期間内の処分（法第10条）

事業者は，ポリ塩化ビフェニル廃棄物の処理の体制の整備の状況その他の事情を勘案して政令で定める期間内に，そのポリ塩化ビフェニル廃棄物を自ら処分し，または処分を他人に委託しなければならない。

表 1.2-21　ポリ塩化ビフェニル廃棄物処理事業の承継

| 相続 | 1　被相続人との続柄を証する書類 |
|---|---|
|  | 2　相続人の住民票の写し（外国人にあっては，外国人登録証明書の写し。次号において同じ） |
|  | 3　相続人に法定代理人があるときは，その法定代理人の住民票の写し |
| 合併または分割 | 1　合併契約書または分割契約書の写し |
|  | 2　合併後存続する法人もしくは合併により設立した法人または分割により事業者の保管するポリ塩化ビフェニル廃棄物にかかわる事業の全部を承継した法人の定款および登記事項証明書 |

(g) 譲り渡しおよび譲り受けの制限（法第 11 条）

　何人も，ポリ塩化ビフェニル廃棄物の確実かつ適正な処理に支障を及ぼすおそれがないものとして環境省令で定める場合のほか，ポリ塩化ビフェニル廃棄物を譲り渡し，または譲り受けてはならない。

(h) 承継（法第 12 条）

　事業者について相続，合併または分割（その保管するポリ塩化ビフェニル廃棄物にかかわる事業の全部を承継させるものに限る）があったときは，相続人（相続人が 2 人以上いる場合において，その全員の同意により当該事業を承継すべき相続人を選定したときは，その者），合併後存続する法人もしくは合併により設立した法人または分割によりその事業の全部を承継した法人は，その事業者の地位を承継する。

　事業者の地位を承継した者は，その承継があった日から 30 日以内に，環境省令で定めるところにより，その旨を都道府県知事に届け出なければならない。

　届出は，様式第 3 号による届出書に，表 1.2-21 の左欄の区分に応じ，それぞれ同表の右欄に定める書類を添付して，当該保管にかかわる事業場の所在地を管轄する都道府県知事に提出することにより行う。

### 1.2.6　通信に関する法令

(1) 電気通信事業法（昭和 59 年 12 月 25 日法律第 86 号　最終改正平成 23 年 6 月 1 日）

　電気通信事業法の目的は「電気通信事業の公共性にかんがみ，その運営を適正かつ合理的なものとするとともに，その公正な競争を促進することにより，電気通信役務の円滑な提供を確保するとともにその利用者の利益を保護し，もって電気通信の健全な発達及び国民の利便の確保を図り，公共の福祉を増進すること」である。

　ここに示されているように電気通信事業法は，競争原理を導入することによって電気通信事業の効率化を図り，良質で低廉な電気通信サービスが提供され，公共の福祉を増進させるために制定された。

　平成 23 年 6 月には，第一種指定電気通信設備を設置する電気通信事業者の子会社による反競争的行為を禁止し競争を促進するよう改正された。

(2) 放送法（昭和 25 年 5 月 2 日法律第 132 号　最終改正平成 22 年 12 月 3 日法律第 65 号）

　放送法の目的は「放送を公共の福祉に適合するように規律し，その健全な発達を図ること」とされている。さらに原則として次の 3 つの事項を示している。「放送が国民に最大限に普及されて，その効果をもたらすことを保障すること」，「放送の不偏不党，真実及び自立を保障することによって，放送による表現の自由を確保すること」，「放送に携わる者の職責を明らかにす

ることによって，放送が健全な民主主義の発達に資するようにすること」である。

　放送法は，平成22年12月に放送関連4法（放送法・有線ラジオ法・有線テレビジョン法・電気通信役務利用放送法）を統合する等の改正が行われた。

### 1.2.7　特殊施設に関する法令
(1) 航空法（昭和27年7月15日法律第231号　最終改正平成23年5月25日法律第54号）

　航空法の目的は『国際民間航空条約の規定ならびに同条約の附属書として採択された標準，方式及び手続きに準拠して，航空機の安全並び航空機の航行に起因する障害の防止を図るための方法を定め，並びに航空機を運航して営む事業の適正かつ合理的な運営を確保して輸送の安全を確保するとともにその利用者の利便の増進を図ることにより，航空の発達を図り，もつて公共の福祉を増進すること』である。

　第51条で，航空機の航行の安全を確保するため，地表又は水面から60m以上の高さの物件には，航空障害灯の設置を義務づけている。ただし，一定の条件を満たし国土交通大臣の許可を得た物件は航空障害灯の設置が免除される。

(2) 駐車場法（昭和32年5月16日法律第106号　最終改正平成18年5月31日法律第46号）

　駐車場法の目的は「都市における自動車の駐車のための施設の整備に関し必要な事項を定めることにより，道路交通の円滑化を図り，もつて公衆の利便に資するとともに，都市の機能の維持及び増進に寄与すること」である。施行令において，車路・駐車場内の天井高さや幅員，照度，換気装置の設置，出入り口への警報装置の設置，などが示されている。

## 1.3　民間の規程類

### 1.3.1　内線規程（JEAC 8001-2005）
(1) 目的

　内線規程の目的は，『電灯，電動機，加熱装置などの電気機械器具及びこれらを使用するため施設する電気設備が，人又は家畜に危害を及ぼし，若しくは物件に損傷を与え，又は他の電気設備その他の物件に電気的若しくは磁気的障害を与えないよう施工上守るべき技術的な事項などを定めることにより，需要場所の電気設備の保安の確保を主目的とし，併せて安全にして便利な電気の使用に資すること』である。ここで，『施工上とは，設計，直接の作業，監督及び調査（検査）を含めたもの』である。

(2) 適用範囲

　内線規程は『一般電気工作物及び自家用電気工作物（特別高圧に関係する部分を除く。）に適用する。ただし，船舶，車両，航空機の施設などについては，適用しない』ただし，『特別高圧に関するもののうち，ネオンサイン，エックス線発生装置，電気集塵装置などのように二次側において特別高圧となるものは，この規定の対象』となる。

(3) 概要

　内線規程は，電気設備の技術基準とその解釈に定められた事項のうち，需要場所における電気工作物の設計・工事・維持および運用の実務において技術上必要な事項を，より具体的にわかりやすく規定した民間規格である。

## 1.3.2　高圧受電設備規程（JEAC 8011-2008）
### (1) 目的
　高圧受電設備規程の目的は，『高圧受電設備として施設する自家用電気工作物が，人体に危害を及ぼし，若しくは物件に損傷を与え，又は他の電気設備その他の物件に電気的若しくは磁気的障害を与えないようにするとともに，その損壊により電気事業者の電気の供給に著しい支障を及ぼさないよう施設上及び保守上守るべき技術的な事項などについて定めることにより，主として電気保安を確保すること』である。
### (2) 適用範囲
　高圧受電設備規程は，『電気事業者から高圧で受電する自家用電気工作物（以下「高圧受電設備」という。）に適用』する。ここで，『高圧受電設備とは，高圧の電路で電気事業者の電気設備と直接接続されている設備であって，区分開閉器，遮断器，負荷開閉器，保護装置，変圧器，避雷器，進相コンデンサ等により構成される電気設備をいい，高調波抑制設備及び発電機連系設備を含む』また，『特別高圧需要家における構内高圧設備に適用してもよい』とされている。
### (3) 概要
　高圧受電設備規程は，高圧受電設備の設計・施工・維持・管理において技術上必要な事項を具体的にわかりやすく規定した民間規格である。
### (4) 改訂の内容
　高圧受電設備規程は平成20年5月に改訂された。内容に大きな変更はなく，規程全般にかかわる改訂として規程の番号を4桁で表示するように改訂された。また，高調波対策および電力系統連系は第3編に統合された。改訂内容の詳細は，本規格の"まえがき"の部分に記載されているので参照されたい。

## 1.3.3　高調波抑制対策技術指針（JEAG 9702-1995）
### (1) 目的
　本指針は，電気事業法に基づく技術基準を遵守したうえで，商用電力系統から受電する需要家において，その電気設備を使用することにより発生し，系統に流出する高調波電流を抑制することで，電源系統の高調波電圧ひずみを高調波環境レベル以下に維持することを目的として，技術要件を示すものである。
### (2) 適用範囲
　適用対象となる需要家は，その施設する高調波発生機器の種類ごとの高調波発生率を考慮した容量（以下「等価容量」）の合計が，以下に該当する容量を超過する特定需要家とする。
①高圧系統（6.6kVの系統）から受電する需要家で，等価容量合計が50kVAを超過する需要家
②特別高圧系統から受電する需要家
　同様に22～33kV系統では，300kVAを超過する需要家
　同様に66kV系統では，2000kVAを超過する需要家
### (3) 概要
　パワーエレクトロニクスの普及によって，これを利用した家電・OA機器・産業機械などから発生する高調波問題が顕在化したために，発生する高調波電流を抑制し，電力系統の電圧ひずみを低減するため，電気の環境基準である「高調波環境目標レベル」（6.6 kV配電系統で5％，特別高圧系統で3％）を維持するため，ガイドラインにより高調波発生電流の限度値を具

体的に規定している。

　これは，総合電圧ひずみ率の5%以下を維持するため，特定需要家から発生する高調波電流を1/2に抑制し，家電・汎用品については，3/4を抑制するとしている。よって高調波の発生者である需要家が，高調波環境目標レベルを維持できるよう，高調波対策を行う際の設計・施工・維持・管理において技術上必要な事項を具体的にわかりやすく規定した民間規格である。

(4) 改訂の内容

　平成16年1月から「家電・汎用品高調波抑制対策ガイドライン」の対象から汎用インバータおよびサーボアンプが外れることになり，その後，平成16年9月6日付けで「家電・汎用品高調波抑制対策ガイドライン」が廃止された。これにより，特定需要家において使用される汎用インバータおよびサーボアンプは，すべての機種が「高圧又は特別高圧で受電する需要家の高調波抑制対策ガイドライン」の対象となる。ガイドラインの適用が求められる需要家については，そのガイドラインに基づいて等価容量計算および高調波流出電流の計算を行い，その高調波電流が契約電力で決められている限度値を超えるような場合は，適切な対策の実施が必要となる（JEM-TR 210，JEM-TR 225 参照）。

　「家電・汎用品高調波抑制対策ガイドライン」は廃止されたが，「高圧又は特別高圧で受電する需要家の高調波抑制対策ガイドライン」に該当しない需要家に対しては，総合的な高調波抑制対策を啓発していくとの見地から，JEMAが従来のガイドラインを参考に技術資料としてJEM-TR226およびJEM-TR 227を制定している。これらの指針は従来どおり，可能な限り使用者に機器単体での高調波抑制対策を実施することを目的としている。

　JEMA技術資料の制定，改正および廃止については次のとおり。

(a) 汎用インバータ
- 改正：JEM-TR 201：2003（特定需要家における汎用インバータの高調波電流計算方法）
- 制定：JEM-TR 226：2003〔汎用インバータ（入力電流20A以下）の高調波抑制指針〕
- 廃止：JEM-TR 198：2000〔汎用インバータ（入力電流20A以下）の高調波抑制対策実施要領〕

(b) サーボアンプ
- 制定：JEM-TR 225：2003（特定需要家におけるサーボアンプの高調波電流計算方法）
- 制定：JEM-TR 227：2003〔サーボアンプ（入力電流20A以下）の高調波抑制指針〕
- 廃止：JEM-TR 199：2000〔サーボアンプ（入力電流20A以下）の高調波抑制対策実施要領〕

### 1.3.4　系統連系規定（JEAC 9701-2006）
【旧：分散型電源系統連系技術指針（JEAG 9701-2001）】

(1) 目的

　本規程は，電気事業法に基づく技術基準を遵守したうえで，電力系統の連系にかかわる業務に従事する者が，系統連系にかかわる協議が円滑に行われるように，系統連系にかかわる情報の透明性および公平性が確保されることが必要であるため，電気事業者と発電設備等設置者間における技術的な要件を明確にし，その秩序のある導入と人身および設備の安全確保ならびに供給信頼度の維持に資することを目的とするものである。

(2) 適用範囲

一般電気事業者がその供給区域内で設置する発電設備等以外の発電機設備等（二次電池など放電時の電気的特性が発電設備と同等時を含む）を系統に連系する場合に適用する（整流器等を介して直流回路での接続や非常用発電機は除外）。

(3) 概要

発電設備を系統に連系することを可能とするために必要となる技術要件を，明確化するにあたって基本的な考え方は，①供給信頼度（停電など），②電力品質（電圧，周波数，力率など），③公衆および作業者の安全確保，④単独運転の防止などの面で，電力供給設備または，当該発電設備設置者以外の者に悪影響を及ぼさないように，系統連系を行う際の設計・施工・維持・管理において技術上必要な事項を具体的にわかりやすく規定した民間規格である。

(4) 改訂の内容

分散型電源系統連系技術指針（民間規定）は，平成13年9月18日にJESC規格として承認され，現在ではJESC E0019（2010）2010年追補版として，規格名を系統連系規程（JEAG 9701-2010）として名称が変更されている。

平成22年度の改定内容は，①第60回に2項目，②第61回に1項目を日本電気技術規格委員会で改定されている。

①「小出力逆変換装置における自動電圧調整装置の省略要件見直し」に関する改定。

「固体酸化物形燃料電池に関する規定の追加」に関する改定。

②「単独運転検出機能及び複数台連系における留意点等の明確化」に関する改定。

(5) 平成23年改定動向

今後，太陽光発電等の分散型電源が急速に普及することが予想されることから，電力品質を確保するために求められる分散型電源の運転継続（FRT：Fault Ride Through）要件（以下「FRT要件」），および保安を確保するために求められる新たな能動的方式の単独運転検出装置に関する民間自主規格「系統連系規程」の規程の改正について審議する。また，FRT要件については，系統連系技術要件ガイドライン「低圧太陽光発電設備に係るFRT要件の規定の追加」の改正要請について審議される。

### 1.3.5　日本工業規格

(1) 日本工業規格（JIS）とは

日本工業規格（以下「JIS」）は，我が国の工業標準化の促進を目的とする工業標準化法（昭和24年）に基づき制定される国家規格であり，2011年3月末現在で，10259件が制定されている。

JISの役割は，鉱工業品の種類，形式，形状等や，生産方法，設計方法，使用方法，試験検査等規定した技術文書とすることで，生産におけるコストの低減，取引の単純公正化，使用・消費の合理化などに寄与している。

(2) 工業標準化法の改正および近年の動き

工業標準化法は，グローバル化する経済・社会情勢，多様化する社会ニーズ，さらに官民の役割分担および規制改革の観点から国の関与を最小限にする，といった課題から平成16年6月9日に法律を一部改正した。これにより，JISマークの表示制度が大きく改正され，JISマークの認定制度も「国による認定」から「民間の第三者機関による認証」へと制度が変更された。

この背景には，WTO加盟国である日本は，TBT協定に基づき，各国の基準，規格類を国際規格のISO，IECの規格に整合させる必要性から実施され，JIS規格は，国際規格に整合させ

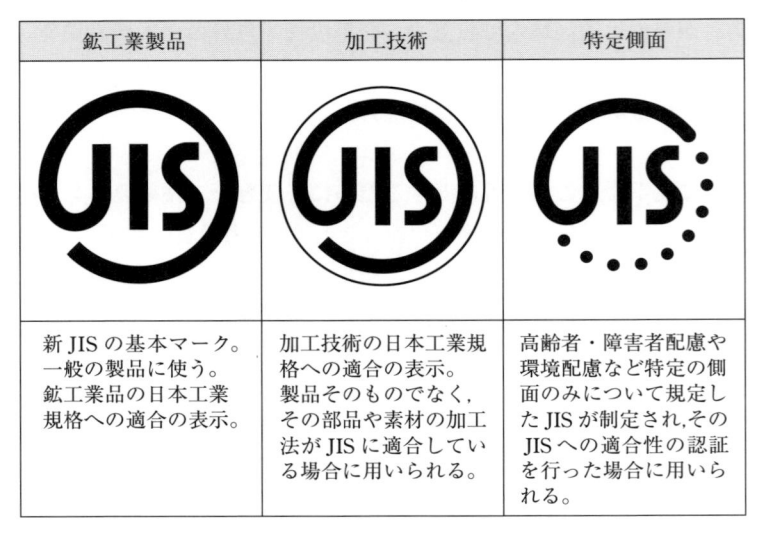

| 鉱工業製品 | 加工技術 | 特定側面 |
|---|---|---|
| (JIS) | (JIS) | (JIS) |
| 新JISの基本マーク。一般の製品に使う。鉱工業品の日本工業規格への適合の表示。 | 加工技術の日本工業規格への適合の表示。製品そのものでなく、その部品や素材の加工法がJISに適合している場合に用いられる。 | 高齢者・障害者配慮や環境配慮など特定の側面のみについて規定したJISが制定され、そのJISへの適合性の認証を行った場合に用いられる。 |

図1.3-1 JISマーク

る方向となった。
### (3) 新JISマーク表示制度
　新JISマーク制度は、平成20年10月1日から、完全移行され、現在は図1.3-1に示すJISマークとなった。表示マークは3つに分類される。
　旧JISマークの表示は、国内外の製造（または加工）業者に限られていたが、新JISマークは、販売業者、輸入業者についても対象となり、登録認証機関の認証を受ければ表示することができる。

### 1.3.6　病院電気設備の安全基準
#### (1) 病院電気設備の安全基準
　病院電気設備の安全基準は、JIS T 1022：2006に規格化され、医療機器や医療設備を安全かつ適正な運用を行うため、重要な役割を担っている。一般的な建築設備よりも厳しい要求事項が盛り込まれているが、医療の安全性・信頼性を確保するうえから、遵守すべき規格といえる。
　本規格の見方として、大別すると、次の2点に分けられる。
①患者や医療従事者を感電させない（感電防止）
②医用電気機器が、不要動作および意図しない停止がないこと（電源の信頼性）
#### (2) 安全性・信頼性確保のための主な要素技術
　感電防止、電源の信頼性の実現のため、主な要素技術として次があげられる。その他、細かな決まりがあるが、本資料では割愛する。
①医用接地設備（感電防止）
- 保護接地　　一般的な接地工事のこと。感電防止のために、露出同電位部分に施す接地。
- 等電位接地　患者ベッド周辺（水平距離2.5m、床よりベット上垂直距離2.3m範囲）のすべての金属部を銅線で接続し、電気的に、一点的に接地する。
　　一点に集中することにより、電位差を極力なくし、患者の生体に流れるおそれのある感電流を極力抑えるために実施する。

②非常用電源の設置（電源の信頼性）
- 一般特別　　一般非常電源と特別非常電源を意味する。商用電源の停止から40秒（一般非常電源）または，10秒（特別非常電源）以内に電力を供給する非常電源のこと。特別非常電源の必要な医用機器としては，生命維持装置などがある。
- 瞬時非常　　商用電源の停止から0.5秒以内に電力を供給する非常電源のこと。手術灯や0.5秒以内に電源が回復しなければならない生命維持装置などが供給対象となる。

③非接地配線方式（感電防止）
　絶縁変圧器を設置し，非接地とする。変圧器の定格容量は，7.5kW以下とし，絶縁監視装置を設け漏れ電流を監視する。

④過電流監視装置の設置（電源の信頼性）
　分電盤の主幹部分に電流監視装置を設け，ブレーカ動作による急な電源供給の遮断を防止するために設置する。80％使用状態で警告，100％使用状態の直前で警報を出す。

表1.3-1　病院電気設備のカテゴリー区分

| カテゴリー | 医療処理内容 | 医用接地方式 | | 非接地配線方式 | 非常電源 | | 医用室の例 |
| --- | --- | --- | --- | --- | --- | --- | --- |
| | | 保護接地 | 等電位接地 | | 一般特別 | 瞬時特別 | |
| A | 心臓内処理，心臓外科手術および生命維持装置の適用にあたって，電極などを心臓区域内に挿入または接触し使用する医用室 | ○ | ○ | ○ | ○ | ○ | 手術室，ICU（特定集中治療室），CCU（冠静脈疾患集中治療室），NICU（新生児特定集中治療室），心臓カテーテル室 |
| B | 電極などを体内に挿入または接触し使用するが，心臓には使用しない体内処理，外科処置などを行う医用室 | ○ | ＋ | ○ | ○ | ＋ | GCU/SCU/RCU/MFICU/HCU（準集中治療室），リカバリー室（回復室），救急処置室，人工透析室，内視鏡室 |
| C | 電極などを使用するが，体内に適用することのない医用室 | ○ | ＋ | ＋ | ○ | ＋ | LDR（陣痛・分べん・回復室），分べん室，未熟児室，陣痛室，観察室，病室，ESWL（結石破砕室），PET-RI（核医学検査室），温熱治療室（ハイパーサーミア），超音波治療室，放射線治療室，MRI（磁気共鳴画像診断室），X線検査室，理学療法室，診察室，検査室，人工透析室，CT室（コンピュータ断層撮影室） |
| D | 患者に電極などを使用することのない医用室 | ○ | ＋ | ＋ | ＋ | ＋ | 病室，診察室，検査室，処置室 |

○：設けなければならない。　＋：必要に応じて設ける。

(3) 要素技術の適用場所

　各要素技術をどんな用途の医用室へ適用させるかを，重要度別に4つのカテゴリに分けている。とくにカテゴリAは，心臓を中心とした手術等であるから，各種の要素設備を設置することになっている（表1.3-1 参照）。

　心臓に関する医療行為は，ミクロショック（直接心臓に微弱な電流が流れることで，心室細動を起こす現象のことで，$100\mu A$ 以下の漏れ電流で起こる）対策のため，各種の要素設備の設置が必要となっている。

### 1.3.7　劇場等演出空間電気設備指針，演出空間仮設電気設備指針

(1) 劇場等演出空間電気設備指針　JESC E 0002（1999）

　劇場等演出空間電気設備指針は安全性確保を第一義に，設計者，施工者それぞれが共通的に使用でき，かつ，劇場等演出空間電気設備の特殊性を加味した総合的な民間指針として制定された。

(a) 目的

　劇場等演出空間電気設備指針は設備にかかわる設計者および施工者のための電気安全確保の指針であることを目的としているが，機材等の製造者，施設管理者，施設使用者をも合わせた関係者の劇場等演出空間の電気設備の安全性にかかわる共通認識を高めるためのものとして広範囲な内容を取りまとめ制定されたもので，以下の事項を取り入れている。

①舞台照明設備，舞台機構設備，舞台音響設備の機器製造上の安全事項
②舞台照明設備，舞台機構設備，舞台音響設備の機器配置，配線設計および施工上の安全事項
③各設備に共通的な保安対策としての接地設備，過電流保護設備，地絡保護設備等の適用条件
④各設備に共通的な機能保全対策としての高調波対策，ノイズ障害対策の適用条件
⑤保守点検上の留意事項

(b) 規格体系

　電気設備技術基準の解釈第196条「興行場の低圧工事」等のさらに具体的な指針となっている。規格体系としては，電気設備技術基準の解釈－内線規定の系列であり，明示されていない点については内線規定を参照する必要がある。

(2) 演出空間仮設電気設備指針　JESC E 0020（2005）

　演出空間仮設電気設備指針は劇場等での公演における仮設電気設備に関する技術要件を取りまとめたものである。

(a) 目的

　通常の公演において常設された設備だけでは必要な演出効果が得られにくい場合は，外部から持ち込まれる仮設電気設備を使用するケースが多い。また，ツアーコンサートの場合などで常設の電気設備がまったくない場所では公演を仮設電気設備で実施する場合もある。

　そこで，「劇場等演出空間電気設備指針」の安全要求事項も踏まえ，仮設設備に使用する持込機器，機材および施工の現状を調査し演出空間仮設電気設備に関する指針が制定された。

(b) 特徴

　仮設電気設備は演出空間の場所が常に変化すること，仕様場所への搬入から仕込み，リハーサル，本番，撤去に至る一連の作業が限られた機関で行われなければならないため，次のような特徴を必要とする。

①機器，機材は，輸送，運搬に適するよう小型，軽量であること
②取扱頻度が非常に高いため，堅牢で扱いやすい構造であること
③据付け，取付けに安全性が高く，かつ，迅速に作業ができる構造であること
④配線は，「床ころがし」等の露出配線であるため，適したケーブルを用い必要に応じて保護すること
⑤機器とケーブルおよびケーブル相互の接続は，作業の安全性の迅速性から必ず差込接続器によるものとしていること
⑥使用する差込接続器は，安全性，確実性が高いこと，過酷な使用に耐える堅牢さと作業性に優れたものであること
⑦使用環境は，屋内だけに限らず屋外使用もあること

以上のように，通常「軽微な工事」を除き電気工事士でなくては電気工事ができないところを，この指針においては無資格者が作業を行っている現状を考慮して，接続をすべて差込接続器によることにより，無資格者による工事を可能にしていることが特徴としてあげられる。

(c) 規格体系

電気設備技術基準の解釈第 196 条「興行場の低圧工事」等はさらに具体的な指針となっている。規格体系としては，電気設備技術基準の解釈－内線規程の系列であり，明示されていない点については内線規程を参照する必要がある。

**参考文献**

経済産業省　電気用品安全法のページ

各法文集（国土交通省，環境省）

第一種電気工事士　定期講習テキスト（(独) 製品評価技術基盤機構）

電気工事施工管理技士　テキスト（国土交通省所管（財）地域開発研究所）

建築施工管理技士　テキスト（法規編）（国土交通省所管（財）地域開発研究所）

(社) 日本電設工業会「新版　新人教育—電気設備」3.7 消防法，17 頁，一部抜粋，平成 23 年 3 月 31 日，新版第 7 刷発行

昭和 47 年 9 月 30 日労働省令第 32 号

最終改正平成 23 年 3 月 29 日厚生労働省令第 30 号

第 1 種電気工事士定期講習テキスト（独）製品評価技術基盤機構

**(省エネ法)**

(独) 製品評価技術基盤機構「第一種電気工事士定期講習テキスト（平成 22 年度版）」

経済産業省ホームページ

国土交通省ホームページ

**(大気汚染防止法)**

環境省ホームページ

建築施工管理技術テキスト　法規編（改訂第 9 版），平成 21 年 2 月 5 日発行

平成 22 年度設備設計一級建築士講習テキスト（下巻），平成 22 年 7 月 30 日発行

# 第2章 自家用電気工作物にかかわる電気工事に関する知識

## 2.1 電気設備のシステム概要

### 2.1.1 接地設備

#### (1) 接地工事の種類

電気機器の箱体,電線路の中性点などを電気導体で大地に接続することを接地といい,電力保安用接地,雷保護用接地,雑音対策用接地,機能用接地,静電気障害防止用接地,電気防食用接地などがある。接地工事の区分と目的を,表2.1-1に示す。

表 2.1-1 接地工事の区分と目的

| 区 分 | 目 的 | 関連法規など |
|---|---|---|
| 保安用接地 | 電気設備において感電や火災などを防止するための電路や非充電金属部分の接地 | 電技解釈<br>内線規程<br>労働安全衛生規則<br>工場防爆電気設備ガイド<br>JIS T 1022 病院電気設備の安全基準 |
| 雷保護用接地 | 雷放電電流を安全に逃がすための避雷針や避雷器の接地 | 電技解釈<br>建築基準法<br>JIS A 4201 建築物等の雷保護<br>消防法(危険物に関する政令) |
| 雑音対策用接地 | 通信設備などにおいて雑音エネルギーを大地に逃がすための接地 | |
| 機能用接地 | 電子機器などにおいて基準電位を安定化させるための接地および電気設備における地絡故障時に継電器動作の迅速確実化を図るため継電器動作電流を確保するための接地 | |
| 静電気障害防止用接地 | 静電気を安全に逃がすための接地 | 消防法(危険物に関する政令)<br>火薬類取締法施行規則<br>静電気安全指針 |
| 電気防食用接地 | 電気防食用に大地を回路の一部として組み入れるための接地 | 電技解釈 |

電気設備の必要な箇所には，異常時の電位上昇，高電圧の侵入等による感電，火災その他人体に危害を及ぼし，または物件への損傷を与えるおそれがないよう，接地を行う。
　接地工事は，表2.1-2の左欄にあげる4種類とし，各接地工事における接地抵抗値は，接地工事の種類に応じ，それぞれ同表の右欄にあげる値以下とする。

(2) 接地工事の施工

　接地工事の接地線には，表2.1-3の左欄にあげる接地工事の種類に応じ，それぞれ同表の右欄にあげる容易に腐食しにくい金属線であって，故障の際に流れる電流を安全に通ずることができるものを使用する。

① A種接地工事またはB種接地工事に使用する接地線を人が触れるおそれがある場所に施設する場合は，次による。

（イ）接地極は，地下75cm以上の深さに埋設する。

（ロ）接地線を鉄柱その他の金属体に沿って施設する場合は，接地極を鉄柱の底面から30cm以上の深さに埋設する場合を除き，接地極を地中でその金属体から1m以上離して埋設する。

（ハ）接地線には，絶縁電線（屋外用ビニル絶縁電線を除く）または通信ケーブル以外のケーブルを使用する。ただし，接地線を鉄柱その他の金属体に沿って施設しない場合には，接地線の地表上60cmを超える部分については，この限りでない。

（ニ）接地線の地下75cmから地表上2mまでの部分は，電気用品安全法の適用を受ける合成

表2.1-2　接地工事の種類と抵抗値

| 接地工事の種類 | 接地抵抗値 |
|---|---|
| A種接地工事 | 10Ω |
| B種接地工事 | 変圧器の高圧側または特別高圧側の電路の1線地絡電流のアンペア数で150（変圧器の高圧側の電路または使用電圧が35000V以下の特別高圧側の電路と低圧側の電路との混触により低圧電路の対地電圧が150Vを超えた場合に，1秒を超え2秒以内に自動的に高圧電路または使用電圧が35000V以下の特別高圧側電路を遮断する装置を設けるときは300，1秒以内に自動的に高圧電路または使用電圧が35000V以下の特別高圧側電路を遮断する装置を設けるときは600）を除した値に等しいオーム数 |
| C種接地工事 | 10Ω（低圧電路において当該電路に地絡を生じた場合に0.5秒以内に自動的に電路を遮断する装置を施設するときは500Ω） |
| D種接地工事 | 100Ω（低圧電路において当該電路に地絡を生じた場合に0.5秒以内に自動的に電路を遮断する装置を施設するときは500Ω） |

表2.1-3　接地線の種類

| 接地工事の種類 | 接地線の種類 |
|---|---|
| A種接地工事 | 引張強さ1.04kN以上の金属線または直径2.6mm以上の軟銅線 |
| B種接地工事 | 引張強さ2.46kN以上の金属線または直径4mm以上の軟銅線<br>（高圧電路または使用電圧が15000V以下の特別高圧架空電線路の電路と低圧電路とを変圧器により結合する場合は，引張強さ1.04kN以上の金属線または直径2.6mm以上の軟銅線） |
| C種接地工事および<br>D種接地工事 | 引張強さ0.39kN以上の金属線または直径1.6mm以上の軟銅線 |

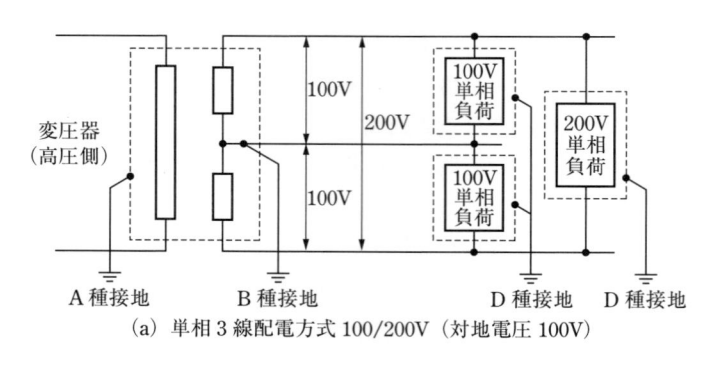

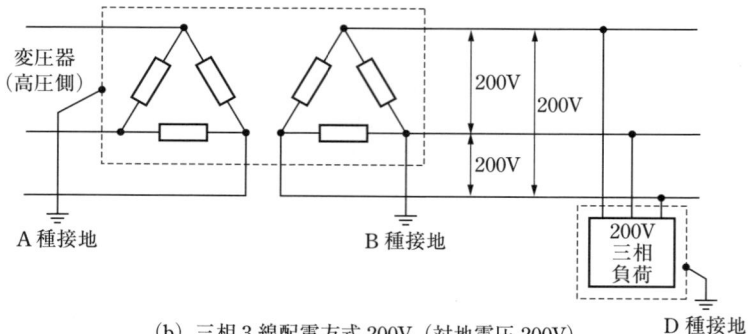

(a) 単相 3 線配電方式 100/200V（対地電圧 100V）

(b) 三相 3 線配電方式 200V（対地電圧 200V）

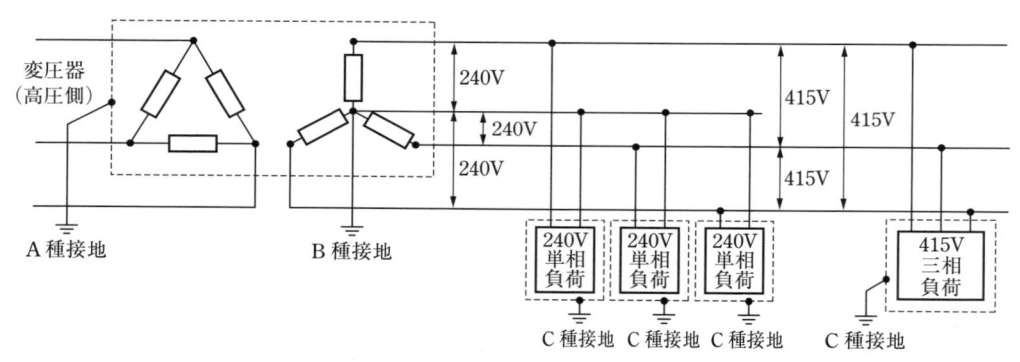

(c) 三相 4 線配電方式 240/415V（対地電圧 240V）

図 2.1-1　接地工事の例

樹脂管（厚さ 2mm 未満の合成樹脂製電線管および CD 管を除く）またはこれと同等以上の絶縁効力および強さのあるもので覆う。
② A 種接地工事または B 種接地工事に使用する接地線を施設してある支持物には，避雷針用接地線を施設しない。
③ C 種接地工事を施す金属体と大地とのあいだの電気抵抗が 10Ω 以下である場合は，C 種接地工事を施したものとみなす。
④ D 種接地工事を施す金属体と大地とのあいだの電気抵抗が 100Ω 以下である場合は，D 種接地工事を施したものとみなす。
⑤ 地中に埋設され，かつ，大地とのあいだの電気抵抗値が 3Ω 以下の値を保っている金属製水道管路は，これを A 種接地工事，B 種接地工事，C 種接地工事，D 種接地工事その他の接地

工事の接地極に使用することができる。
⑥大地とのあいだの電気抵抗値が2Ω以下の値を保っている建物の鉄骨その他の金属体は，これを非接地式高圧電路に施設する機械器具の鉄台もしくは金属製外箱に施すA種接地工事または非接地式高圧電路と低圧電路を結合する変圧器の低圧電路に施すB種接地工事の接地極に使用することができる。

(3) 接地系統

IEC（国際電気標準会議）では，接地方式を次の3種類に分類している。

方式を表す第一文字は，電力系統と大地との関係を示している。

　　T＝一点を大地に直接接続する。
　　I＝全充電部を大地から絶縁する，または高インピーダンスを介して一点を大地に直接
　　　　接続する。

方式を表す第二文字は，設備の露出導電性部分と大地との関係を示している。

　　T＝電力系統の接地とは無関係に，露出導電性部分を大地に直接接地する。
　　N＝露出導電性部分を電力系統の接地点へ直接接続する。

(a) TN系統

変圧器中性点は系統接地され，機体は保護導体によって系統接地極に接地される。保護導体と中性線は分離して敷設される（図2.1-2）。

(b) TT系統

変圧器中性点は系統接地され，機体は設備の接地極に接地される（図2.1-3）。

(c) IT系統

すべての充電部は大地から絶縁されるか，あるいはインピーダンスを介して接地され，機体は設備の接地極に接地される（図2.1-4）。

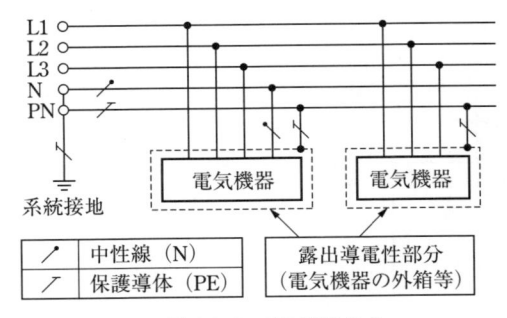

図2.1-2　TN系統方式

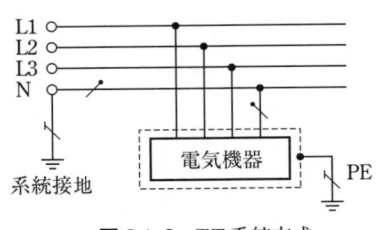

図2.1-3　TT系統方式

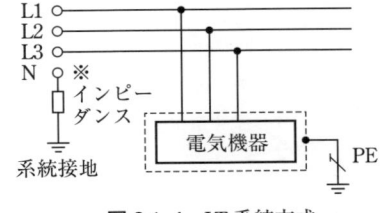

図2.1-4　IT系統方式

2.1　電気設備のシステム概要

### (4) 外部雷保護システムの接地

接地システムは，危険な過電圧を生じることなく雷電流を大地に放流させ拡散させるものである。大地電位をできる限り均等にするため，形状および寸法が重要な要素となる。雷保護の観点からは，被保護物の構造体を使用した統合単一の接地システムが望ましい。

#### (a) A型接地極

A型接地極は，各引下げ導線に対して2つ以上の放射状接地極，垂直接地極または板状接地極から構成される。大地抵抗率が低い場合および小規模建築物などに適している。

接地極の寸法は，放射状接地極の最小長さを $L1$ とすると，放射状水平接地極は $L1$ 以上，垂直（または傾斜）接地極は $0.5×L1$ 以上とする。板状接地極は表面積が片面 $0.35m^2$ 以上とする。この型の接地極の場合，人または動物に危険を及ぼす区域では特別な措置を講じなければならない。大地抵抗率が低く，$10Ω$ 未満の接地抵抗が得られる場合は，最小長さによらなくてもよい。

引下げ導線に接続するA型接地極の施設例を図2.1-5に示す。2つの接地極は，垂直接地極の場合は長さの3〜4倍，板状接地極の場合は長辺の3〜4倍程度離して配置する。

#### (b) B型接地極

B型接地極は，環状接地極，基礎接地極または網状接地極から構成し，各引下げ導線に接続する。

環状接地極（または基礎接地極）の場合には，環状接地極（または基礎接地極）によって囲われる面積の平均半径 $r$ は，$L1$ の値以上とする。要求値 $L1$ が算定値 $r$ より大きい場合には，放射状または垂直（または傾斜）接地極を追加施設する。それぞれの長さ $Lh$（水平）および $Lv$（垂直）は次式による。

$$Lh = L1 - r \quad \text{および} \quad Lv = \frac{L1-r}{2}$$

環状接地極と網状接地極の施設例を図2.1-6に示す（$L1$ はJIS A 4201「建築物等の雷保護」

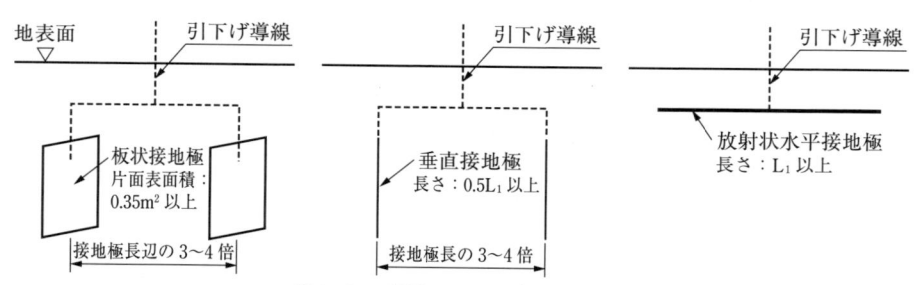

※1 $L_1$：保護レベルに応じた接地極の最小長さ（JIS A 4201-2003）

**図2.1-5 A型接地極の例**

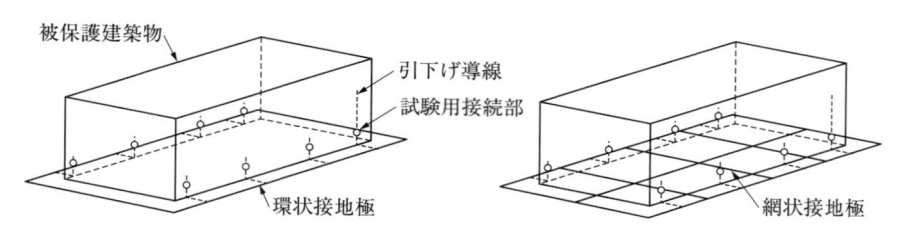

**図2.1-6 B型接地極の例**

を参照)。

(c) 接地極の施工

①外周環状接地極は，0.5m以上の深さで壁から1m以上離して埋設するのが望ましい。

②接地極は，被保護物の外側に0.5m以上の深さに施設し，地中において相互の電気的結合の影響が最小となるように，できるだけ均等に配置する。

③埋設接地極は，施工中に検査が可能なように施設する。

④埋設接地極の種類および埋設深さは，腐食，土壌の乾燥および凍結の影響を最小限に抑え，また安定した等価接地抵抗が得られるようにする。土壌が凍結状態にあるときは，垂直接地極の最初の1mはその効果を無視することとする。固い岩盤が露出した場所では，B型接地極が推奨される。

(d) 構造体利用接地極

基礎コンクリート内の相互接続した鉄筋または金属性地下構造物は，接地極として利用できる。

(5) 内部雷保護システム

(a) 等電位ボンディング

ボンディングとは建築物の空間における金属導体間を電気的につなぐことであり，等電位とはボンディングをすることにより電位を同じにすることである。ボンディングしたものを大地に接地することによって安定した電位を与えることができる。

被保護物内の雷保護システム，金属構造体，金属工作物，系統外導電性部分，電力および通信用設備等を，ボンディング導体またはサージ防護デバイス（SPD）によりすべてボンディング用バーに接続することによって，等電位化が図られ，建築物内の災害発生を防止することができる。

また，情報・通信設備においては，等電位化によりエレクトロニクス装置の基準電位（グランド電位）を確立し，動作の安定化を図ることができる。

等電位ボンディングの概念を図2.1-7に示す。

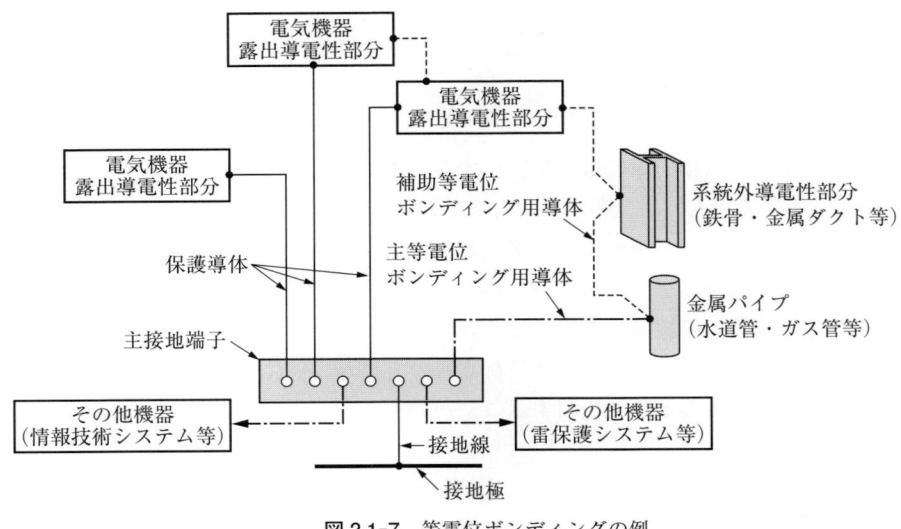

図2.1-7　等電位ボンディングの例

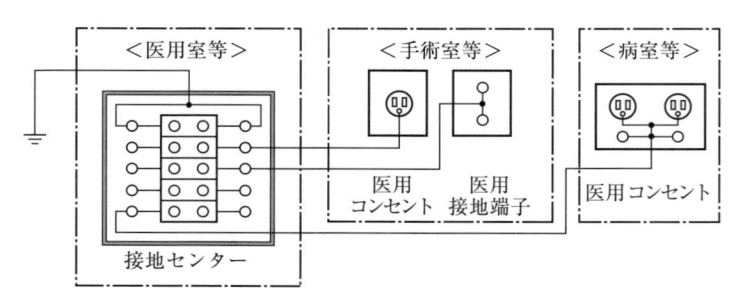

図 2.1-8　医用コンセント，接地センターの接続例

(b) 医用コンセントと接地センター

医療用電気機械器具に不具合が生じると，患者が漏れ電流により火傷を負ったり，心室細動で死に至るなど危険性が高い。また，医療中の医師等の感電による二次災害や生命維持装置等の停電の危険性もある。このため，医療用電気機械器具に電気を供給するための安全対策を図ることが重要であり，医用室には，医用コンセントを用いることを推奨している。

医用コンセントは，一般の接地極付 3P コンセントに比べて，信頼性，安全性が高く，たとえば，接地刃受けの強度が規定され，接地極の接触抵抗の許容値も 10mΩ 以下に制限され，耐衝撃性能なども向上している。

医用コンセントと医用接地センターの接続例を図 2.1-8 に示す。

## 2.1.2　電力引込み設備

### (1) 財産，責任分界点および区分開閉器

(a) 財産分界点

財産分界点とは，電気事業者の所有施設と需要家の所有施設との接続点である。接続点は電気事業者との協議により決定する。

(b) 保安上の責任分界点

保安上の責任分界点は，電気事業者と自家用電気工作物設置者の，保安上の責任の範囲を設定した境界点であり，電気事業者との協議により定められる。一般的には需要家の構内に設定され，財産分界点と一致するが，施設形態によって異なる場合がある。高圧受電における保安上の責任分界点の例を図 2.1-9 に示す。

(c) 区分開閉器の施設

区分開閉器とは保守点検の際に電路を区分するための開閉装置のことであり，保安上の責任分界点に施設する。ただし，電気事業者が自家用引込線専用の分岐開閉器を施設する場合は，保安上の責任分界点に近接する箇所に区分開閉器を施設することができる。区分開閉器には，高圧交流負荷開閉器（絶縁油を使用していないもの）を使用する。ただし，電気事業者が自家用引込線専用の分岐開閉器を施設する場合において，断路器を屋内または金属製の箱に収めて屋外に施設し，かつ，これを操作するとき負荷電流の有無が容易に確認できるように施設する場合は，断路器を区分開閉器として使用することができる。

### (2) 電線の種類および太さ

①高圧引込線には，電線およびケーブルを使用する。おもな高圧絶縁電線としては，屋外用架橋ポリエチレン絶縁電線（OC），屋外用ポリエチレン絶縁電線（OE），高圧引下用架橋ポリ

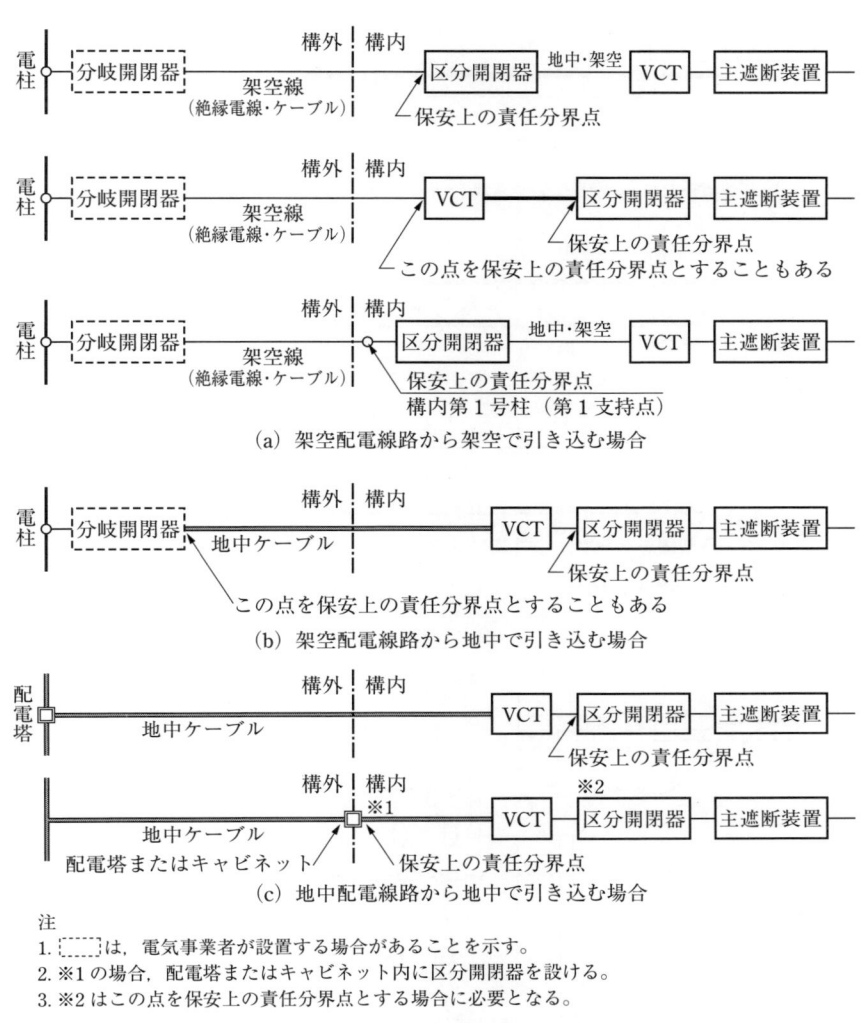

(a) 架空配電線路から架空で引き込む場合

(b) 架空配電線路から地中で引き込む場合

(c) 地中配電線路から地中で引き込む場合

注
1. ▭ は，電気事業者が設置する場合があることを示す。
2. ※1の場合，配電塔またはキャビネット内に区分開閉器を設ける。
3. ※2はこの点を保安上の責任分界点とする場合に必要となる。

図 2.1-9　高圧受電における保安上の責任分界点

エチレン絶縁電線（PDC）がある。おもな高圧ケーブルとしては，架橋ポリエチレン絶縁ビニルシースケーブル（CV），トリプレックス形架橋ポリエチレン絶縁ビニルシースケーブル（CVT），架橋ポリエチレン絶縁ポリエチレンシースケーブル（CE）がある。

② 高圧引込線に使用する電線の太さの選定では，電線の許容電流値を受電する電流以上とし，短時間耐電流を考慮するとともに，電気事業者と協議すること。

(3) 架空引込み

① 高圧架空引込線の取付点は，引込線が，最短距離で施設でき，外傷を受けにくく，なるべく屋上を通過しないで，他の電線路または弱電流電線と十分離隔でき，煙突・アンテナ・これらの支線および樹木と接近しないで施設できるように選定する。

② 架空引込高圧ケーブルのちょう架方法は，図 2.1-10 のいずれかとする。

③ ちょう架用線は，引張強さが 5.93kN 以上（または断面積 22mm² 以上）の亜鉛めっき鉄より線で，想定荷重に耐える（安全率は 2.5 以上）ものを使用し，D 種接地工事を施す。

④ 高圧ケーブルによる架空引込線において，ケーブルちょう架の終端接続は，耐久性のあるひ

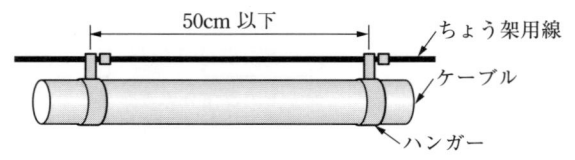

(a) ハンガーによりちょう架する場合（ハンガーの間隔50cm以下）

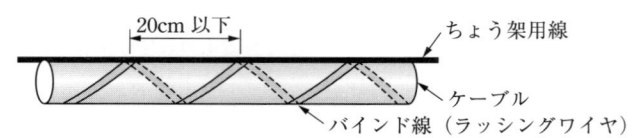

(b) 金属テープなどを巻きつけてちょう架する場合（巻きつけ間隔20cm以下）

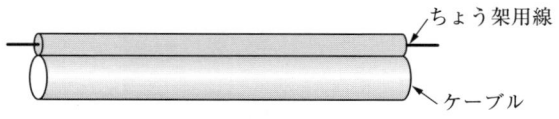

(c) ちょう架線をケーブルの外装に堅ろうに取り付けてちょう架する場合

図2.1-10　ケーブルによるちょう架の例

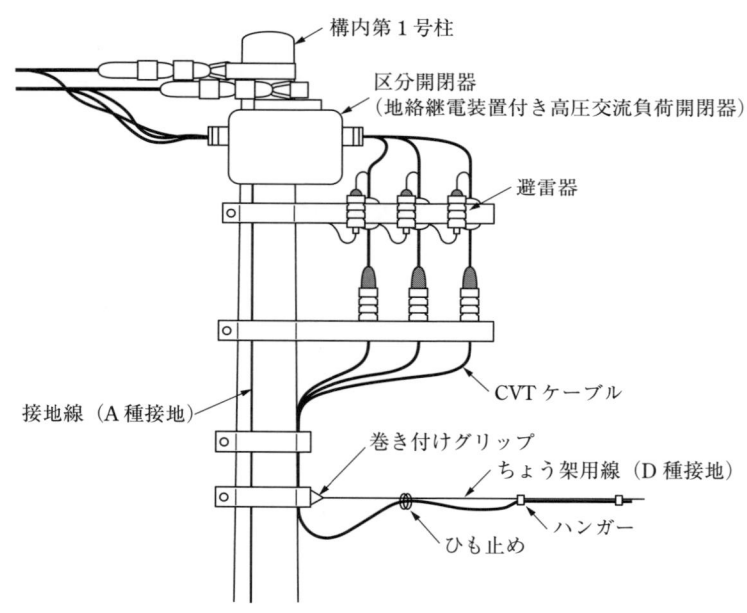

図2.1-11　第1号柱等の支持物におけるケーブルの引込線部分の施設例

もによって巻き止め，ちょう架用線の引留箇所で，ゆとり（オフセット）を設ける。また，径間途中では，ケーブルの接続を行わないこととし，ケーブルの曲げ半径は，単心では外径の10倍，3心では8倍以上とする。高圧ケーブルによる架空引込線を支持物に施設する例を，図2.1-11に示す。

⑤高圧架空引込線の高さおよび離隔距離は，表2.1-4による。

**表 2.1-4　高圧ケーブルによる高圧架空引込線の高さおよび離隔距離**

| 施設場所 | | 高さ・離隔距離〔m〕 |
|---|---|---|
| 道路横断 | | 地表上　6.0 以上 |
| 鉄道・軌道 | | レール面上　5.5 以上 |
| 横断歩道橋の上 | | 路面上　3.5 以上 |
| 上記以外の地上 | | 地表上　3.5 以上 |
| 水面上 | | 船舶の航行等に危険を及ぼさない高さ |
| 氷雪の多い地方の積雪上 | | 人または車両の通行等に危険を及ぼさない高さ |
| 上部造営材 | 上方 | 1.0 以上 |
| | 側方下方 | 0.4 以上 |
| その他の造営材 | | 0.4 以上 |

(4) 地中引込み

① 高圧ケーブルによる地中引込線の，経路および建物への引込口は，引込線が外傷を受けにくく，他の地中電線路または地中弱電流電線路と十分離隔でき，埋設施設（ガス，上下水道）に障害を与えないように施設する。また，引込線は，管路式，暗きょ式または直接埋設式により施設する。なお，ケーブル曲げ半径は，単心ケーブルでは外径の 10 倍，3 心ケーブルでは 8 倍以上とする。

② 地中引込線を管路式により施設する場合は，管にはこれに加わる車両その他の重量物の圧力に耐えるものを使用する。なお，需要場所に施設する場合において，管径が 200mm 以下であって，表 2.1-5 に示す管を使用し，埋設深さを地表面（舗装下面）から 0.3m 以上として施設する場合は，車両その他の重量物の圧力に耐えるとしてよい（図 2.1-12）。

③ 地中引込線を暗きょ式により施設する場合は，暗きょにはこれに加わる車両その他の重量物の圧力に耐えるものを使用し，地中電線に耐燃措置（不燃性または自消性のある難燃性の，電

**表 2.1-5　地中に施設する管材料の種類**

| 区　分 | 種　　　類 |
|---|---|
| 鋼　　管 | JIS G 3452（配管用炭素鋼鋼管）に規定する鋼管に防食テープ巻き，ライニングなどの防食処理を施したもの |
| | JIS G 3469（ポリエチレン被覆鋼管）に規定するもの |
| | JIS C 8305（鋼製電線管）に規定する厚鋼電線管に防食テープ巻き，ライニングなどの防食処理を施したもの |
| | JIS C 8380（ケーブル保護用合成樹脂被覆鋼管）に規定する G 形のもの |
| コンクリート管 | JIS A 5372（プレキャスト鉄筋コンクリート製品）の附属書 2 に規定するもの |
| 合成樹脂管 | JIS C 8430（硬質ビニル電線管）に規定するもの（VE） |
| | JIS K 6741（硬質塩化ビニル管）に規定する種類が VP のもの |
| | JIS C 3653（電力用ケーブルの地中埋設の施工方法）付属書 1 に規定する波付き硬質合成樹脂管（FEP） |
| 陶　　管 | JIS C 3653（電力用ケーブルの地中埋設の施工方法）付属書 2 に規定する多孔陶管 |

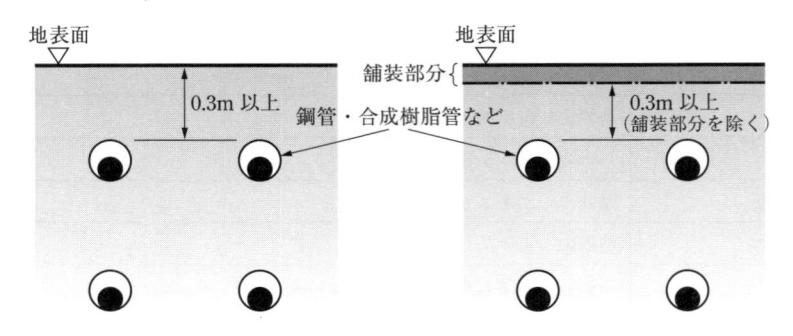

図 2.1-12　管を使用する場合の埋設深さ

線被覆，延焼防止塗料被覆，トラフ収納など）を施すか，あるいは暗きょ内に自動消火設備を施設する。

④地中引込線を直接埋設式により施設する場合の，埋設深さは，表 2.1-6 によるものとし，ケーブルは，トラフなどに収めて施設する。ただし，重量物の圧力を受けない場合であればケーブルの上部を堅ろうな板またはといで覆うことでもよい（図 2.1-13）。

⑤地中引込線を管路式または直接埋設式により需要場所に施設する場合は，電圧と埋設位置がわかるように耐久性のある標識を使用してケーブル埋設箇所の表示を行う。ただし，地中引込線の長さが 15m 以下のものにあっては，表示を省略することができる（図 2.1-14，図 2.1-15）。

⑥管，暗きょその他の地中電線を収める防護装置の金属製部分（ケーブルを支持する金物類を除く），金属製の接続箱およびケーブルの被覆に使用する金属体には，D 種接地工事を施す。ただし，防食措置を施した部分や，管路式により施設した部分は除く。

⑦ケーブルが地中弱電流電線または地中光ファイバケーブルと接近し，または交さする場合において，相互の離隔距離が 30cm 以下（あいだに堅ろうな耐火性の隔壁を設ける場合を除く）のときは，地中電線を堅ろうな不燃性または自消性のある難燃性の管に収め，当該管が地中弱電流電線または地中光ファイバケーブルと直接接触しないように施設する。ただし，地中

表 2.1-6　直接埋設式の埋設深さ

| 施　設　場　所 | 埋設深さ〔m〕 |
|---|---|
| 車両その他重量物の圧力を受けるおそれがある場所 | 1.2 以上 |
| その他の場所 | 0.6 以上 |

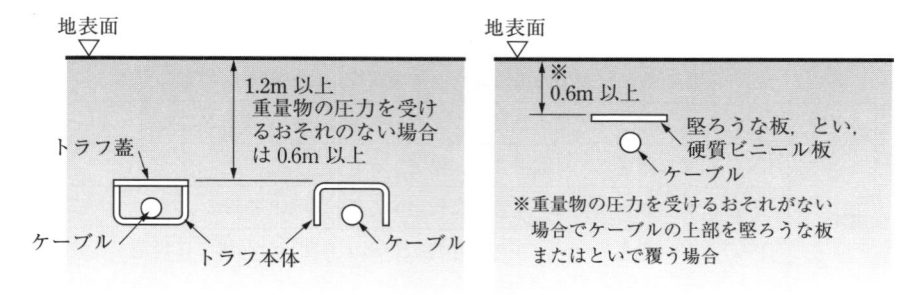

図 2.1-13　直接埋設式の埋設深さ

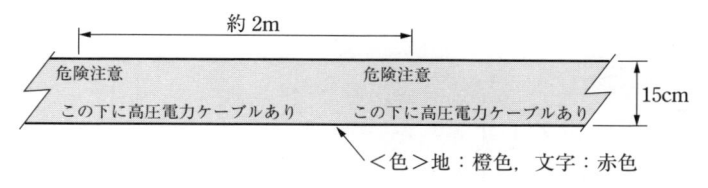

図 2.1-14　ケーブル標識シートの一例

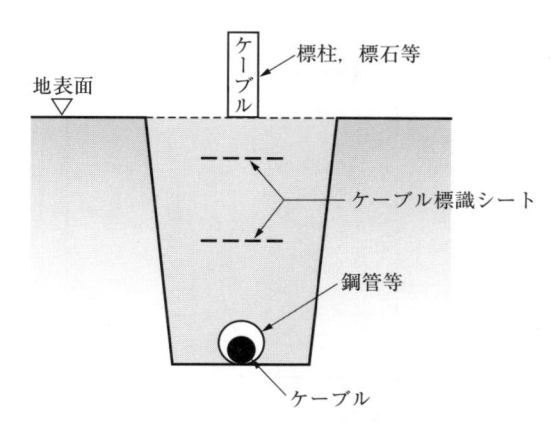

図 2.1-15　ケーブル埋設箇所の表示方法の例

光ファイバケーブルが不燃性または自消性のある難燃性の材料で被覆した（または不燃性もしくは自消性のある難燃性の管に収めた）光ファイバケーブルであり，かつ，その管理者の承諾を得た場合は，この限りでない。

⑧ケーブルが低圧地中電線と接近し，または交さする場合において，地中箱内以外の箇所で相互間の距離が15cm以下のときは，それぞれの地中電線が自消性のある難燃性の被覆を有する（または堅牢な自消性のある難燃性の管に収められる）場合，あるいは，いずれかの地中電線が不燃性の被覆を有する（または堅ろうな不燃性の管に収められる），あるいは，地中電線相互のあいだに堅ろうな耐火性の隔壁を設ける場合に限り施設することができる。

⑨ケーブルがガス管，水管またはこれらに類するものと接近し，または交さする場合においては，ケーブルを堅ろうな金属管などに収めるなどして防護する。

⑩高圧地中ケーブル引込線において，ケーブルの立下り，立上りの地上露出部分および地表付近は，損傷のおそれがない位置に施設し，かつ，これを堅ろうな管などで防護する。防護範囲は，地表から2m以上，地表下0.2m以上とし，防護管には雨水の浸入に対する措置を施す。施設の例を図2.1-16に示す。また，建物へのケーブル引込口には，防水管，防水装置などを取り付けておく。

(5) 高圧ケーブル端末処理

終端処理や直接接続においては，ケーブル終端部における電界の集中をできるだけ緩和させ，絶縁耐力を所要の特性まで維持させる必要がある。通常6600V級では図2.1-17に示すように，ケーブルしゃへい層切断点の近傍に円錐状の絶縁座を形成させ円錐体の頂上までしゃへい層を延ばす（ストレスコーンをつくる）ことにより電界の緩和を図っている。これを図2.1-18に示す。ストレスコーンの仕上がりによって終端部または接続部の特性が左右される。

終端処理作業上の注意事項は次のとおりである。

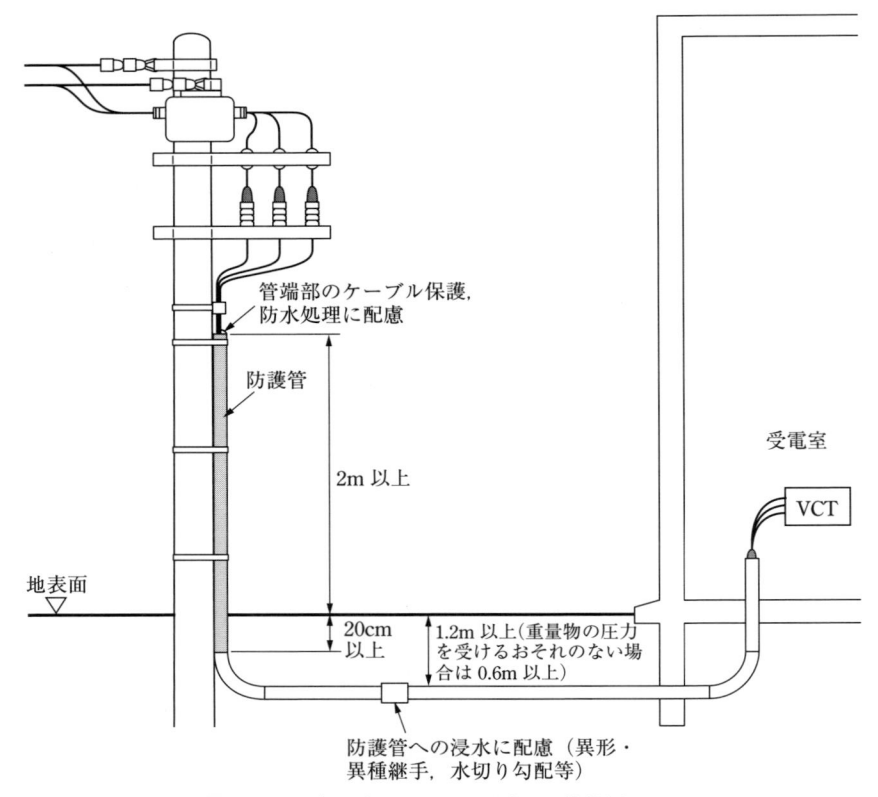

図2.1-16　高圧地中ケーブル引込みの施設例

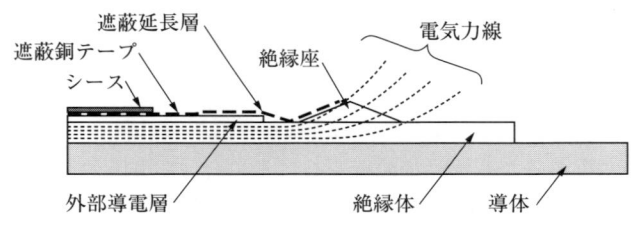

図2.1-17　終端部の電界緩和状況

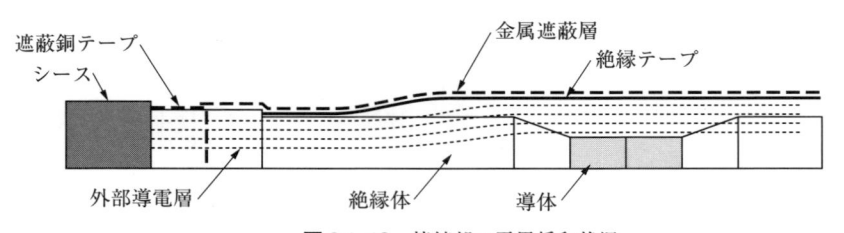

図2.1-18　接続部の電界緩和状況

①終端処理作業に入る前にメガーテストを行い，ケーブル自体に異常のないことを確認する。
②ケーブルの絶縁体にナイフ等で傷をつけないようにする。傷をつけるとその部分で絶縁破壊を起こす。施工直後の試験では発見できない程度の傷でも寿命は著しく低下する。
③ケーブル絶縁体上の汚損物（ケーブル半導電層の残さい，ごみ等）は，きれいに拭きとる。汚

損された絶縁体上にストレスコーンを装着しても機能をはたさない。

④定められた口出し寸法（しゃへい銅テープ，半導電層，絶縁体）および半導電性テープ巻寸法等を守る。差込み形終端の場合，挿入されたあとでは寸法を確認できない場合がある。
　高圧CVTケーブル用差込形屋内終端接続部（JCAA規格C3103）を図2.1-19に，また同差込形屋外終端接続部（JCAA規格C3104）を図2.1-20に示す。

**(6) 高圧ケーブル遮蔽層の接地**

　ケーブル遮蔽層の接地は，人身に対する安全と，ケーブル故障電流を大地に容易に流すことが目的である。遮蔽層の接地方法には，図2.1-21に示すとおり片端接地と両端接地があり，次のような得失がある。

①単心ケーブルでは遮蔽層に電圧が誘起しやすくなる。片端接地のときは非接地端に誘起電圧が現れ，保守点検において危険な状態（50V以上）となる場合がある。両端接地ではこのような誘起電圧はない。

②両端接地の場合，大地の迷走電流が遮蔽層に流入すると，遮蔽層の過熱・焼損または地絡継電器（GR）の不必要動作を招く場合がある。片端接地ではこのような迷走電流の流入はない。

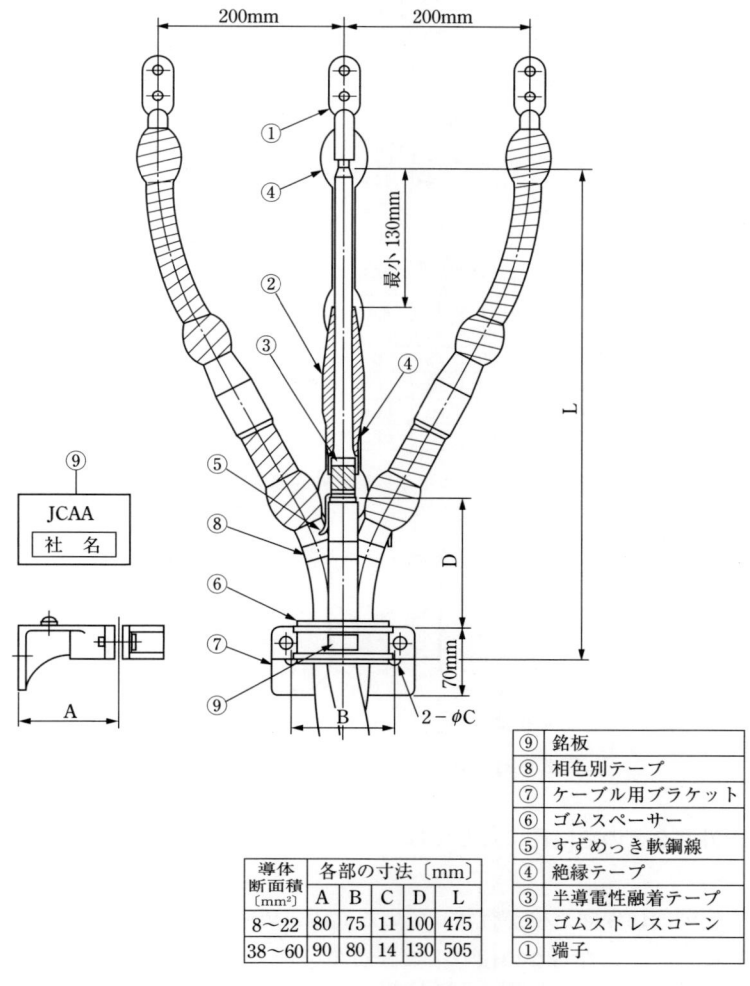

| 導体断面積 [mm²] | 各部の寸法 [mm] | | | | |
|---|---|---|---|---|---|
| | A | B | C | D | L |
| 8〜22 | 80 | 75 | 11 | 100 | 475 |
| 38〜60 | 90 | 80 | 14 | 130 | 505 |

| | |
|---|---|
| ⑨ | 銘板 |
| ⑧ | 相色別テープ |
| ⑦ | ケーブル用ブラケット |
| ⑥ | ゴムスペーサー |
| ⑤ | すずめっき軟鋼線 |
| ④ | 絶縁テープ |
| ③ | 半導電性融着テープ |
| ② | ゴムストレスコーン |
| ① | 端子 |

図2.1-19　6600V CVTケーブル用差込形屋内終端接続部（JCAA規格C3103）

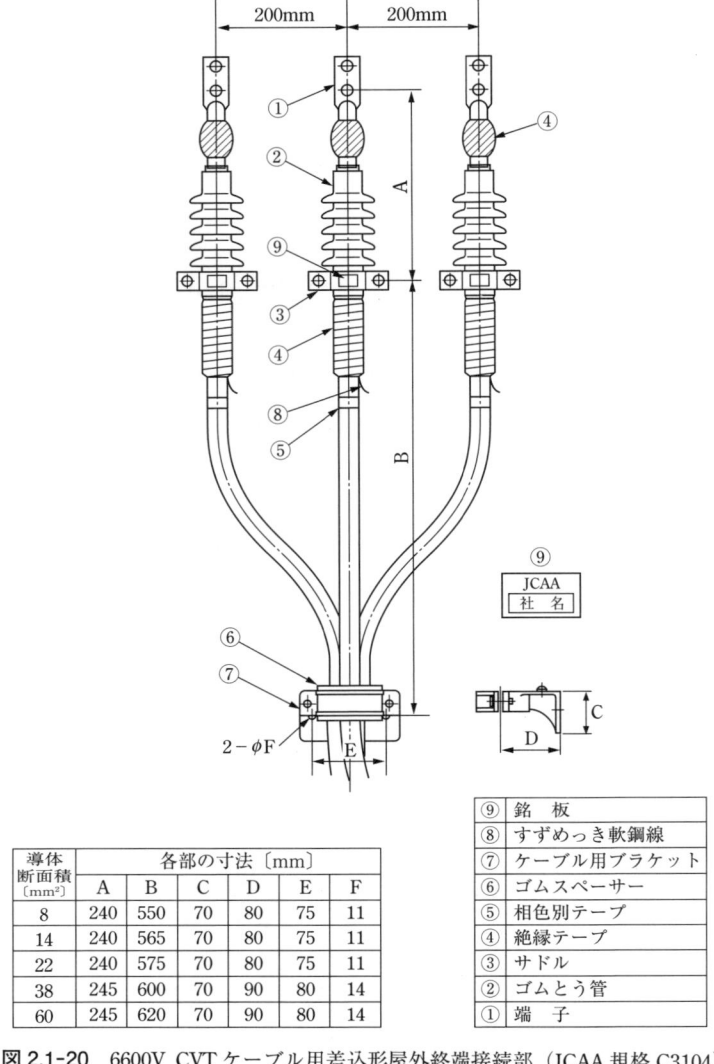

| 導体断面積〔mm²〕 | 各部の寸法〔mm〕 | | | | | |
|---|---|---|---|---|---|---|
| | A | B | C | D | E | F |
| 8 | 240 | 550 | 70 | 80 | 75 | 11 |
| 14 | 240 | 565 | 70 | 80 | 75 | 11 |
| 22 | 240 | 575 | 70 | 80 | 75 | 11 |
| 38 | 245 | 600 | 70 | 90 | 80 | 14 |
| 60 | 245 | 620 | 70 | 90 | 80 | 14 |

| | |
|---|---|
| ⑨ | 銘　板 |
| ⑧ | すずめっき軟鋼線 |
| ⑦ | ケーブル用ブラケット |
| ⑥ | ゴムスペーサー |
| ⑤ | 相色別テープ |
| ④ | 絶縁テープ |
| ③ | サドル |
| ② | ゴムとう管 |
| ① | 端　子 |

図 2.1-20　6600V CVT ケーブル用差込形屋外終端接続部（JCAA 規格 C3104）

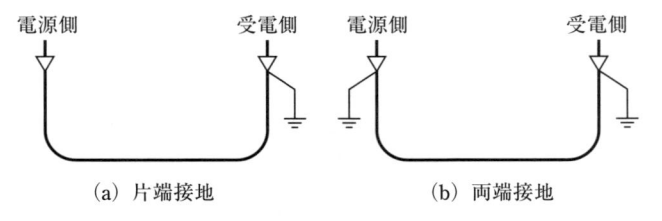

図 2.1-21　引込みケーブルの遮蔽層接地方法

（a）片端接地　　（b）両端接地

③接地リード線外れなどの危険性に対しては，片端接地より両端接地のほうが安全性は高いといえる。

　まとめると，定期的に保守点検が行われている高圧需要家の引込ケーブルでは，ケーブルこう長が数 km 程度の長さにならない限り，遮蔽層の過熱・焼損や，GR 不必要動作のおそれが少ない，片端接地で支障ないといえる。

### 2.1.3 受変電設備の構成
#### (1) 主遮断装置の施設
　保安上の責任分界点の負荷側電路には，責任分界点に近い箇所に主遮断装置を施設する。主遮断装置は，電路に過電流および短絡電流を生じたときに自動的に電路を遮断する能力を有するものを使用する。
#### (2) 地絡遮断装置の施設
　保安上の責任分界点には，地絡遮断装置を施設する。ただし，保安上の責任分界点に近い箇所に地絡遮断装置が施設されており，地絡による波及事故のおそれがない場合は，この限りでない。なお，区分開閉器として施設した地絡継電装置つき高圧交流負荷開閉器の制御装置は，容易に保守・点検できるよう区分開閉器の直近に施設し，取扱者以外の者が操作できないよう施錠する。
#### (3) 受電設備容量および方式の制限
　受電設備容量は，主遮断装置の形式および受電設備方式により，表 2.1-7 のそれぞれに該当する欄に示す値以下とする。
　柱上式は，保守点検に不便であるから，地域の状況および使用目的を考慮し，他の方式を使用することが困難な場合に限り使用する。また，PF・S 形は，高圧電動機負荷を有しないこと。
#### (4) 結線
① 受電設備内の結線は，できる限り簡素化する。また，責任分界点から主遮断装置のあいだには，電力需給用計器用変成器，地絡保護継電器用変成器，受電電圧確認用変成器，主遮断装置開閉状態表示用変成器および主遮断装置操作用変成器以外の計器用変成器を設置しない。
② 高圧受電設備における引込方法別の結線は，図 2.1-22 にならい，電気事業者と協議し選定する。
③ 高圧受電設備における主遮断装置別の結線は，図 2.1-23 または図 2.1-24 による。図の点線で示した，ZPD（零相電圧検出装置）は，DGR（地絡方向継電装置）の場合に付加し，LA（避雷器）は，引込みケーブルが比較的長い場合に付加する。また，点線の AC100V は，変圧器二次側から電源をとる場合を示す。
④ 非常用予備発電設備（低圧）付の高圧受電設備の結線は，図 2.1-25 にならう。図中で点線の ZPD（零相電圧検出装置）は，DGR（地絡方向継電装置）の場合に付加し，点線の AC100V は，変圧器二次側から電源をとる場合を示す。なお，非常用予備発電装置から防災負荷（消

表 2.1-7　主遮断装置の形式と受電設備方式ならびに設備容量

| 受電設備方式 | | 主遮断装置の形式 | CB 形〔kVA〕 | PF・S 形〔kVA〕 |
|---|---|---|---|---|
| 箱に収めないもの | 屋外式 | 屋上式 | 制限なし | 150 |
| | | 柱上式 | 使用しない | 100 |
| | | 地上式 | 制限なし | 150 |
| | 屋内式 | | 制限なし | 300 |
| 箱に収めるもの | キュービクル（JIS C 4620 に適合するもの） | | 4000 | 300 |
| | 上記以外のもの（JIS C 4620 に準ずるものまたは JEM 1425 に適合するもの） | | 制限なし | 300 |

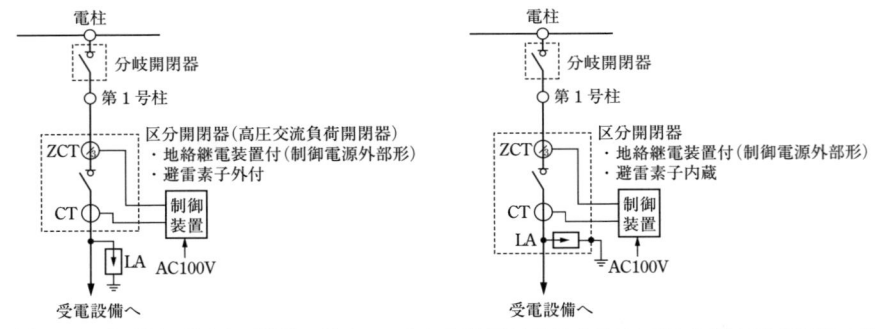

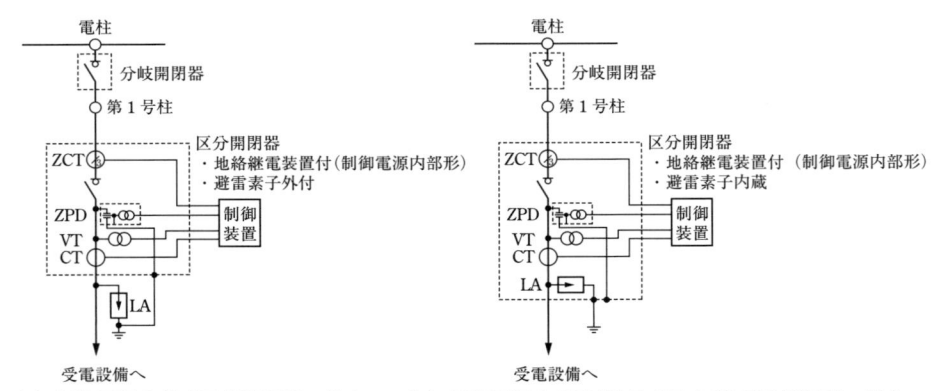

(a) 制御電源外部形区分開閉器の場合
(b) 制御電源外部形(避雷素子内蔵)区分開閉器の場合
(c) 制御電源内部形区分開閉器の場合
(d) 制御電源内部形(避雷素子内蔵)区分開閉器の場合
(e) 高圧キャビネット・開閉器塔から引き込む場合 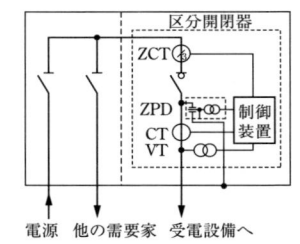

図2.1-22　引込み別結線図例

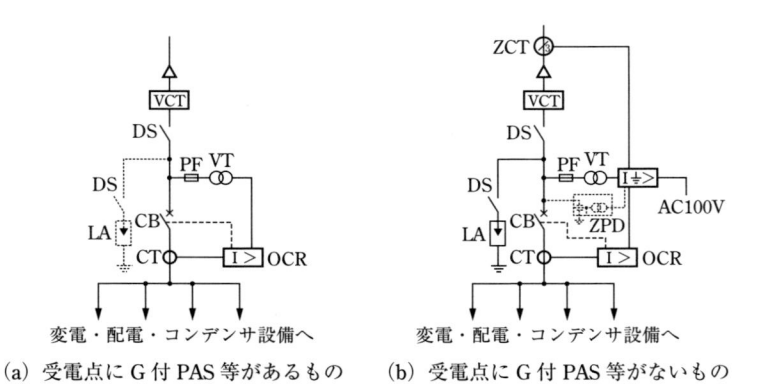

(a) 受電点にG付PAS等があるもの
(b) 受電点にG付PAS等がないもの

図2.1-23　CB形結線図

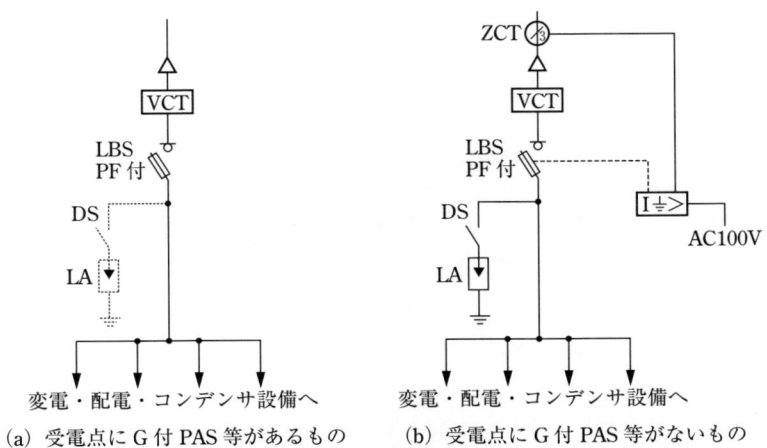

(a) 受電点にG付PAS等があるもの　　(b) 受電点にG付PAS等がないもの

図2.1-24　PF・S形結線図

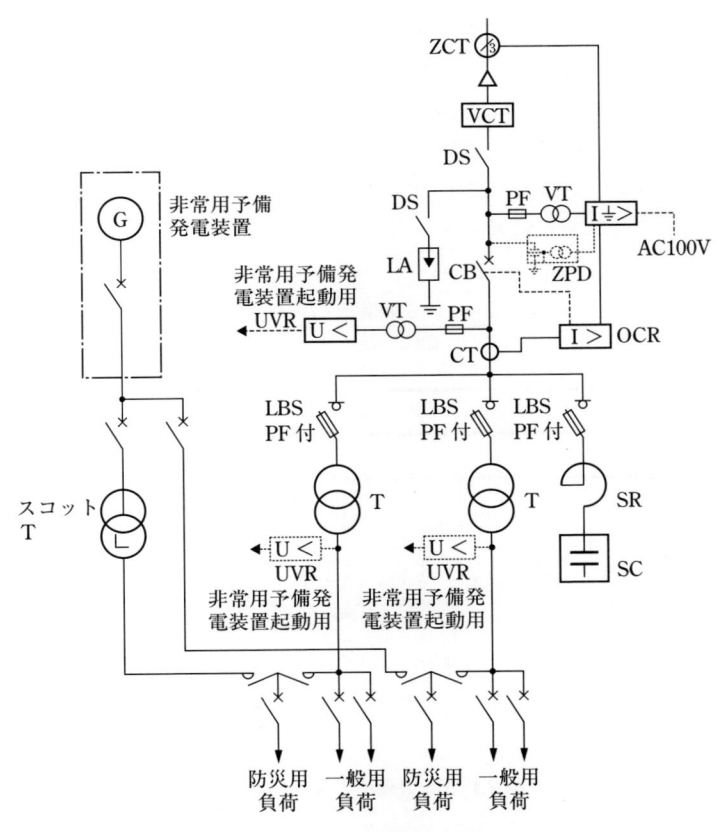

図2.1-25　非常用予備発電装置(低圧)付の受電設備

防用設備等の負荷，非常照明・排煙設備および保安上，管理上必要な負荷をいう）へ供給する場合，適切なインタロックをとり，非常用予備発電装置起動用のUVR（不足電圧継電器）の施設箇所は関係法令（建築基準法・消防法）に適合させること．

### 2.1.4 受変電設備用機器

**(1) 変圧器**

**(a) 変圧器**

　変圧器バンク数は，なるべく少なくし，変圧器の励磁突入電流により配電系統の電圧を大きく低下させるおそれがある場合は，変圧器一次側への限流抵抗の設置，変圧器の順次投入，励磁突入電流抑制型変圧器の採用など，対策を講じる。

　変圧器の接続は，変圧器の容量ができる限り三相が平衡になるようにし，設備不平衡率30%以下とする。ただし，高圧受電において，100kVA以下の単相変圧器の場合，または，各線間に接続される単相変圧器容量の最大と最小の差が100kVA以下の場合は，この制限によらない（図2.1-26）。

　大容量の単相電気炉などを使用し，上記の制限によることが困難な場合には，電気事業者と協議のうえ，単相負荷1個の場合は，逆V接続の変圧器を使用し，単相負荷2個の場合は，スコット接続の変圧器を使用する。

　変圧器の1次側には，表2.1-8の適用区分に従い，開閉装置を設ける。

**(b) 油入変圧器**

　定格容量が単相10kVA以上500kVA以下および三相20kVA以上2000kVA以下の油入変圧器は，JIS C 4304（配電用6kV油入変圧器）に適合するものを使用する。これ以外の油入変圧器は，JEC 2200（変圧器）およびJEM 1482（特定機器対応の高圧配電用油入変圧器におけるエネルギー消費効率の基準値）に適合するものを使用する。

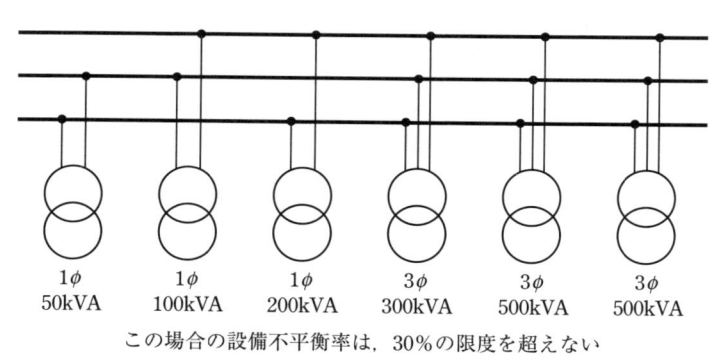

$$設備不平衡率 = \frac{各線間に接続される単相変圧器総容量の最大最小の差}{総変圧器容量 \times (1/3)} \times 100 \, [\%]$$

1φ 50kVA　1φ 100kVA　1φ 200kVA　3φ 300kVA　3φ 500kVA　3φ 500kVA

この場合の設備不平衡率は，30%の限度を超えない

$$\frac{200-50}{1650 \times (1/3)} \times 100 \fallingdotseq 27 \, [\%]$$

図2.1-26　設備不平衡率の計算例

表2.1-8　変圧器1次側の開閉装置

| 機器種別<br>変圧器容量 | 開閉装置 | | |
|---|---|---|---|
| | 遮断器（CB） | 高圧交流負荷開閉器（LBS） | 高圧カットアウト（PC） |
| 300kVA　以下 | 可 | 可 | 可 |
| 300kVA　超過 | 可 | 可 | 不可 |

油入変圧器の絶縁抵抗は，温度試験のすぐあとに定格測定電圧1000Vの絶縁抵抗計を用いて測定したとき，表2.1-9の値以上あること。

(c) モールド変圧器

　定格容量が単相10kVA以上500kVA以下および三相20kVA以上2000kVA以下のモールド変圧器は，JIS C 4306（配電用6kVモールド変圧器）に適合するものを使用する。これ以外のモールド変圧器は，JEC 2200（変圧器）およびJEM 1483（特定機器対応の高圧受配電用モールド変圧器におけるエネルギー消費効率の基準値）に適合するものを使用する。

　モールド変圧器の絶縁抵抗は，油入変圧器と同じく表2.1-9の値以上あること。

(2) 高圧進相コンデンサおよび直列リアクトル

　高圧進相コンデンサおよび直列リアクトルは，JIS C 4902（高圧及び特別高圧進相コンデンサ及び附属機器）に適合するものを使用する。

　進相コンデンサは，負荷設備の種類，容量および稼働率等を考慮し，過度の進み力率とならない定格設備容量とする。定格設備容量が300kVarを超過した場合には2群以上に分割するとともに，負荷の変動に応じて定格設備容量を変化できるように施設する。ただし，変化させる必要がない場合は，この限りでない。なお，負荷変動により進み力率となる場合は，力率を常時監視して自動的に進相コンデンサ回路を開閉する装置や，タイマー等で定時に進相コンデンサ回路を開閉する装置等を適用する。

　進相コンデンサ回路に開閉装置を設ける場合は，表2.1-10の適用区分に従い設置する。開閉ひん度が多い場合には，開閉寿命の長いものを使用する。また，進相コンデンサの一次側には，限流ヒューズを施設する。

　進相コンデンサの回路には，コンデンサ容量に適合する放電コイル，その他開路後の残留電荷を放電させる適当な装置を設ける。ただし，コンデンサが変圧器1次側に直接接続されている場合または放電抵抗内蔵のコンデンサを用いる場合は，この限りでない。

　進相コンデンサには，高調波電流による障害防止およびコンデンサ回路の開閉による突入電流抑制のため，コンデンサリアクタンスの6%または13%の直列リアクトルを施設する。

表2.1-9　絶縁抵抗値

| 測定箇所 | 絶縁抵抗値〔MΩ〕 |
|---|---|
| 1次巻線と箱間 | 30 |
| 1次巻線と2次巻線間 | 30 |
| 2次巻線と箱間 | 5 |

表2.1-10　進相コンデンサの開閉装置

| 進相コンデンサの定格容量（6%リアクトル付） | 機器種別 | 開閉装置 | | | |
|---|---|---|---|---|---|
| | | 遮断器(CB) | 高圧交流負荷開閉器(LBS) | 高圧カットアウト(PC) | 高圧真空電磁接触器(VMC) |
| 50kVar 以下 | | 可 | 可 | 可 | 可 |
| 50kVar 超過 | | 可 | 可 | 不可 | 可 |

### (3) 高圧断路器

高圧断路器は，JIS C 4606（屋内用高圧断路器）に適合するものを使用する。屋外用の高圧断路器は，JEC 2310（交流断路器）の規格を準用する。

断路器は，負荷電流が通じているときは開路できないように施設する。ただし，開閉操作を行う箇所の見やすい位置に負荷電流の有無を示す装置もしくは電話機その他の指令装置を設け，またはタブレットなどを使用することにより，負荷電流が通じているときに開路の操作を行うことを防止するための措置を講ずる場合は，この限りでない。

断路器は，開路状態において自然に閉路するおそれがないように，縦に取り付ける場合は接触子を上部とし，ブレードは，開路した場合に充電しないよう負荷側に接続するとともに，ブレード位置にかかわらず，他物から10cm以上離隔するように施設する（図2.1-27）。

### (4) 高圧交流遮断器

高圧交流遮断器は，JIS C 4603（高圧交流遮断器）に適合するものを使用する。これ以外の高圧遮断器は，JEC 2300（交流遮断器）の規格を準用する。

高圧交流遮断器は，十分な投入容量および遮断容量のあるものを使用する。手動投入操作方式のものにあっては，手動ばね操作方式のものとし，引外し方式は，短絡時の電圧低下に対し確実に遮断動作ができるような対策が講じられたものを使用する。なお，高圧交流遮断器の引外し方式には，過電流引外し，電圧引外し，不足電圧引外しおよびコンデンサ引外しがある。

### (5) 高圧限流ヒューズ，高圧交流負荷開閉器

#### (a) 限流ヒューズ

高圧限流ヒューズは，JIS C 4604（高圧限流ヒューズ）に適合するものを使用する。これ以外の電力ヒューズは，JEC 2330（電力ヒューズ）の規格を準用する。

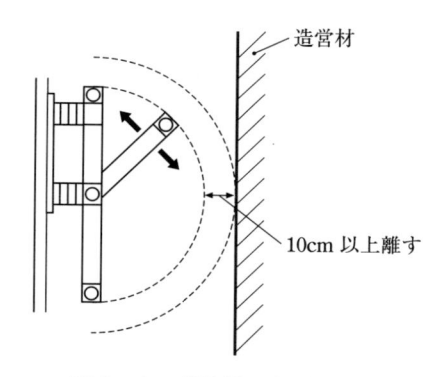

図2.1-27 断路器の取り付け例

表2.1-11 フック棒操作式断路器の定格例

| 定格電圧〔kV〕 | 7.2 | | | | |
|---|---|---|---|---|---|
| 定格電流〔A〕 | 200 | 400 | 600 | 600 | 1200 |
| 定格短時間耐電流〔kA〕 | 8.0（1秒），12.5（1秒） | | | 20（2秒） | |
| 構　造 | 単極単投，三極単投 | | | | |
| 準拠規格 | JIS C 4606 | | | JEC 2310 | |

表 2.1-12　高圧交流遮断器の定格例

| 定格電圧〔kV〕 | 7.2 | |
|---|---|---|
| 定格電流〔A〕 | 400, 600 | |
| 定格遮断電流〔kA〕 | 8 | 12.5 |
| (参考) 遮断容量〔MVA〕 | 100 | 160 |
| 定格遮断時間〔サイクル〕 | 3, 5 | |
| 据付方式 | 固定形（パネル取付形），引出形 | |

表 2.1-13　高圧交流負荷開閉器の定格例

| 定格電圧〔kV〕 | | 7.2 | | | | |
|---|---|---|---|---|---|---|
| 定格電流〔A〕 | | 100 | 200 | 300 | 400 | 600 |
| 定格開閉容量 | 負荷電流〔A〕 | 100 | 200 | 300 | 400 | 600 |
| | 励磁電流〔A〕 | 5 | 10 | 15 | 25 | 30 |
| | 充電電流〔A〕 | 10 | | | | |
| | コンデンサ電流〔A〕 | 10, 15, 30 | | | | |
| 定格短時間耐電流〔kA〕(1秒) | | 4, 8, 12.5 | | | 8, 12.5 | |

表 2.1-14　限流ヒューズ付き高圧交流負荷開閉器の定格例

| 定格電圧〔kV〕 | | 7.2 |
|---|---|---|
| 定格電流〔A〕 | | 200 |
| 定格開閉容量 | 負荷電流〔A〕 | 200 |
| | 励磁電流〔A〕 | 10 |
| | 充電電流〔A〕 | 10 |
| | コンデンサ電流〔A〕 | 10, 15, 30 |
| 定格遮断電流〔kA〕 | | 12.5（限流ヒューズとの組み合わせ） |

(b) 負荷開閉器

　高圧交流負荷開閉器は，JIS C 4605（高圧交流負荷開閉器）に適合するものを使用する。

　電路中に負荷開閉器を施設する場合は，その箇所の各極に設ける。負荷開閉器を断路器として使用する場合は，断路器と同じ断路性能を有するものを使用する。

　負荷開閉器は，その作動に伴い開閉状態を表示する装置を有するものまたはその開閉状態を容易に確認できるものとし，負荷開閉器が重力などにより自然に作動するおそれのあるものは，鎖錠装置その他これを防止する装置を設ける。

(c) 引外し形高圧交流負荷開閉器

　引外し形高圧交流負荷開閉器は，JIS C 4607（引外し形高圧交流負荷開閉器）に適合するものを使用する。

(d) 限流ヒューズ付き高圧交流負荷開閉器

　限流ヒューズ付き高圧交流負荷開閉器は，JIS C 4611（限流ヒューズ付高圧交流負荷開閉器）に適合するものを使用する。

PF・S形の主遮断装置に用いる限流ヒューズ付き高圧交流負荷開閉器はJIS C 4611によるほか，ストライカによる引外し方式で，相間および側面には，絶縁バリヤが取り付けてあるものを使用する。変圧器等の開閉用として用いるものも，これに準ずる。

(6) 避雷器

避雷器は，それによって保護される機器のもっとも近い位置に施設する。屋外用の避雷器は，その接続部に過度の機械的荷重がかからないように配慮する。

屋内（盤内を含む）に施設する高圧避雷器は，JIS C 4608（高圧避雷器（屋内用））またはJEC 203（避雷器）に適合するものを使用する。屋外に施設する高圧避雷器は，JEC 203（避雷器）に適合するものを使用する。塩害地域の屋外に設置する避雷器については，JEC 203（避雷器）の耐汚損形避雷器に適合するものを使用する。

避雷器には，保安上必要な場合，電路から切り離せるように断路器等を施設する。断路機構付き避雷器は，JIS C 4606（屋内用高圧断路器），およびJIS C 4608（高圧避雷器（屋内用））またはJEC 203（避雷器）に適合するもので，定格短時間耐電流は通電時間1秒以上において2kA以上，無電圧開閉性能は100回以上，保持力は88.2N／3極以上のものを使用する。

(7) 計器用変成器および継電器

(a) 計器用変成器

計器用変成器を主遮断装置の電源側に施設する場合は，十分な定格遮断電流をもつ限流ヒューズにより計器用変圧器を保護する。また，計器用変成器は，モールド形を使用する。

計器用変成器は，JIS C 1731-1（計器用変成器（標準用及び一般計測用）変流器）またはJIS C 1731-2（計器用変成器（標準用及び一般計測用）計器用変圧器）に適合するものを使用する。

過電流継電器用として使用する変流器は，これらの他，JIS C 4620（キュービクル式高圧受電設備）の附属書1（変流器）に規定する変流器またはJEC 1201（計器用変成器（保護継電器用））に適合する変流器であって，過電流継電器の設定値に対して十分な過電流定数を有するとともに，十分な耐電流性能を有するものを使用する。

(b) 零相変流器

零相変流器は，貫通形またはリード線付き形とし，貫通形を使用する場合は，引込みケーブルの負荷側端子近くに施設する。零相変流器に一次側電線を付属する場合は，定格電流に応じた太さのJISC 3611に規定された高圧絶縁電線（KIPまたはKIC）またはこれと同等以上の耐電圧性能を有したものを使用する。

(c) 高圧受電用地絡継電装置，地絡方向継電装置

高圧受電用地絡継電装置は，JIS C 4601（高圧受電用地絡継電装置）に適合するものを使用する。

高圧受電用地絡方向継電装置は，JIS C 4609（高圧受電用地絡方向継電装置）に適合するものを使用する。

(d) 高圧受電用過電流継電器

高圧受電用過電流継電器は，JIS C 4602（高圧受電用過電流継電器）に適合するものを使用する。これ以外の過電流継電器はJEC 2510（過電流継電器）の規格を準用する。

JIS C 4602は，過電流継電器単体を対象とした規格であるが，専用の変流器と過電流継電器とを組み合わせた過電流継電装置についても適用する。

## 2.1.5 受変電設備の施工
### (1) 受変電室の施設
#### (a) 受電室の位置および構造

受電室の位置は，湿気が少なく，水が浸入・浸透するおそれのない場所を選定し，爆発性・可燃性・腐食性のガスや液体・粉じんの多い場所は避ける。また，消防放水や洪水・高潮などによって電源が使用不能にならないように配慮する。

受電室は，防火構造または耐火構造とし，不燃材料でつくった壁，柱，床および天井で区画し，窓および出入口には防火戸を設ける。ただし，受電設備の周囲に有効な空間を保有するなど防火上支障のない措置を講じた場合は，この限りでない。また，鳥獣類などが侵入しない構造とし，窓および扉は，雨水または雪が浸入しないような位置および構造とする。通気孔その他の換気装置を設ける場合は，その構造にとくに注意し，雨水や雪が強風で吹き込むおそれのないようにする。なお，機器の搬出入が容易にできるような通路および出入口を設けるとともに，取扱者以外の者が立ち入らないような構造にする。

#### (b) 受電室の機器配置

変圧器，配電盤など受電設備の主要部分における保有距離は表2.1-15の値以上とし，保守点検に必要な空間および防火上有効な空間を保持する。ただし，保守点検に必要な通路は，幅0.8m以上，高さ1.8m以上とし，変圧器などの充電部とは0.2m以上の保有距離を確保するとともに，通路面を，つまづき，すべりなどの危険のない状態に保持する。機器，配線などの離隔距離は，図2.1-28による。

#### (c) 受電室の照明

照度は，配電盤の計器面において300lx以上，その他の部分において70lx以上とする。照明器具は，光が計器面に反射して計器が見えにくくならず，管球取り替えの際充電部に接近しなくてもよい位置に施設する。なお，停電の場合を考慮して，移動用または携帯用の灯具を受電室に備えておく。

#### (d) 受電室の保安施設

受電室の出入口または扉には，施錠装置を施設し，かつ，見やすいところに「高圧危険」および「関係者以外立入禁止」などの表示をする。なお，高圧充電部に「充電標示器」を取り付け，取扱者の注意を喚起する。露出した充電部分は，取扱者が日常点検などを行う場合に容易に触れるおそれがないよう，防護カバーを設ける。自動火災報知設備の感知器は，保守・点検の際充電部に接近しないようなところに設置する。

変圧器の発熱などで，室温が過昇するおそれのある場合には，通気孔，換気装置または冷房装置などを設ける。湿気または結露により絶縁低下などのおそれがある場合には，これを防止する対策を講じる。変圧器の励磁振動が騒音となり，影響を及ぼすおそれがある場合には，防

表2.1-15 受電設備に使用する配電盤などの最小保有距離

| 機器別＼部位別 | 前面または操作面〔m〕 | 背面または点検面〔m〕 | 列相互間（点検を行う面）〔m〕 | その他の面〔m〕 |
|---|---|---|---|---|
| 高圧配電盤 | 1.0 | 0.6 | 1.2 | — |
| 低圧配電盤 | 1.0 | 0.6 | 1.2 | — |
| 変圧器など | 0.6 | 0.6 | 1.2 | 0.2 |

立面図

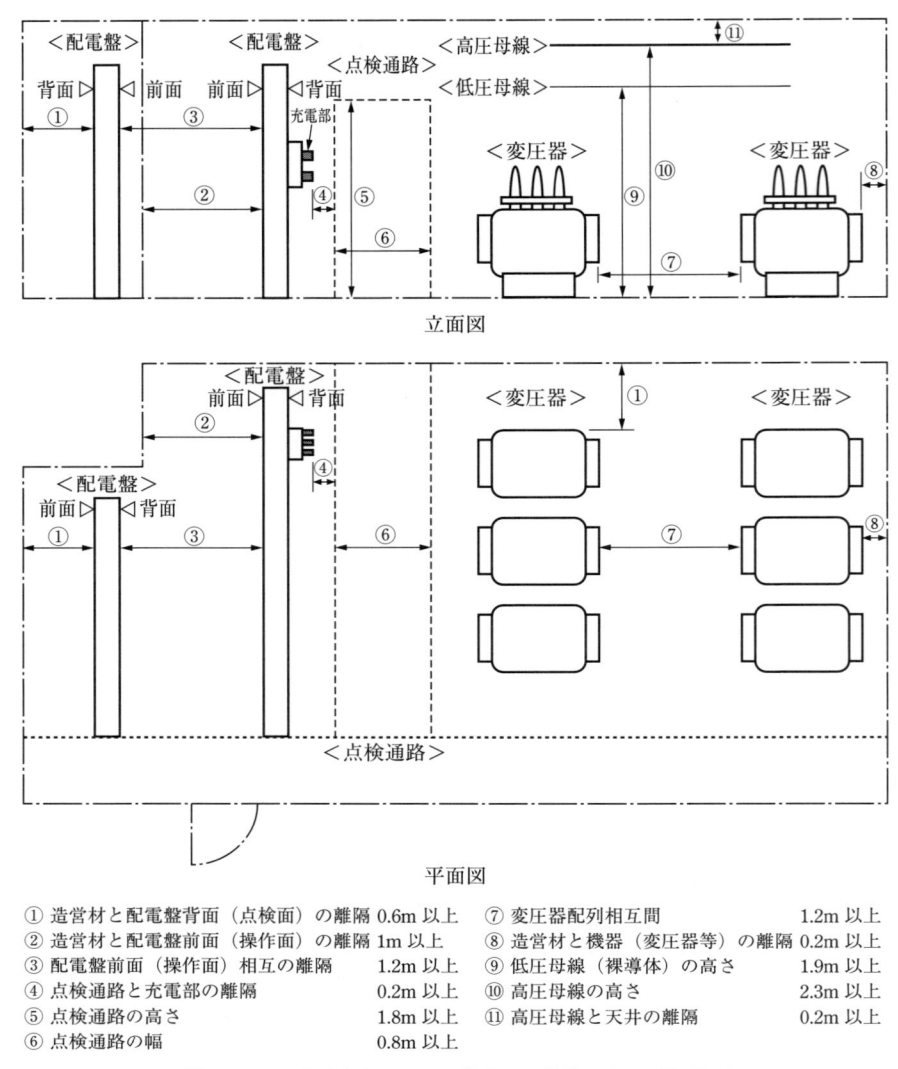

平面図

① 造営材と配電盤背面（点検面）の離隔　0.6m 以上
② 造営材と配電盤前面（操作面）の離隔　1m 以上
③ 配電盤前面（操作面）相互の離隔　　　1.2m 以上
④ 点検通路と充電部の離隔　　　　　　　0.2m 以上
⑤ 点検通路の高さ　　　　　　　　　　　1.8m 以上
⑥ 点検通路の幅　　　　　　　　　　　　0.8m 以上
⑦ 変圧器配列相互間　　　　　　　　　　1.2m 以上
⑧ 造営材と機器（変圧器等）の離隔　　　0.2m 以上
⑨ 低圧母線（裸導体）の高さ　　　　　　1.9m 以上
⑩ 高圧母線の高さ　　　　　　　　　　　2.3m 以上
⑪ 高圧母線と天井の離隔　　　　　　　　0.2m 以上

図 2.1-28　受電室内における機器，配線等の離隔（参考図）

音対策を施す。

　受電室内には，電気火災に有効な消火設備（不活性ガス消火設備，ハロゲン化物消火設備，粉末消火設備または消火器）を設ける。ケーブル等が受電室の壁等を貫通する場合は，適切な防火措置を施す。換気用ダクトには，煙または熱により自動的に閉鎖するダンパーを設ける。なお，受電室内には，保守・点検用電源のコンセント回路を設ける。

(e) 受電室の用途制限およびその他の注意事項

　受電室は，倉庫，更衣室または休憩室など受電設備の本来の目的以外の用途に使用しない。また，受電室には，水管，蒸気管，ガス管などを通過させない。

　受電室には，電気主任技術者の氏名，所属，連絡先等を見やすいところに表示し，工具，器具および材料は，受電設備の監視，保守，点検などに支障がない箇所に保管する。

## (2) キュービクル式高圧受変電設備

### (a) 屋内に設置するキュービクルの施設

キュービクル（キュービクル式高圧受電設備および金属箱に収めた高圧受電設備）を屋内に設置する場合，金属箱の周囲との保有距離，他造営物または物品との離隔距離は，表 2.1-16 による（図 2.1-29）。なお，保安上有効な距離とは，開閉装置等の操作が容易に行え，かつ，扉を開いた状態で人の移動に支障をきたさない距離をいう。

### (b) 屋外に設置するキュービクルの施設

①屋外に設ける場合の建築物等との離隔距離および金属箱の周囲の保有距離

屋外に設けるキュービクル式受電設備（消防長が火災予防上支障がないと認める構造を有するキュービクル式受電設備は除く）は，建築物から 3m 以上の距離を保つ。ただし，不燃材料でつくり，または覆われた外壁で開口部のないものに面するときは，この限りでない。

また，金属箱の周囲の保有距離は，1m＋保安上有効な距離以上とする。ただし，隣接する建築物等の部分が不燃材料でつくられ，かつ，当該建築物等の開口部に防火戸その他の防火設備が設けてある場合にあっては，屋内に設置するキュービクルの施設に準じて保つことができる。

表 2.1-16　キュービクルの保有距離

| 保有距離を確保する部分 | 保有距離〔m〕 |
|---|---|
| 点検を行う面 | 0.6 以上 |
| 操作を行う面 | 1.0＋保安上有効な距離以上 |
| 溶接またはねじ止めなどの構造で換気口がある面 | 0.2 以上 |
| 溶接またはねじ止めなどの構造で換気口がない面 | ― |

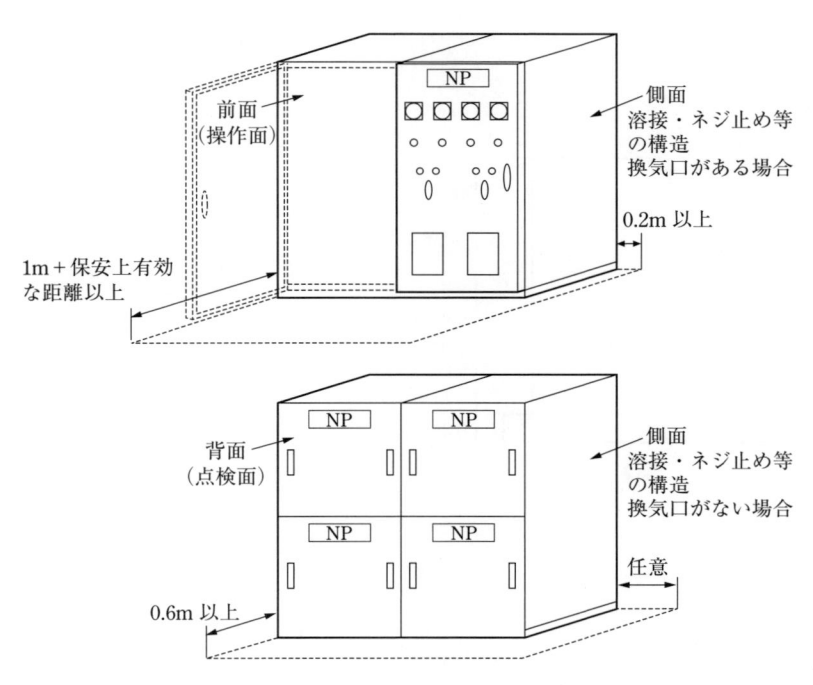

図 2.1-29　屋内に施設するキュービクルの保有距離

②キュービクルの施設場所

　機器重量を考慮し，地盤の堅固な場所とする。風雨・氷雪による被害等を受けるおそれがないように十分注意する。雪の吹き溜まりになる場所，雨水が滞留する場所への施設はなるべく避ける。とくに屋上や狭い建物のあいだに施設する場合では，風雨・氷雪等による被害を受けるおそれがないよう注意する。キュービクルの設置方向でとくに，換気孔の位置は，風向きを考慮する。

③キュービクルの基礎（図2.1-30）

　基礎は，キュービクルの設置に十分な強度とし，キュービクルの検針窓の位置を考慮して，検針が容易な高さとする。キュービクル前面には基礎に足場スペースを設けるか，点検用の台等を設ける。また，基礎内に雨水が入った場合の排水口を設ける。

　下駄基礎の場合など，基礎の開口部からキュービクル内部に小動物が侵入するおそれがある場合には，開口部に網などを設け，雨や雪等が吹き込むおそれのある場合には，換気等に影響の出ない鋼板や網等のカバーを設ける。キュービクルに底板がない場合は，底面に鋼板等を施設し，異物が侵入するおそれがない構造とする。

　寒冷地等では湿度の変化により結露が発生しやすいため，スペースヒーター，乾燥材，天井面断熱材，冷却除湿などの結露対策を施す。

④キュービクルの据付け

　地震によるキュービクルの移動，傾斜等を防止するため基礎への据付けを堅固に行い，床面が水平になるように据えつける。

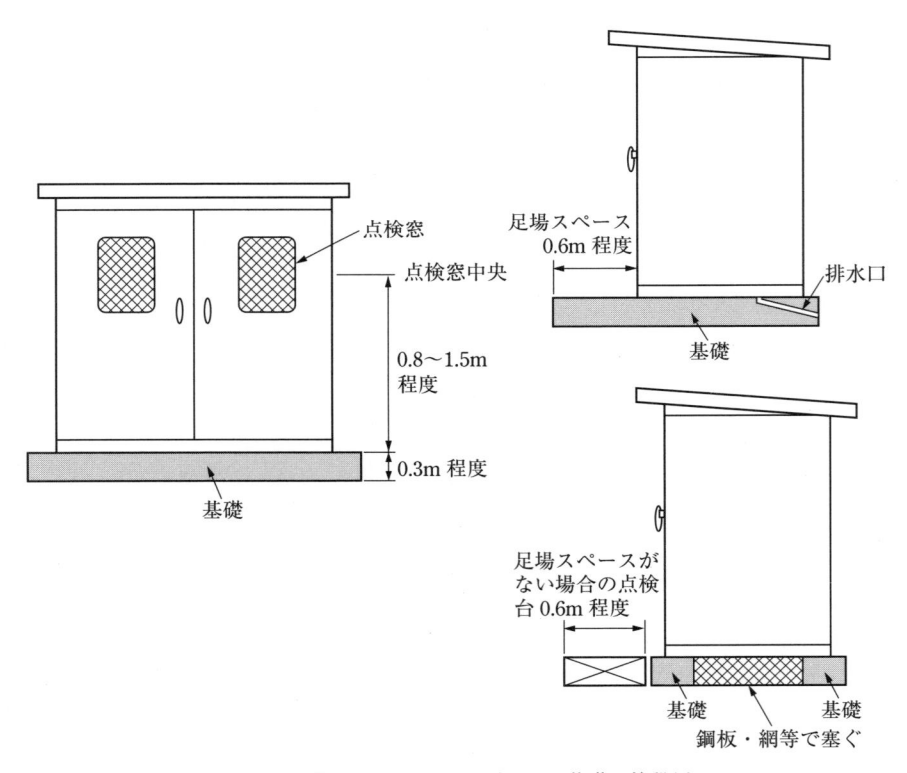

図2.1-30　キュービクルの基礎の施設例

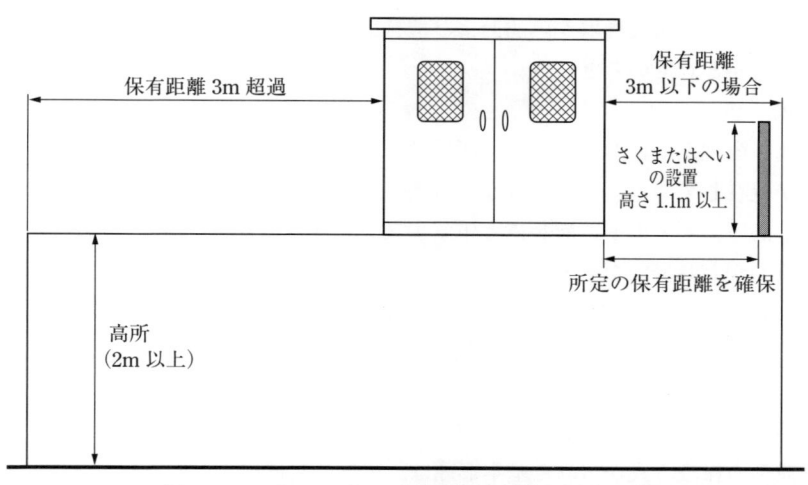

図 2.1-31　キュービクルを高所に設置する場合の施設例

⑤ その他

　キュービクルを高所の開放された場所に施設する場合，周囲の保有距離が 3m を超える場合を除き，高さ 1.1m 以上の柵を設ける等の墜落防止措置を施し，保守，点検が安全にできるようにする（図 2.1-31）。

　幼稚園，学校，スーパーマーケット等で幼児，児童が容易に金属箱に触れるおそれのある場所にキュービクルを施設する場合は，柵等を設ける。

(c) 屋外に施設するキュービクルへ至る通路などの施設

　保守，点検のための通路としては，保守員がキュービクルまで安全に到達できるように幅 0.8m 以上の通路を全面にわたり確保し，2m 以上の高所においては手すりなどの労働安全衛生規則に準じた措置を施す。既設のものでやむを得ない場合は，踏板（アルミ製等）および手すり等を設けて保守員の安全が確保できる構造とする。また，点検時および事故応動等の緊急時に，住居部・出入口閉鎖等の支障のないようにする。

　なお，屋上に設置する場合，垂直はしごを避ける等，保守員の安全が確保できる構造・状態とする。やむを得ず，高さ 2m 以上の垂直はしごが設置されているときは，墜落防止装置を設ける。

### 2.1.6　保護協調

(1) 保護協調の基本事項

(a) 保護協調

　保護協調がとれるとは，一般に，動作協調がとれる場合をいう。ただし，過電流保護においては動作協調と短絡強度協調が満たされてはじめて保護協調がとれる。

　系統内のある地点に，過負荷または短絡あるいは地絡が生じたとき，事故点直近上位の保護装置のみが動作し，他の保護装置は動作しないとき，これらの保護装置のあいだでは，動作協調がとれているという。また，保護装置の動作特性曲線が，被保護機器の損傷曲線の下方にあって，これと交わることなく，かつ，保護装置が機器の始動電流または短時間過負荷に対して動作しないとき，保護装置と被保護機器とのあいだには，動作協調がとれているという。

短絡電流に対し，被保護機器が熱的および機械的に保護されるとき，保護装置と被保護機器は短絡強度協調がとれているという。

(b) 保護協調の必要性

一般に，高圧配電系統においては，低圧需要家への供給用変圧器（電気事業者の設備）と高圧需要家とが混在している。このような系統内において高圧需要家の変圧器二次側で事故が発生した場合，高圧需要家の主遮断装置と電気事業者の配電用変電所の送り出しの遮断器とのあいだで動作協調がとれていないと，高圧需要家の主遮断装置はもちろん電気事業者の配電用変電所の送り出しの遮断器も動作してしまい，他の高圧需要家および低圧需要家も停電してしまう。

したがって高圧需要家においては，電気事業者側との協調を図り，波及事故を防止しなければならない。

(c) 主遮断装置の種類による保護の考え方

高圧受電設備の保護方式からみた基本形態は，主遮断装置によりCB形，およびPF・S形に大別される。これら2種類の保護に対する考え方は次のとおりである。

① CB形

主遮断装置として高圧交流遮断器を用い，過電流継電器，地絡継電装置などとの組み合わせによって，過負荷，短絡，地絡およびその他事故時の保護を行う。

② PF・S形

この方式は，単純化・経済化を図った受電方式で，限流ヒューズと高圧交流負荷開閉器とを組み合わせて保護する。過負荷，地絡保護を必要とする場合は，引外し装置付きの負荷開閉器を使用するが，限流ヒューズとの保護協調を考慮して負荷開閉器は所要の遮断能力をもったものとしなければならない。

(2) 過電流保護協調

(a) 基本事項

高圧の機械器具および電線を保護し，かつ，過電流による波及事故を防止するため，必要な箇所には，過電流遮断器を施設する。主遮断装置は，電気事業者の配電用変電所の過電流保護装置との動作協調を図るとともに，受電用変圧器2次側の過電流遮断器（配線用遮断器，ヒューズ）との動作協調を図る。主遮断装置の動作時限整定にあたっては，電気事業者と協議する。

(b) 動作協調

① CB形における動作協調

過電流継電器と遮断器の50Hzベースにおける定限時領域の動作時間は，需要家側で8サイクル遮断器を使用した場合，需要家側の全遮断時間は180～210ms（20～50〔ms〕+160〔ms〕）となり，配電用変電所の過電流継電器の慣性特性180ms（200〔ms〕×0.9）以上となるため，配電用変電所の遮断器も動作し波及事故となる。したがって，CB形において需要家の遮断器は，5サイクル以下の遮断器の使用を原則とする。

CB形における動作協調例（受電電力365kW）を図2.1-32に示す。8サイクル遮断器を使用した場合，短絡電流1.3kAを超える事故では，配電用変電所の過電流継電器とのあいだで動作協調がとれないが，5サイクル遮断器であれば動作協調がとれる。図において，受電端OCR①として過電流継電器をタイムレバー#5，瞬時要素45A（45×75/5＝675〔A〕相当）に整定した場合，約700A以下の領域においては配電用変電所の過電流継電器との動作協調がとれなくなる。そのため，受電端過電流継電器のタイムレバー値をさらに低く設定するか，瞬時要素の

図 2.1-32 CB 形の動作協調例

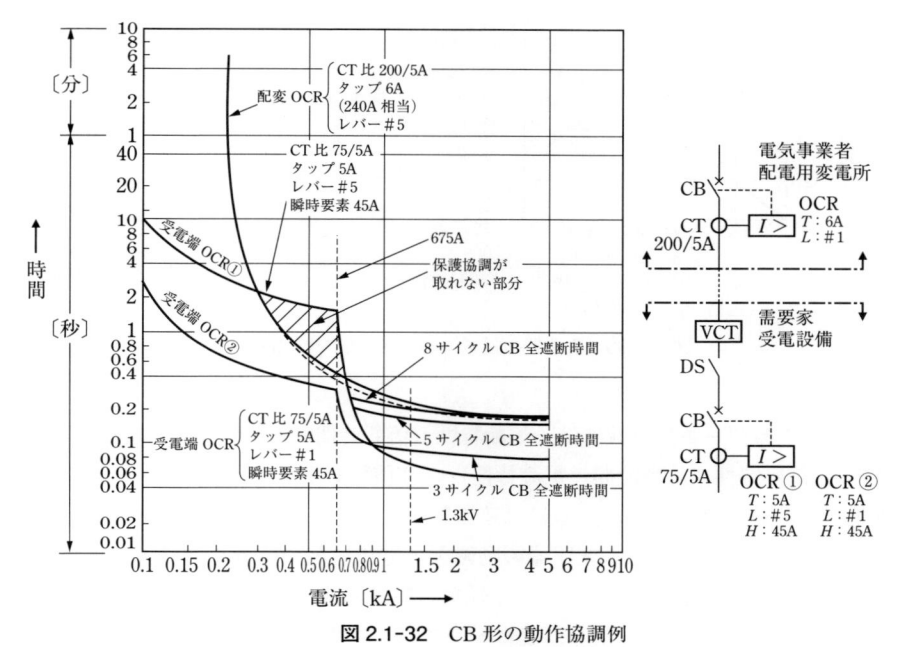

整定値を下げるかにより，配電用変電所の過電流継電器との動作協調をとる必要がある。タイムレバー値を＃5から＃1にした場合を受電端 OCR ②として示した。

また，受電端の過電流継電器は，CB 形においては瞬時要素付き過電流継電器でなければならない。これは，上述のように瞬時要素付きでなければ，配電用変電所の過電流継電器と動作協調がとれないためである。過電流継電器の瞬時要素の整定は，電動機の始動電流あるいは変圧器の励磁突入電流などで誤動作しないようにし，過電流継電器のタップ値，タイムレバー値の整定は，表2.1-17 の基準例を目安に整定する。とくに変動の大きい負荷がある場合には，電気事業者との協議によって整定値を決定する。

さらに，CB 形における過電流継電器用の変流器は，事故時に過電流継電器を正確に動作させ，誤動作，不動作が起きないようにしなければならない。したがって，過電流継電器の整定値（とくに瞬時要素）は，変流器の定格過電流定数以内に設定しなければならない。

なお，変流器の過電流定数とは，比誤差が－10％になるときの1次電流を変流器の定格1次電流で割った数である。変流器の過電流特性例を図2.1-33 に示す。

② PF・S 形における動作協調

PF・S 形における動作協調は，配電用変電所の過電流継電器と需要家の限流ヒューズの時間－電流特性の重ね合わせによって確認する必要がある。

表 2.1-17 高圧受電設備の受電点過電流継電器整定例

| 動作要素の組み合わせ | 動作電流整定値 | 動作時間整定値 |
|---|---|---|
| 限時要素<br>＋<br>瞬時要素<br>（JIS C 4602） | 限時要素：受電電力（契約電力）の 110～150％ | 電流整定値の 2000％入力時 1 秒以下 |
| | 瞬時要素：受電電力（契約電力）の 500～1500％ | 瞬時 |

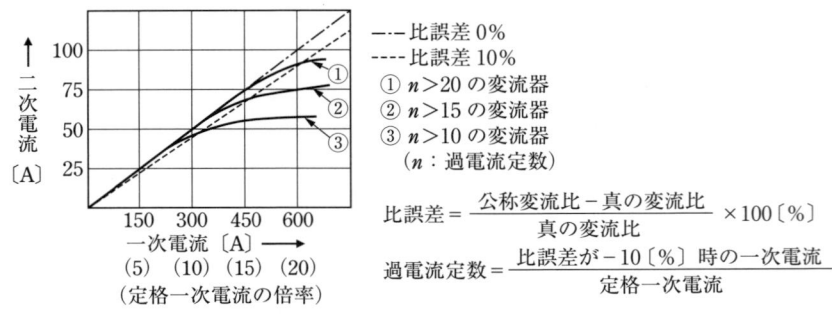

図 2.1-33 変流器の過電流特性例（CT 比：30/5A）

$$比誤差 = \frac{公称変流比 - 真の変流比}{真の変流比} \times 100 [\%]$$

$$過電流定数 = \frac{比誤差が -10 [\%] 時の一次電流}{定格一次電流}$$

限流ヒューズの時間－電流特性には，溶断特性（溶断時間－電流特性），遮断特性（動作時間－電流特性），許容特性（許容時間－電流特性）の3種類あるが，限流ヒューズの特性と上位側過電流継電器との動作協調を検討するには遮断特性（動作特性）を用い，下位側保護機器あるいは負荷の過渡特性（たとえば，変圧器の励磁突入電流）との協調を検討する場合は許容特性を用いる。図 2.1-34 は，限流ヒューズの3種類の特性の関係を示したものである。

また，図 2.1-35 は，ある代表的な限流ヒューズの遮断特性（動作特性）と，配電用変電所の

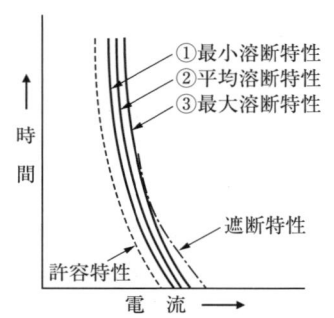

図 2.1-34 限流ヒューズの動作特性

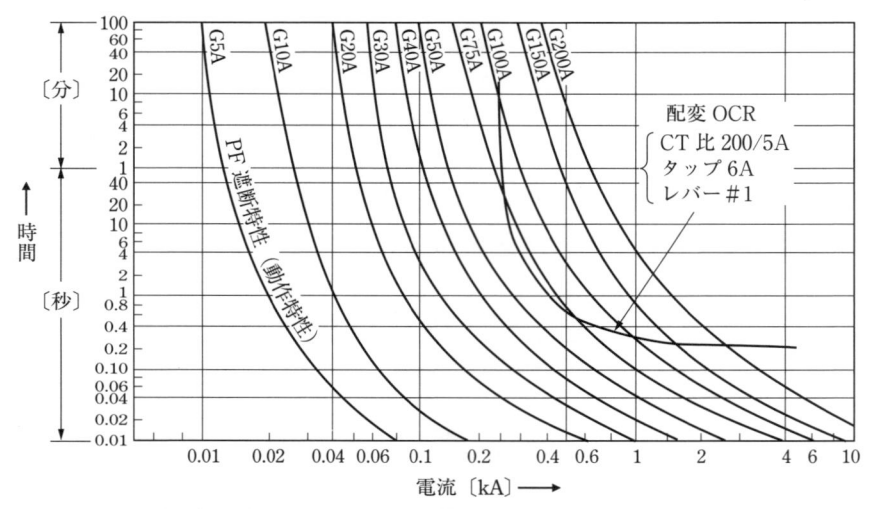

図 2.1-35 配電用変電所の過電流継電器と主遮断装置（限流ヒューズ）との動作協調検討例

過電流継電器（誘導形）の動作特性とを重ね合わせたものである。配電用変電所の過電流継電器は，静止形のものも設置されているのでどちらに対しても動作協調がとれるものとしておく必要がある。

配電用変電所側は上位系統からの制約で動作特性が固定され，また，需要家の限流ヒューズは，変圧器の励磁突入電流特性等から最小定格電流値が制限される。このような制約のなかで動作協調の可否を確認し，配電用変電所側との動作協調がとれない場合は，PF・S形の採用は不可となる。

(c) 絶縁電線・ケーブルの保護

絶縁電線，ケーブルに短絡事故が発生すると，負荷電流の数十倍もの電流が流れる。この大きな電流で，絶縁電線・ケーブルが焼損しないように保護しなければならない。絶縁電線・ケーブルの短絡時許容電流は，絶縁電線，ケーブルの絶縁体の種類によって定まる短絡時最高許容温度に基づき，計算することができる（表2.1-18）。

表2.1-18 絶縁電線・ケーブルの短絡時許容電流計算式

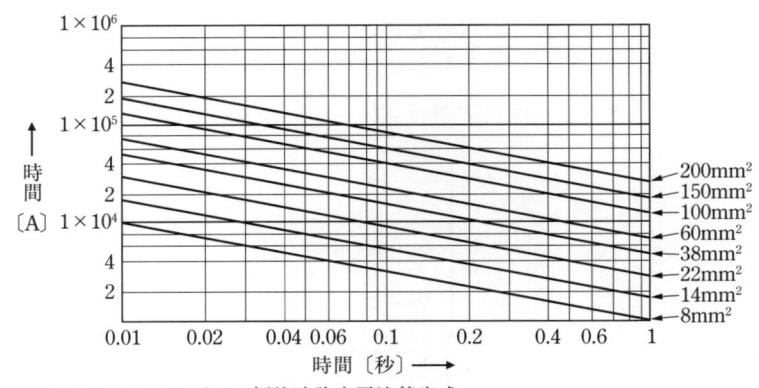

| 絶縁体の種類 | 絶縁電線・ケーブルの種類（記号例） | | 導体の温度〔℃〕 | | 短絡時許容電流計算式 $A$：導体公称断面積〔mm$^2$〕 $t$：短絡電流通電時間〔秒〕 | |
|---|---|---|---|---|---|---|
| | 絶縁電線 | 電力ケーブル | 短絡時最高許容温度 | 短絡前の導体温度 | 導体：銅 | 導体：アルミ |
| ポリエチレン | OE | — | 140 | 75 | $I = 98\dfrac{A}{\sqrt{t}}$ | $I = 66\dfrac{A}{\sqrt{t}}$ |
| 架橋ポリエチレン | OC, JC, KIC | CV, CVT, CE, CET, CE/F, CET/F | 230 | 90 | $I = 134\dfrac{A}{\sqrt{t}}$ | $I = 90\dfrac{A}{\sqrt{t}}$ |
| EPゴム | KIP | PN, PV | 230 | 80 | $I = 140\dfrac{A}{\sqrt{t}}$ | $I = 94\dfrac{A}{\sqrt{t}}$ |

CV, CVTケーブルの短絡時許容電流算出式

$I = 134 \times (A/\sqrt{t})$　　$I$：許容短絡電流
　　　　　　　　　　　　$A$：導体公称断面積〔mm$^2$〕
　　　　　　　　　　　　$t$：通電時間〔s〕

図2.1-36　CV, CVTケーブルの短絡時許容電流

表2.1-18に示す計算式を元にしたCVTケーブルの短絡時許容電流を図2.1-36に示す。短絡電流通電時間t〔秒〕において（絶縁電線・ケーブルの短絡時許容電流）≧（短絡電流実効値）であれば，短絡電流に対して，絶縁電線・ケーブルが保護できる。

(3) 地絡保護協調
(a) 基本事項

高圧電路に地絡を生じたとき，自動的に電路を遮断するため，必要な箇所に地絡遮断装置を施設する。地絡遮断装置は，電気事業者の配電用変電所の地絡保護装置との動作協調を図るとともに，動作時限整定にあたっては，電気事業者と協議する。なお，地絡遮断装置から負荷側の高圧電路における対地静電容量が大きい場合は，地絡方向継電装置を使用する。

(b) 動作協調

一般に，高圧受電用地絡継電装置は動作時限に関する問題はなく，感度電流値を適切に選定すれば，配電用変電所の地絡保護装置と動作協調がとれる。高圧受電用地絡継電装置の感度電流値はJIS C 4601（高圧受電用地絡継電装置）では，200mA，400mA，600mAのステップ切替えが決められており，感度電流値が小さい（検出感度が高い）方が広範囲に保護できる。一般的な需要家の場合は200mAタップにしておく。

動作時限はJISで整定電流値の130％で0.1～0.3秒，400％で0.1～0.2秒となっている。この動作特性を図2.1-37に示す。高圧需要家の高圧交流遮断器（CB）の動作時間を5サイクルとすると，50Hz地域では0.1秒となり，地絡継電装置の動作時間0.2～0.3秒を加えると合計0.3～0.4秒となる。一方，配電用変電所の地絡保護継電器の動作時間は，静止形を用いて時限をとる場合でも0.5秒以上となっている。したがって，定格遮断時間が5サイクル以下の遮断器を使用すれば，動作協調がとれる。

なお，地絡継電装置（JIS C 4601）は無方向性であるため，需要家構内の高圧ケーブルが長い場合に，200mAタップでは不必要動作してしまう場合がある。このような場合，タップを1段上げて400mAとするか，地絡方向継電装置（JIS C 4609）を使用すれば不必要動作を防止できる。タップを400mAとする場合は，電気事業者と協議することが必要である。

(c) 高圧受電用地絡継電装置の留意事項

高圧受電用地絡継電装置は，過電流継電器と比べ検出感度がきわめて高いので，不必要動作，誤動作あるいは不動作を防ぐため，設置および運用に際し以下に注意する。

① 一般的に保安上の責任分界点には地絡継電装置付高圧交流負荷開閉器が施設されるが，地絡継電装置付高圧交流負荷開閉器が施設されていない場合は，ケーブルシールドの接地工

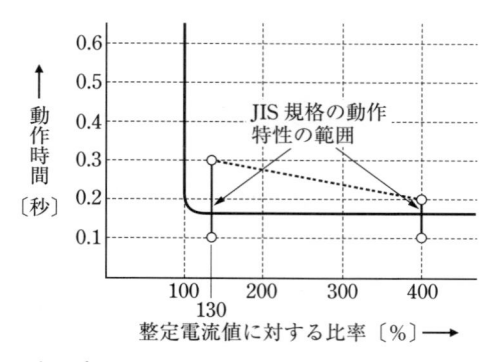

図2.1-37　高圧受電用地絡継電装置（JIS C 4601）の動作時間－電流特性

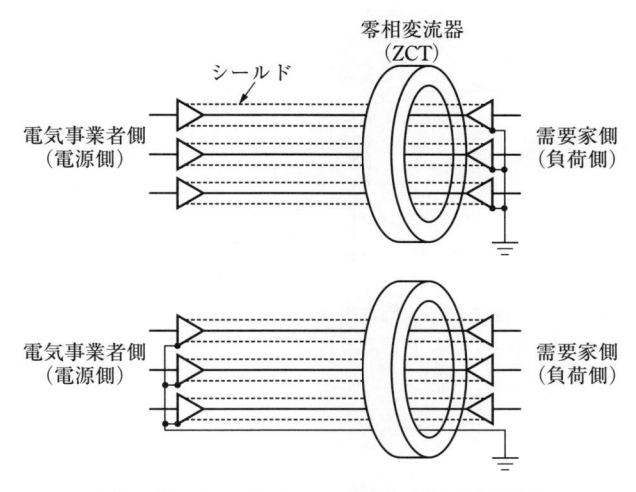

図2.1-38　ケーブルシールド接地工事の施工方法

事を適正に行う必要がある。引込用ケーブルシールドの正しい接地工事施工方法を図2.1-38に示す。

② ZCTの2次配線は2本を撚架するとともに，他の電力線より少なくとも30cm以上離す。原則として，独立した2心一括シールド線を使用し，シールドを接地する。

③ 遮断器の三相投入不揃いが著しいと地絡継電装置の誤動作の危険があるので，遮断器の投入不揃いは約50ms以下に抑える。

④ 高圧電動機の始動あるいは変圧器の無負荷投入時に，励磁突入電流が過大で継続時間が長いと，ZCTの磁気的不平衡によりZCT 2次側に電流が流れ，地絡継電装置が誤動作する場合がある。

⑤ 電波ノイズによって，不必要動作をしていると考えられる場合には，制御電源にノイズフィルタを設ける，ZCTの配線を鋼製電線管に入れるなどの対策を行う。

⑥ ケーブルなどの間欠地絡では短時間地絡が発生後，事故点が自己回復する場合があり，地絡継電装置は動作するがメガテストでは地絡点が検知できず，誤動作と判定される場合がある。

### (4) 絶縁協調

#### (a) 基本事項

高圧受電設備における絶縁協調とは，雷サージ（誘導雷）に対し，設備を構成する機器の絶縁強度に見合った制限電圧の避雷器を設置することにより絶縁破壊を防止することである。

このため，架空電線路から供給を受ける需要場所の引込口またはこれに近接する箇所には避雷器を施設する。区分開閉器から主遮断装置までの距離が長い場合は，主遮断装置に近接する箇所にも避雷器を施設して機器保護効果を高める。避雷器の施設にあたっては，できるだけ接地抵抗値を低減するとともに，接地線を太く短くする等，接地線を含めたサージインピーダンスを低くするのがよい。

#### (b) 避雷器の雷サージ抑制効果

雷サージが侵入し避雷器が動作した場合，避雷器設置点の対地電位は次式により求められる。

$$V_t = E_a + R_a \times I_g$$

$V_t$：対地電位

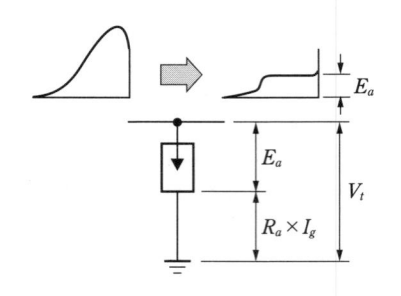

図 2.1-39　避雷器によるサージ抑制効果

$E_a$：制限電圧
$R_a$：接地抵抗値
$I_g$：放電電流

　放電電流が大地に流れることにより，雷サージのエネルギーが分流され，避雷器設置点以降の電路に加わるサージ電圧は $V_t$ 以下となる。このため，高圧受電設備の機器には $V_t$ 以上のサージ電圧は加わらない。

(c) 避雷器の特性

　高圧受電設備用避雷器の特性を表 2.1-19（JIS C 4608）および表 2.1-20（JEC 203）に示す。電気事業者では，発変電所用として公称放電電流 10000A および 5000A が，配電線路には 5000A および 2500A が使用されている。配電線路における避雷器放電電流は，大部分が 1000A 以下であり，需要家に施設する避雷器については 2500A を適用すればよい。避雷器放電の際の端子間電圧および放電電流の例を図 2.1-40 に示す。

表 2.1-19　避雷器特性表（JIS C 4608）

| 分類 | 定格電圧〔kV〕 | 耐電圧 | | 商用周波放電開始電圧〔kV〕（実効値） | 雷インパルス放電開始電圧〔kV〕（波高値） | | 制限電圧〔kV〕（波高値） | |
|---|---|---|---|---|---|---|---|---|
| | | 商用周波電圧〔kV〕（実効値） | 雷インパルス電圧〔kV〕（波高値） | | 100% | 0.5μs | 2.5kA | 5kA |
| 公称放電電流 2500A 避雷器 | 8.4 | 22 | 60 | 12.6 | 33 | 38 | 33 | — |
| 公称放電電流 5000A 避雷器 | | | | | | | — | 30 |

表 2.1-20　避雷器特性表（JEC 203）

| 避雷器定格電圧〔kV〕 | 商用周波放電開始電圧（下限値）〔kV〕 | 耐電圧〔kV〕 | | 雷インパルス放電開始電圧（上限値〔kV〕） | | | | | | 制限電圧（上限値〔kV〕） | | | 開閉インパルス放電開始電圧（上限値〔kV〕） |
|---|---|---|---|---|---|---|---|---|---|---|---|---|---|
| | | 商用周波電圧 | 雷インパルス電圧 | 10kA避雷器 | | 5kA避雷器 | | 2.5kA避雷器 | | 10kA避雷器 | 5kA避雷器 | 2.5kA避雷器 | |
| | | | | 標準 | 0.5μs | 標準 | 0.5μs | 標準 | 0.5μs | | | | |
| 8.4 | 13.9 | 22 | 60 | 33 | 38 | 33 | 38 | 33 | 38 | 28 | 30 | 33 | 33 |

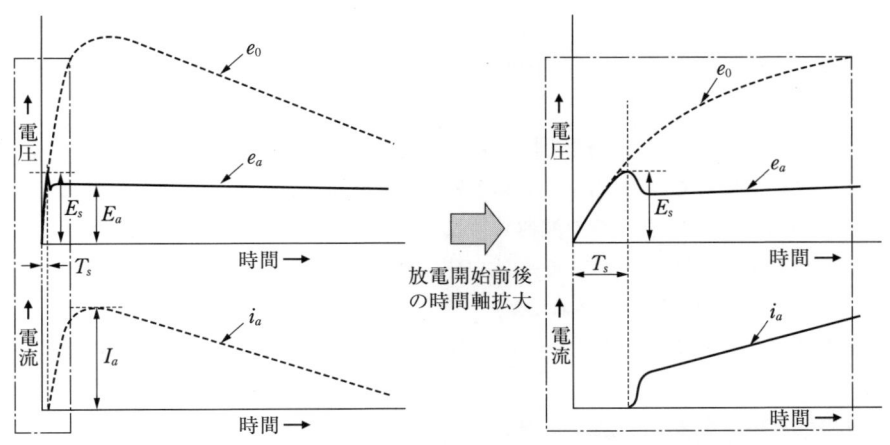

$e_0$：避雷器が動作しない場合の端子間電圧
$e_a$：制限電圧
$i_a$：放電電流
$T_s$：雷インパルス放電開始までの時間

$E_s$：雷インパルス放電開始電圧
$E_a$：制限電圧（波高値）
$I_a$：放電電流（波高値）

図 2.1-40　避雷器放電の際の端子間電圧および放電電流の例

## 2.1.7　発電設備

### (1)　自家発電設備

　自家発電設備は停電時の防災電源（建築基準法に定める「予備電源」および消防法に定める「非常電源」）として設置される。ピークカット用熱併給発電システム（コジェネレーションシステム）として設置されることもある。

### (a)　原動機の種類

　自家発電設備の原動機（内燃機関）はおもに，ディーゼル機関，ガス機関，ガスタービンが使用されている。内燃機関の分類を図 2.1-41 に示す。

　ディーゼル機関は，吸気行程で空気のみを吸込んで圧縮し，圧縮され高温になった空気に燃料油を高圧霧状に噴射して自然点火させる。回転速度は低速のものは 750rpm 以下，中速は 750〜900rpm，高速は 1000〜3600rpm のものがある。一般に常用の発電機には低速のものが多く，非常用には中・高速のものが用いられる。高速になるほど重量，寸法は小さくなるが，燃料，潤滑油の消費が多くなる。

　火花点火ガス機関は，吸気行程で燃料ガスと空気の混合気を吸入し，自然点火しない程度に

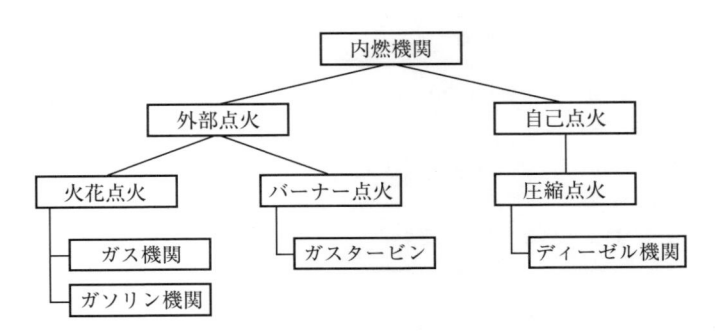

図 2.1-41　内燃機関の分類

圧縮し，電気火花で点火させる。ガス機関で燃料を切替えて運用する方式の機関をデュアルフューエル機関という。燃料としては都市ガスとLPGまたは気体燃料と液体燃料等の組み合わせがある。

　ガスタービンは，空気圧縮機，燃焼器，タービンから構成されている。気体を圧縮機で圧縮し，これに点火して生じた高温，高圧ガスでタービンを回転させる。タービンの回転速度は毎分数千～数万回転で非常に速いので減速装置により1500／1800rpmまたは3000／3600rpmに減速して使用する。構造によって，1軸式（圧縮機とタービンの軸が一体）および2軸式（圧縮機とタービンの軸が別）に分類される。

　ディーゼル機関，ガス機関，ガスタービンの一般的な比較を表2.1-21に示す。

(b) 保有距離

　発電設備の保有距離を表2.1-22に示す。

表2.1-21　ディーゼル機関とガス機関およびガスタービンとの比較

| 項目＼原動機 | 内燃機関 | | ガスタービン |
|---|---|---|---|
| | ディーゼル機関 | ガス機関 | |
| 使用燃料 | 軽油，A重油 | 都市ガス | 灯油，軽油，A重油，都市ガス |
| 点火方式 | 自己点火 | 火花点火 | 火花点火（起動着火時のみ） |
| 出力 | 吸込空気温度による出力制限は少ない | 吸込空気温度が高いときは，ノッキングを発生するが，出力制限は少ない | 吸込空気温度が高いときは，圧縮機で圧縮される空気量が減るために出力が制限される |
| 瞬時回転速度変化率 | 10％以下 | 15％以下 | 5％以下（二軸形の場合10％以下） |
| スピードドループ | 5％以下 | 8％以下 | 5％以下 |
| 瞬時負荷投入率 | 無過給の場合は100％投入可能　過給機の場合は70％投入可能　高過給機の場合は50％投入可能 | 理論混合比燃焼の場合は50％投入可能　希薄燃焼の場合は30％投入可能 | 一軸形の場合は100％投入可能　二軸形の場合は70％投入可能 |
| 始動時間 | 5～40秒 | 10～40秒 | 20～40秒 |
| 軽負荷運転 | 燃料の完全燃焼が得られにくい潤滑油アップ量が増し燃焼室内または排気タービン（過給機）にカーボンの付着が多い | とくに問題はないが，希薄燃焼にあっては完全燃焼が得られにくい場合がある | とくに問題ない |
| NOx量 | 300～1000ppm | 200～300ppm | 20～150ppm |
| 振動 | 防振装置により減少可能 | | 防振装置は不要 |
| 体積・質量 | 部品点数が多く，質量が重い | | 構成部品点数が少なく，寸法質量ともに小さく軽い |
| 据付 | 据付面積が大きい（補機類を含む）　基礎が必要　吸気・排気の処理装置が小さい | | 据付面積が小さい　基礎が小さくてよい　吸気・排気の消音装置が大きくなる |
| 冷却水 | 必要（放流式，ラジエータ式） | | 不要 |

表 2.1-22 発電設備の保有距離

| 保有距離を確保しなければならない部分 | | 機器名 | キュービクル式のもの | キュービクル式以外のもの ||| 
|---|---|---|---|---|---|---|
| | | | | 発電装置（エンクロージャ式を含む） | 制御装置 | 燃料タンクと原動機 |
| 操作面（前面） | | | 1.0 | — | 1.0 | — |
| 点検面 | | | 0.6 | 0.6 | 0.6 | — |
| 換気面 | | | 0.2 | — | 0.2 | — |
| その他の面 | | | 0 | 0.1 | 0 | — |
| 周囲 | | | — | 0.6 | — | — |
| 相互間 | | | — | 1.0 | — | 0.6（注2） |
| 相対する面 | 操作面 | | — | 1.2 | — | — |
| | 点検面 | | — | 1.0 | — | — |
| | 換気面 | | — | 0.2 | — | — |
| | その他の面 | | — | 0 | — | — |
| 非常電源専用受電設備または蓄電池設備 | キュービクル式のもの | | 0 | 1.0 | — | — |
| | キュービクル式以外のもの | | 1.0 | — | — | — |
| 建築物等 | | | 1.0 | 3.0（注1） | — | — |

注1 3m 未満の範囲を不燃材料として開口部を防火戸とした場合は，3m 未満にできる。
注2 予熱する方式の原動機にあっては，2m 以上とすること。ただし，燃料タンクと原動機のあいだに不燃材料でつくった防火上有効な遮蔽物を設けた場合は，この限りでない。

(2) 蓄電池設備

(a) 蓄電池の種類

①据置鉛蓄電池

　正極に二酸化鉛，負極に鉛，電解液に希硫酸を用いた蓄電池を，鉛蓄電池という。鉛蓄電池の単電池の公称電圧は，2V である。クラッド式の正極は，ガラス繊維等の微多孔チューブに鉛合金の心金を挿入し正極活物質を充てんしてあり，負極は，鉛合金の格子に負極活物質を充てんした構造である。ペースト式は正極，負極とも鉛合金の格子に活物質を充てんした構造である。

　ベント形は，防まつ構造の排気栓を用いており，使用中補水を必要とする。触媒栓を設けることにより，発生するガスを水に戻すことで，補水間隔を長くすることができる。制御弁式は，内圧が高くなると作動する制御弁を備え，負極で酸素を吸収する機能をもつ。水も電解液も再注入できない構造で，メンテナンスフリーである。

②据置ニッケル・カドミウムアルカリ蓄電池

　正極にニッケル酸化物，負極にカドミウム，電解液に水酸化カリウム等の水溶液を用いた蓄電池を，アルカリ蓄電池という。単電池の公称電圧は，1.2V である。ポケット式は正極，負極とも，窄孔した薄鋼板製ポケット中に活物質を充てんした構造である。焼結式は，正極，負極とも，ニッケルを主体とする金属粉末を焼結してつくった多孔性基板の細孔中に活物質を充てんした構造である。

　ベント形は，防まつ構造の排気栓を用いてあり，触媒栓式は，触媒栓を取り付けた構造であ

る。シール形は，充電終期に正極板から発生する酸素を負極板で反応させて水素の発生を抑えることにより，補水を必要としない構造である。

各種蓄電池の比較を表2.1-23に示す。

(b) 充電制御方式

①浮動（フロート）充電方式

整流装置の直流出力に蓄電池と負荷を並列接続し，蓄電池の充電と負荷への電力供給を同時に行い，停電や負荷変動時には蓄電池から負荷へ自動的に電力が供給される方式である。このときの印加電圧を，浮動充電電圧という。

②均等充電方式

蓄電池の自己放電等による充電状態のばらつきをなくし，充電状態を均等にするために行う充電方式である。このときの印加電圧を，均等充電電圧という。制御弁式鉛蓄電池の場合は，均等充電を必要としない。

③トリクル（補償）充電方式

無負荷状態においても，蓄電池は自己放電によって容量が減少するので，自己放電量を補うために小電流によって充電を行う方式である。

(3) 太陽光発電設備

(a) 太陽光発電の概要

太陽電池は，1954年に米国で単結晶シリコン太陽電池として開発され，人工衛星の電源として利用が始まった。現在では，再生可能エネルギーとして導入が進んでいる。太陽電池は，太陽エネルギーを直接電気エネルギーに変換するため，環境負荷が少ない，クリーンで無尽蔵，規模によらず発電効率が一定，オンサイトの発電が可能，長寿命，という特長がある。

表2.1-23 各種蓄電池の比較

| 種別 | | 鉛蓄電池 | | | | アルカリ蓄電池 | | |
|---|---|---|---|---|---|---|---|---|
| 形式名 | | クラッド式（CS形） | ペースト式（PS形） | ペースト式（HS形） | ペースト式（MSE形） | ポケット式（AMP・AMHP・AHP形） | 焼結式（AHS・AHHS形） | 焼結式（AHHEE形） |
| 活物質 | 正極 | 二酸化鉛（$PbO_2$） | | | | 水酸化ニッケル（NiOOH） | | |
| | 負極 | 鉛（Pb） | | | | カドミウム（Cd） | | |
| 電解液 | | 希硫酸（$H_2SO_4$） | | | | 水酸化カリウム（KOH） | | |
| 反応式 | | $PbO_2 + 2H_2SO_4 + Pb \rightleftarrows PbSO_4 + 2H_2O + PbSO_4$ | | | | $2NiOOH + 2H_2O + Cd \rightleftarrows 2Ni(OH) + Cd(OH)_2$ | | |
| 公称電圧 | | 2V | | | | 1.2V | | |
| フロート電圧 V/セル | | 2.15 | 2.15<br>2.18 | 2.18 | 2.23 | 1.41～1.45 | 1.35～1.38 | ― |
| 期待寿命 | | 10～14年 | 6～12年 | 5～7年 | 7～9年 | 12～15年 | 12～15年 | 12～15年 |
| 特徴 | | 経済的 | 高率放電特性がよい／経済的 | 高率放電特性がよい／保守が不要 | 高率放電特性がよい／保守が不要 | 機械的強度大／放置過放電に耐える／高率放電特性がよい | 機械的強度大／放置過放電に耐える／高率放電特性がよい | 機械的強度大／放置過放電に耐える／高率放電特性がよい／保守が不要 |

(b) 太陽電池の原理および種類と構造

太陽電池は半導体からつくられ，光を受けると電池内に電子（－）と正孔（＋）が生成し，電子はN型半導体へ，正孔はP型半導体へ集まり電流が流れる（図2.1-43）。

太陽電池の種類を表2.1-24に示す。

太陽電池セルを耐候性パッケージに集合・封止したものをモジュールといい，一般的なモジュール構造を図2.1-44に示す。

モジュール単体では必要な出力が得られない場合は，複数のモジュールを架台に取り付けアレイを構成する（図2.1-45）。

図2.1-42　蓄電池の充電方式

図2.1-43　太陽電池の原理

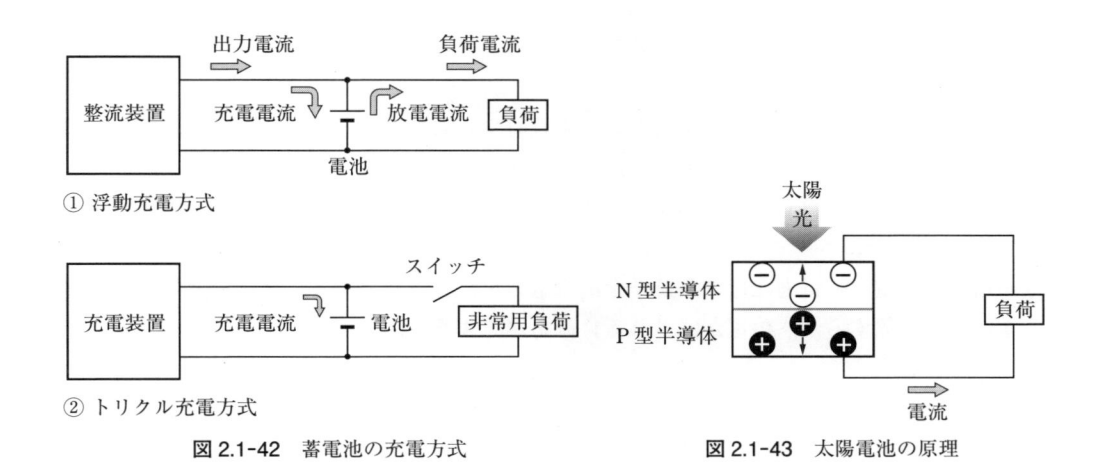

表2.1-24　太陽電池の種類

| 種類 | | |
|---|---|---|
| シリコン系 | 結晶系 | 単結晶シリコン |
| | | 多結晶シリコン |
| | 非結晶系 | アモルファスシリコン |
| 化合物系 | | Ⅲ-Ⅴ族（GaAs, InP 等） |
| | | Ⅱ-Ⅵ族（CdTe 等） |
| | | 三元化合物（$CuInSe_2$ 等） |

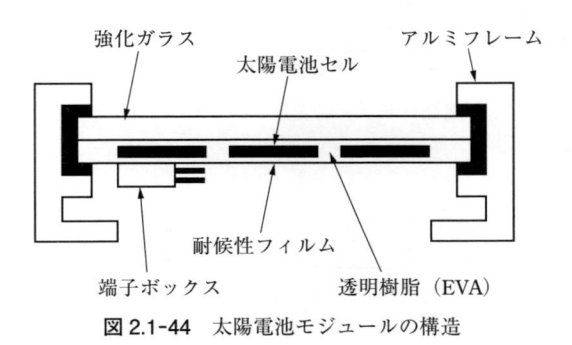

図2.1-44　太陽電池モジュールの構造

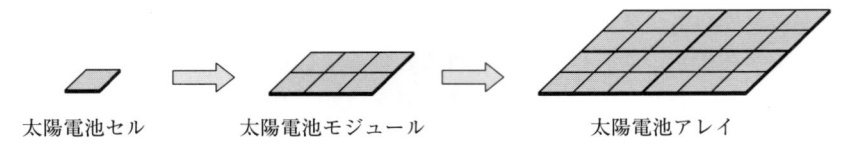

図 2.1-45　太陽電池の構成

(c) 機器構成とシステム分類

　太陽光発電の機器構成の例を図2.1-46に示す。インバータ，系統連系装置，制御装置などを組み込んだ装置をパワーコンディショナとよぶ。インバータは，太陽電池から発生した電力（直流）を交流に変換する。システムは連系形と独立形に分類される。

①連系形

　日中は太陽電池で得られた電力を利用し，雨天時や夜間には連系している商用系統から電力を利用する。逆潮流なしの方式と逆潮流ありの方式がある（図2.1-47）。

　商用系統の停電時に自立運転に切換え，特定負荷のみに供給する方式もある（図2.1-48）。

②独立形

　太陽電池が発電する電力だけで負荷の全消費電力を賄う方式である。発電電力の不足に対応する蓄電池を設置するか，停電が許される負荷を遮断する（図2.1-49）。

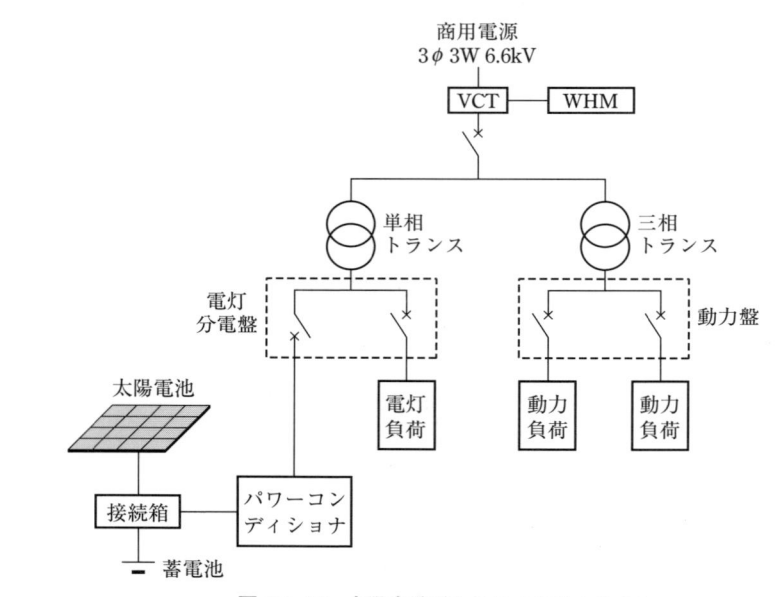

図 2.1-46　太陽光発電システムのスケルトン

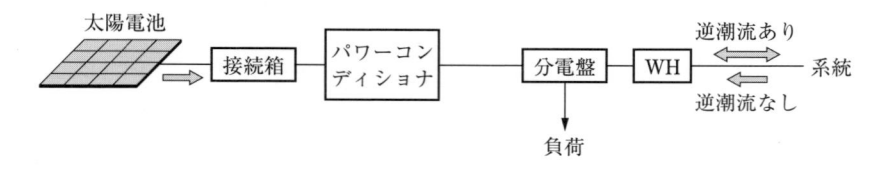

図 2.1-47　自立運転(切換えなし)例

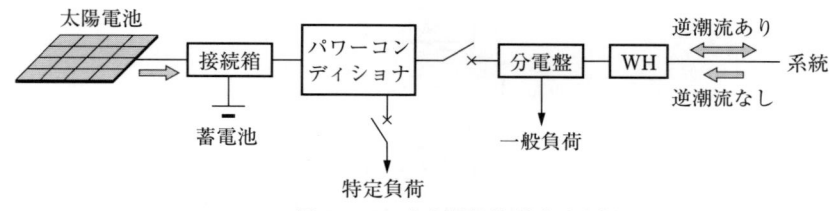

**図 2.1-48** 自立運転(切換えあり)例

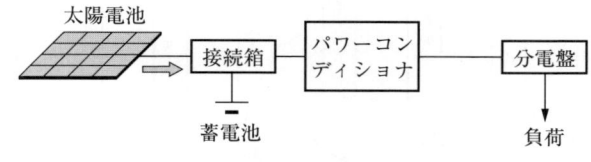

**図 2.1-49** 独立形の例

(d) 系統連系

パワーコンディショナの出力および電気方式は，3～5kWの一般家庭用は単相3線200Vとし，10kW以上の産業用は三相3線200Vであり，すべて低圧機器である。なお，系統連系での電圧区分はあくまでも受電電圧である。

パワーコンディショナには必要な保護装置が組み込まれている。高圧連系では高圧側に地絡過電圧継電器を設置する必要がある。ただし発電設備容量が10kW以下，または契約電力の5％程度以下の場合は省略することができる。

(e) 配線

アレイからパワーコンディショナまでの直流配線とパワーコンディショナから負荷までの交流配線がある。直流配線では，接続箱内で直列や並列に接続するので，極性に注意する。ケーブルは，耐候性，耐熱性に留意する。電圧降下は全負荷時に2％以下とする。

(4) 風力発電設備

(a) 風車の種類

風力発電は，風の運動エネルギーを風車により動力エネルギーに変換する。風車の作動原理により，揚力型風車と抗力型風車に分類される。また，風車の回転軸方向により水平軸風車と垂直軸風車に分類される。プロペラ式にはアップウインド方式とダウンウインド方式があり，アップウインド方式は，ロータがタワーの風上側にあるため，タワーによる風の乱れの影響を受けない。

(b) 構成機器

風力発電システムは，風の運動エネルギーを風車により動力エネルギーに変換するロータ系（ブレード，ロータ軸，ハブ），ロータの回転を発電機に伝える伝達系（動力伝達軸，増速機），発電機などの電気系（発電機，電力変換装置，変圧器，連系保護装置），システムの運転・制御をつかさどる運転・制御系（出力制御，ヨー制御，ブレーキ装置，風向・風速計），および支持・構造系（ナセル，タワー，基礎）から構成される。

(c) 系統連系

交流発電機の出力を，変圧器を介して系統に接続するACリンク方式と，発電機の交流出力を直流に変換したあと，系統と同じ周波数の交流に変換するDCリンク方式がある。

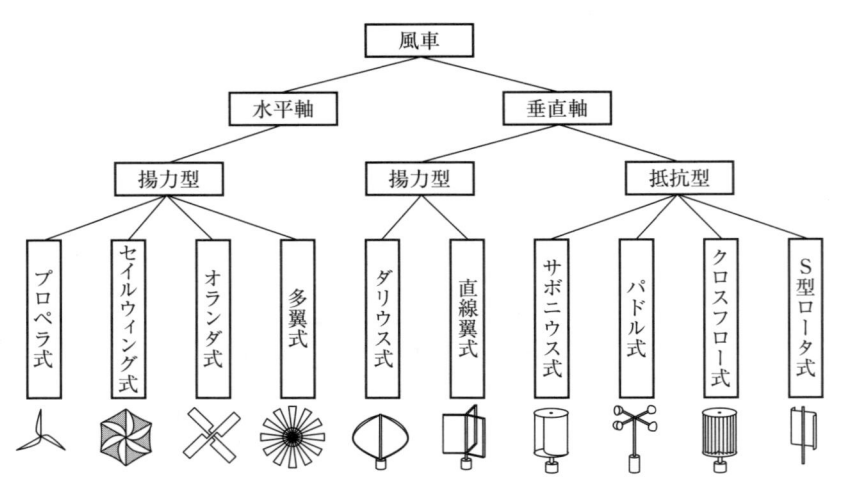

図 2.1-50　風車の種類

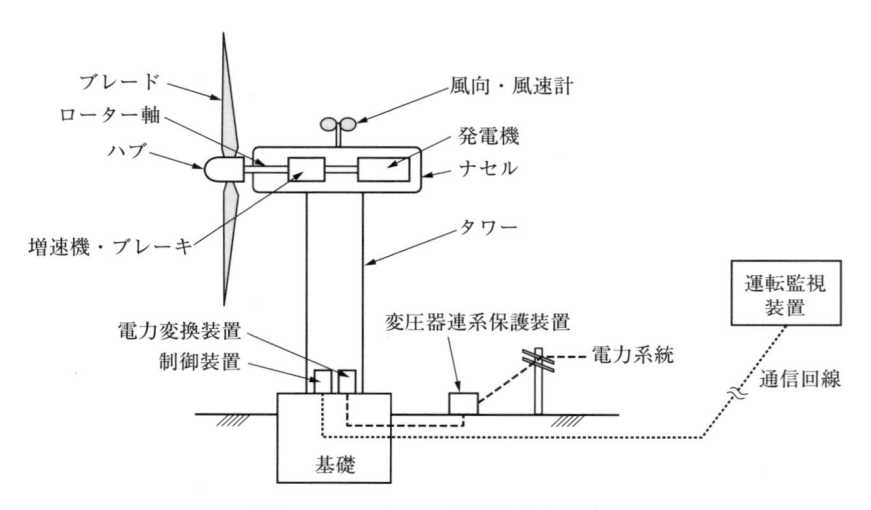

図 2.1-51　プロペラ式風力発電システム

ACリンク方式（誘導発電機の場合）

DCリンク方式（同期発電機の場合）

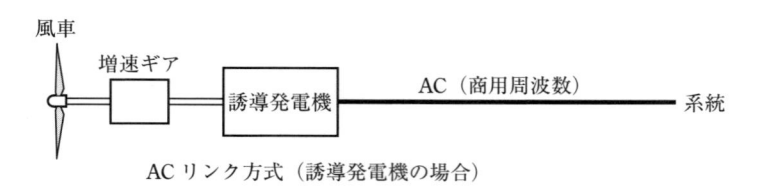

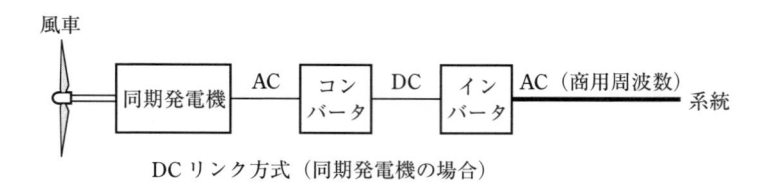

図 2.1-52　系統連系方式

電気事業者の系統へ連系する際には，発電容量で2000kW以下の場合では高圧配電線に，それを超える場合には特別高圧送電線に連系する。風力発電設備に同期発電機が用いられる場合は，系統連系保護にDSR（短絡方向継電器）が必要になる。

(d) 配線と雷対策

ナセル部分はタワー部分に対して180度以上回転するので，ナセルとタワー部との接続部ケーブルには，たるみをもたせて配線する。また，タワー内は施工性を考え150mm$^2$程度のケーブルを定格電流に合わせて数回線敷設する。

ブレードは絶縁性のGFRP（ガラス繊維強化プラスチック樹脂）で製造されているが，落雷の可能性は導電性のものとほぼ同様である。このため，ブレードを通して雷撃電流を速やかに大地に逃がす必要がある。落雷した場合にナセル内機器を保護するため，電源ラインと信号ケーブルの入出力箇所にSPD（サージ防護デバイス）を配置し，雷サージ侵入を阻止する。また，連系用の配電線から侵入する雷サージに対してはシールド板付耐雷変圧器が有効である。さらに，信号線は全て光ファイバで配線し，E/O変換器にもSPDを設置する。

(5) 燃料電池設備

(a) 燃料電池の概要

燃料電池は水の電気分解の逆の反応を利用した発電装置である。米国の宇宙開発においてアルカリ形燃料電池が使用され，その後，リン酸形，溶融炭酸塩形，固体電解質形などが開発され，一般の発電用にも利用されるようになった。近年は家庭用燃料電池や，自動車用燃料電池なども実用化され利用が始まっている。また，PCや携帯電話など電子機器の充電用電源として，ダイレクトメタノール形の燃料電池も製造されている。

(b) 発電原理

固体高分子形燃料電池の発電原理を図2.1-53に示す。アノード（燃料極）に水素，カソード（空気極）に酸素を通すと，アノードでは，水素が電子を放出し水素イオンとなり電解質中を移動，カソードでは，電解質中を移動してきた水素イオンと酸素が電子を吸収して水が生成される。電子は電池外部の電気回路を通じてアノードからカソードに流れる。

(c) 燃料電池の種類と特徴

燃料電池は使用する電解質の種類によって4種類に分類される。種類と特徴を表2.1-25に示す。

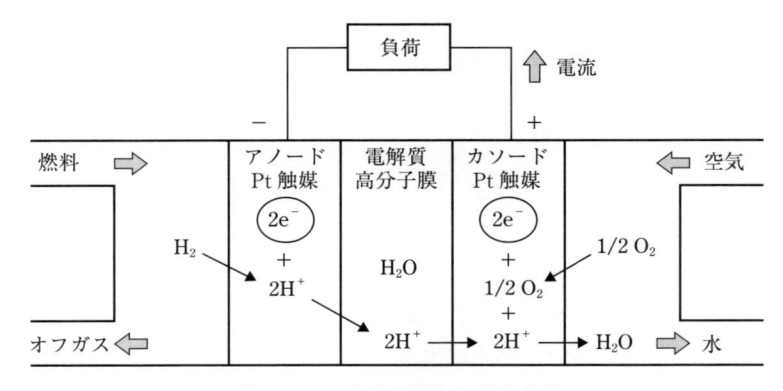

図2.1-53 固体高分子形の発電原理

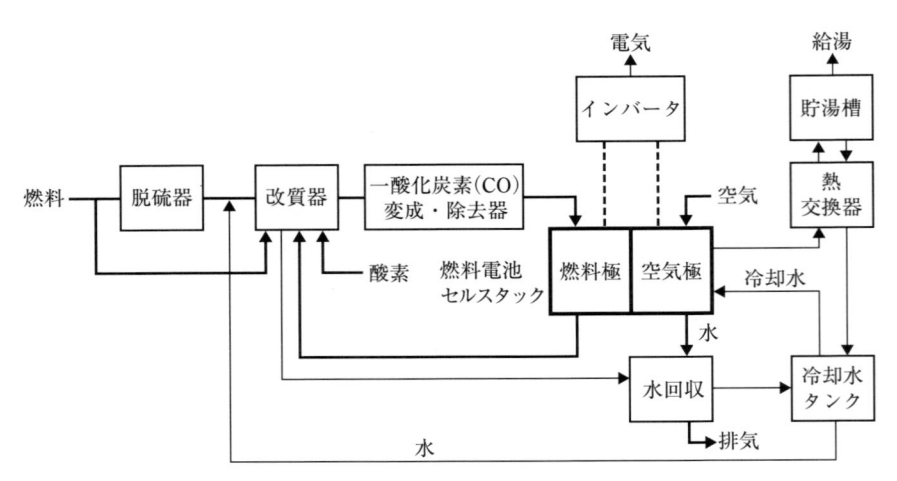

図 2.1-54　固体高分子形発電システム例

表 2.1-25　燃料電池の種類と特徴

| 種類 | 固体高分子形（PEFC） | りん酸形（PAFC） | 溶融炭酸塩形（MCFC） | 固体酸化物形（SOFC） |
|---|---|---|---|---|
| 電解質 | ふっ素系高分子膜（$-CF_2$，$-SO_3H$） | りん酸（$H_3PO_4$） | 溶融炭酸塩（$Li_2CO_3+K_2CO_3$） | 安定化ジルコニア（$ZrO_2・Y_2O_3$） |
| 電池材料（電極） | おもにカーボン | おもにカーボン | Ni，ステンレスなど | セラミックなど |
| 触媒 | 白金 | 白金 | 不要 | 不要 |
| 作動温度 | 約80℃ | 約200℃ | 約650℃ | 約1000℃ |
| 発電効率 | 35〜45% | 40〜45% | 45〜60% | 50〜65% |
| 出力密度 | 0.5〜1.0W/m² 程度 | 0.2〜0.3W/m² 程度 | 0.2W/m² 程度 | 0.2〜0.3W/m² 程度 |
| 使用可能な燃料 | 天然ガス，メタノール，ナフサ，灯油，純水素 | 天然ガス，メタノール，ナフサ，灯油，純水素 | 天然ガス，メタノール，ナフサ，灯油，石炭ガス化ガス，純水素 | 天然ガス，メタノール，ナフサ，灯油，石炭ガス化ガス，純水素 |
| 特徴 | ● 低温作動<br>● 短い起動時間<br>● 小型，軽量化可能<br>● 高出力密度 | ● 比較的低音作動<br>● 排熱を給湯，冷暖房に利用できる | ● 複合発電が可能<br>● 排熱を蒸気，給湯，冷暖房に利用可能<br>● 燃料の内部改質が可能 | ● 複合発電が可能<br>● 排熱を蒸気，給湯，冷暖房に利用可能<br>● 燃料の内部改質が可能 |
| 主な用途 | 家庭用（小規模発電）<br>携帯・可搬用<br>車載用 | 産業・業務用<br>事業用（大規模発電）<br>非常電源用 | 産業・業務用<br>事業用（大規模発電）<br>非常電源用 | 家庭用（小規模発電）<br>産業・業務用<br>可搬用<br>事業用（大規模発電） |

（d）システムの基本構成

酸素は空気中に含まれるので送風機等で供給し，水素は原燃料に水蒸気を加え改質器で触媒を介して改質反応により生成される。改質反応では，一酸化炭素（CO）も生成されるためCO変成器で水蒸気とCOを反応させ，さらに水素を生成する。一方，水素と酸素の反応で生成した水は回収され，改質反応に使われたり，冷却水に使用されたりする。さらに電気化学反応で発生する熱は給湯設備に利用することができる。

### 2.1.8 電源設備

**(1) UPS 設備**

**(a) UPS の高信頼化**

UPS は当初，CVCF（Constant-Voltage Constant-Frequency）とよばれ，交流安定化電源として使用されてきたが，用途の拡大に伴い，高品質電源への要求が高まっていった。このため，単一 UPS・並列冗長 UPS・共通予備 UPS などのシステムが考案され，ニーズに合わせた UPS（無停電電源）システムが構築されてきた。

**(b) 切換技術**

初期の UPS は，UPS 出力から商用バイパス回路へ切換える切換器に電磁接触器が使用されていたため，5〜15 サイクル瞬断する方式であった。その後切換器にサイリスタ素子を適用した製品が開発され，商用同期無瞬断切換方式が実用化された。現在ではサイリスタ素子と電磁接触器を併用したハイブリッド式切換スイッチが主流となっている。商用同期制御方式はアナログ制御方式から個別デジタル制御方式へと移り変わり，さらに光信号を使用したデジタル制御方式となっている。

**(c) 単一 UPS と並列冗長 UPS**

単一 UPS は，図 2.1-55 に示す基本構成であり，無停電化，周波数安定化の機能をもっている。交流入力は商用以外に発電機からの供給であっても支障はなく，さらに入出力周波数が同じ場合はバイパス回路を設け商用周波数に同期して運転することで，UPS に故障が生じても無瞬断でバイパス側に切り換わり，負荷に継続して給電することができる。

並列冗長 UPS は，UPS を複数台並列接続し，そのうちの1台または2台を冗長としたもので，信頼性を重要視する負荷設備用や，負荷設備の容量が大きい場合の電源設備として用いられる。この並列冗長 UPS は，保守点検や負荷の運用方法，回路の異常などを考慮し，表 2.1-26 に示すとおりさまざまなシステムが適用されている。

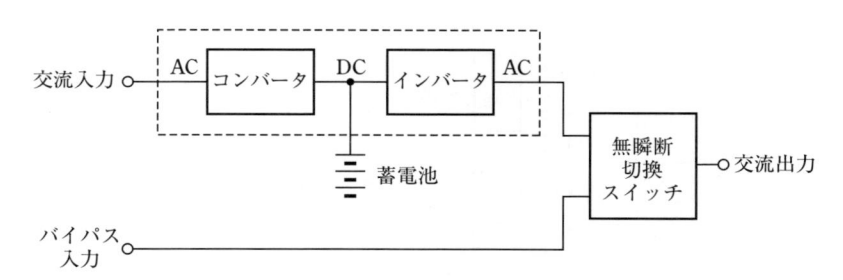

**図 2.1-55 単一 UPS システムの基本構成**

表 2.1-26 並列冗長 UPS の構成例とその特徴

| システム | 構成 | 特徴 |
|---|---|---|
| (N+1)<br>並列冗長 | | ● 1台停止しても負荷供給できる。<br>● 1台点検中の場合冗長性は確保できない。 |
| (N+2)<br>並列冗長 | | ● 2台停止しても負荷供給できる。<br>● 1台点検中でも冗長性が確保できる。 |
| (N+1)+<br>バイパス | | ● バイパス給電でUPS側共通部の点検が可能。<br>● 点検故障時の無瞬断切換が可能。<br>● 入出力周波数が同一のとき用いられる。 |
| (N+1)+<br>フィーダバイパス | | ● 各フィーダの切換装置に高速遮断器を付加することにより負荷側事故などを選択遮断できる。<br>● 入出力周波数が同一のとき用いられる。 |
| UPS群どうしの<br>相互バックアップ | | ● 片系のUPSシステムの点検にも無停電電源供給が可能。<br>● 入出力周波数が異なる場合でも可能。 |

(2) 瞬低・停電対策設備

(a) 瞬低とその影響

　瞬低(瞬時電圧低下)とは，送電線への落雷をおもな原因とした瞬間的な電圧低下をいい，20％以上電圧が低下する瞬低の発生回数は年間に平均5回で，瞬低発生の80％以上が0.2秒以下となっている。瞬低が発生すると，さまざまな電気・電子機器類に損害を与える。たとえば，パソコンで60ms，水銀灯等の放電灯で50ms，電磁開閉器ではわずか10msの瞬低でOFFとなってしまう。

図 2.1-56 瞬低による影響

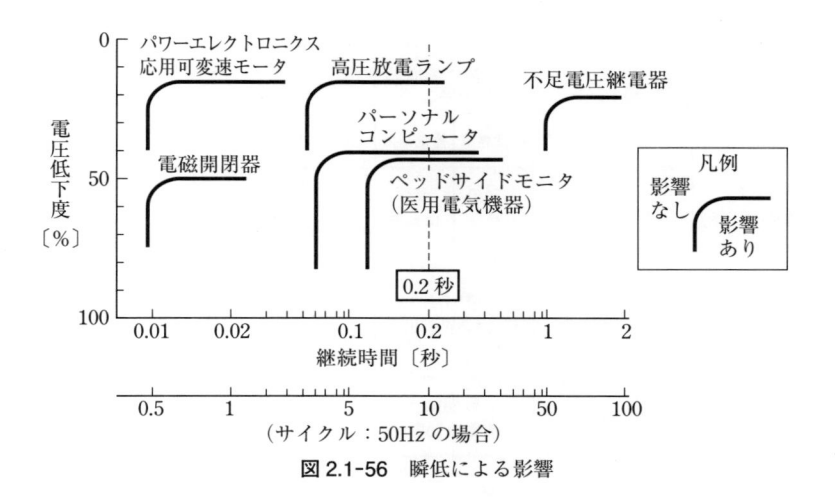

(b) 瞬低・停電対策装置

瞬低・停電対策装置には各種の方式があり，一長一短があるが，1/4 サイクル（50Hz 系で 5ms）以内の切替時間であれば，無瞬断と考えてよい．各方式の構成概略を図 2.1-57 に，各方式の比較を表 2.1-27 にそれぞれ示す．

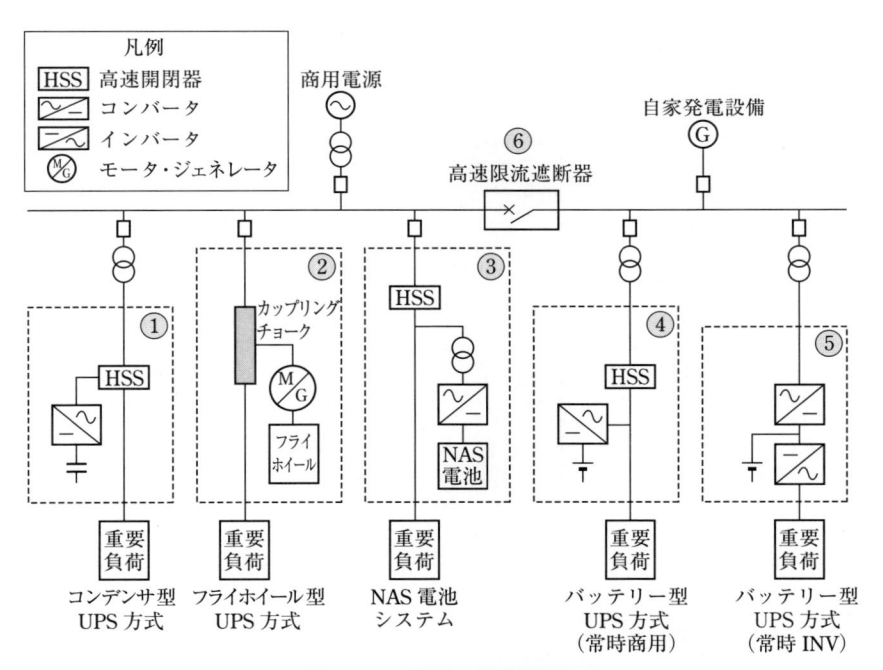

図 2.1-57 瞬低・停電対策方式

2.1 電気設備のシステム概要

表2.1-27 瞬低・停電対策方式の比較

| | ①コンデンサ型UPS | ②フライホイール型UPS | ③NAS電池システム | | バッテリー型UPS | | ⑥発電機＋高速限流遮断装置 |
|---|---|---|---|---|---|---|---|
| | | | | | ④常時商用 | ⑤常時INV | |
| 対応事象 | 瞬低補償専用 | 瞬低・短時間停電補償 | 瞬低専用 | 停電補償 | 瞬低,停電補償 | 瞬低,停電補償 | 瞬低,停電補償 |
| 補償時間 | 0.1～2秒程度（電圧低下度による） | 10～130秒程度（負荷容量による） | 2～10秒程度 | 最長10時間 | 5～10分程度（電池容量増により延長可能） | 5～10分程度（電池容量増により延長可能） | 燃料供給が続くかぎり |
| 切替時間 | 1/4サイクル | なし | 1/4サイクル（超高速SW使用時） | | 1/4サイクル | なし | 1/2～3/4サイクル（ただしサイリスタ解列までの間リアクトルにより電圧補償） |
| 常時運転効率 | 約98％ | 約96％ | 約98％（充電時70％） | | 約98％ | 約90％ | 約99％（発電機の効率を考慮する必要あり） |
| 適用容量等 | 50～4000kVA | 140～1670kVA | 200kVA～数MVA | | 50～2000kVA | 10～400kVA（並列冗長により容量増） | 電源500kVA～10MVA 限流遮断SW：6kV200～800A |
| 非常用電源対応 | × | × | ○ | | ○ | ○ | ○ |
| 電力ピークカット | × | × | ○ | | ○ | × | ○ |
| 長所および短所 | <長所>一般UPSより低損失／鉛蓄電池不使用，短時間設計のため低価格／メンテナンスフリー指向（鉛蓄電池，ファン不使用，コンデンサの寿命：15年）／ファンレスのため低騒音／クリーンルーム内に設置可能<br><短所>瞬時電圧低下あり（5ms以内）／電源開放時は補償不可／補償時間が短い／電動機を負荷にすることが困難 | <長所>無瞬断／一般UPSより低損失／入出力の高調波をカット／バッテリレス／入力力率が高効率94％／電動機負荷のバックアップ可能／始動電流＜短時間過負荷容量<br><短所>補償時間が短い／冷却ファンが大きいため騒音が大きい（約77dB）／重量物である | <長所>電池反応が単純で長寿命／エネルギー密度が高い<br><短所>コストが高い／電池の充電状態によって出力が左右される | | <長所>電力変換器1台のため高効率／一般UPSより低価格／入力力率が高効率98％／電動機負荷のバックアップ可能／負荷高調波電流の流出を制御可能（オプション）<br><短所>瞬時あり（2ms）／メンテナンス費用がかかる（ファン，鉛蓄電池の交換）／産業廃棄物処理（鉛蓄電池）が発生／4800Ahセル以上の蓄電池設備は火災予防条例が適用される／蓄電池室に換気設備が必要 | <長所>無瞬断／給電の信頼性がきわめて高い／負荷は電源の影響を受けない／入力力率が高効率／豊富な商品系列<br><短所>電力変換器2台のため損失が多い／コストが高い／メンテナンス費用がかかる（ファン，鉛蓄電池の交換）／電動機を負荷にすることが困難／産業廃棄物処理（鉛蓄電池）が発生／4800Ahセル以上の蓄電池設備は火災予防条例が適用される／蓄電池室に換気設備が必要 | <長所>燃料供給が継続する限り補償可能／コージェネ化によりランニングコストが低減できる／瞬断はあるが，電圧補償するため負荷に影響はない<br><短所>需要設備の状況によりシステム効率が低くなる場合がある |
| 備考 | | モータジェネレータにエンジンを組み合わせることにより，停電補償可能 | 常時インバータ給電方式の鉛電池の代わりとしてNAS電池を使用することにより，完全無停電化可能 | | | | |

### 2.1.9 幹線設備

幹線とは「引込口から分岐過電流遮断器に至る配線のうち，分岐回路の分岐点から電源別の部分（高圧受電等の場合は低圧の主配電盤からとする）をいう」と内線規程に定義されているとおり，建築設備を構成するさまざまな負荷（電灯，動力）に電気エネルギーを供給する主要配線である。

#### (1) 許容電流

**(a) 電線の許容電流**

電線は，低圧屋内幹線の各部分ごとに，その部分を通じて供給される電気器具の定格電流の合計以上の許容電流のあるものであること。ただし，その低圧屋内幹線に接続する負荷のうち電動機またはこれに類する起動電流が大きい電気機械器具（以下「電動機等」という）の定格電流の合計が他の電気機械器具の定格電流の合計より大きい場合は，他の電気機械器具の定格電流の合計に次の値を加えた値以上の許容電流のある電線を使用する。

① 電動機等の定格電流の合計が50A以下の場合は，その定格電流の合計の1.25倍
② 電動機等の定格電流の合計が50Aを超える場合は，その定格電流の合計の1.1倍

ただし，需要率，力率等が明らかな場合は，これらによって適当に修正した負荷電流値以上の許容電流のある電線を使用することができる。

**(b) 過電流遮断器の定格電流**

過電流遮断器は，低圧屋内幹線の許容電流以下の定格電流のものであること。ただし，低圧屋内幹線に電動機等が接続される場合は，その電動機等の定格電流の合計の3倍に，他の電気使用機械器具の定格電流の合計を加えた値（その値が当該低圧屋内幹線の許容電流を2.5倍した値を超える場合は，その許容電流を2.5倍した値）以下の定格電流のもの（当該低圧屋内幹線の許容電流が100Aを超える場合であって，その値が過電流遮断器の標準の定格に該当しないときは，その値の直近上位の定格のものを含む）を使用することができる。

**(c) 電線の許容電流と過電流遮断器の定格電流**

電線の許容電流 $I_A$ は次のとおりとする。

$\Sigma I_H \geq I_M$ の場合 $I_A \geq \Sigma I_H + \Sigma I_M$，$\Sigma I_H < I_M$ の場合 $I_A \geq \Sigma I_H + k\Sigma I_M$

$k$ は定数で次のとおりとする。

$\Sigma I_M \leq 50A$ の場合 $k=1.25$，$\Sigma I_M > 50A$ の場合 $k=1.1$

過電流遮断器の定格電流 $I_B$ はつぎのとおりとする。

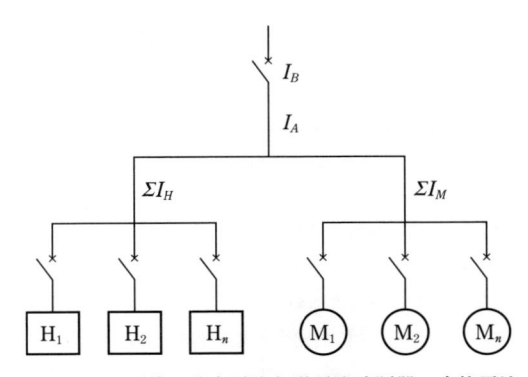

図 2.1-58　電線の許容電流と過電流遮断器の定格電流

一般の場合 $I_B \leq I_A$，電動機を含む場合 $I_B \leq \Sigma I_H + 3\Sigma I_M$
（ただし，$I_B \leq 2.5 I_A'$ とする。$I_A'$ は電線の許容電流）

(d) 過電流遮断器の施設

低圧屋内幹線の電源側電路には，当該低圧屋内幹線を保護する過電流遮断器を施設すること。ただし，次のいずれかに該当する場合はこの限りでない（図2.1-59）。

① 低圧屋内幹線の許容電流が当該低圧屋内幹線の電源側に接続する他の低圧屋内幹線を保護する過電流遮断器の定格電流の55％以上である場合。

② 過電流遮断器に直接接続する低圧屋内幹線または①にあげる低圧屋内幹線に接続する長さ8m以下の低圧屋内幹線であって，当該屋内幹線の許容電流が当該屋内幹線電源側に接続する他の低圧屋内幹線を保護する過電流遮断器の定格電流の35％以上である場合。

③ 過電流遮断器に直接接続する低圧屋内幹線または①もしくは②にあげる低圧屋内幹線に接続する長さ3m以下の低圧屋内幹線であって，当該低圧屋内幹線の負荷側に他の低圧屋内幹線を接続しない場合。

④ 低圧屋内幹線（当該低圧屋内幹線に電気を供給するための電源に太陽電池以外のものが含まれないものに限る）の許容電流が当該幹線を通過する最大短絡電流以上である場合。

過電流遮断器は，各極（多線式電路の中性極を除く）に施設すること。ただし，対地電圧が

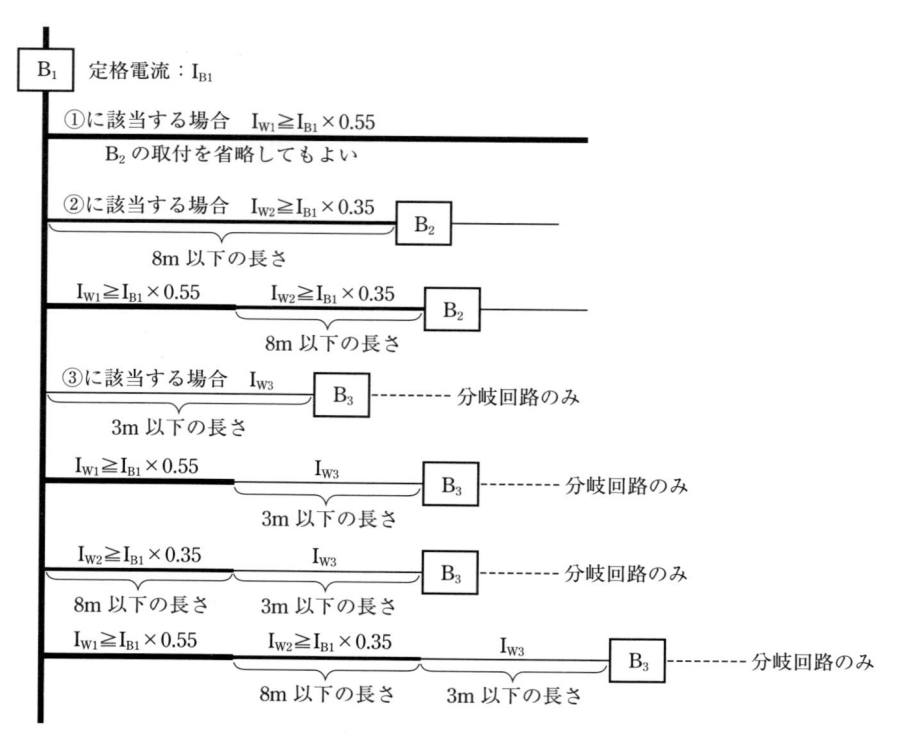

$B_1$ は太い幹線を保護する過電流遮断器
$B_2$ は細い幹線を保護する過電流遮断器，または分岐回路を保護する過電流遮断器
$B_3$ は分岐回路を保護する過電流遮断器
$I_{W1}$, $I_{W2}$, $I_{W3}$ は①，②，③に規定する細い幹線の許容電流

図2.1-59　低圧幹線の過電流遮断器の施設

150V 以下の低圧屋内電路の接地側電線以外の電線に施設した過電流遮断器が動作した場合において，各極が同時に遮断されるときは，当該電路の接地側電線に過電流遮断器を施設しないことができる。

(2) 電圧降下

幹線の電圧降下を少なくしようとすると，電線サイズが大きくなるので，幹線こう長が長い場合は経済性を考慮して選定する。表2.1-28に内線規程による電圧降下の許容値を示す。

電圧降下の計算は表2.1-29に示す計算式を用いるが，この計算式は線路の抵抗分のみを考慮しリアクタンスと力率を無視してあるので，電線サイズが大きくなると誤差が増える。

表2.1-28 電圧降下許容値

| | 電線のこう長 | 電圧降下 | |
|---|---|---|---|
| | | 幹線 | 分岐 |
| 一般供給の場合 | 60m 以下 | 2%以下 | 2%以下 |
| | 120m 以下 | 4%以下 | |
| | 200m 以下 | 5%以下 | |
| | 200m 超過 | 6%以下 | |
| 変電設備のある場合 | 60m 以下 | 3%以下 | 2%以下 |
| | 120m 以下 | 5%以下 | |
| | 200m 以下 | 6%以下 | |
| | 200m 超過 | 7%以下 | |

表2.1-29 電圧降下計算式

| 配電方式 | 電圧降下計算式 | 対象電圧降下 | 注記 |
|---|---|---|---|
| 単相2線式 | $e = \dfrac{35.6 \times L \times I}{1000 \times A}$ | 線間 | 本表は各相電流が平衡している場合のものである。<br>$e$：電圧降下〔V〕<br>$A$：電線の断面積〔mm$^2$〕<br>$L$：電線のこう長〔m〕<br>$I$：負荷電流〔A〕 |
| 三相3線式 | $e = \dfrac{30.8 \times L \times I}{1000 \times A}$ | 線間 | |
| 単相3線式<br>三相4線式 | $e = \dfrac{17.8 \times L \times I}{1000 \times A}$ | 大地間 | |

集合住宅の幹線など，電線こう長が長く，大電流を扱う場合には，以下の計算式により電圧降下値を計算する。

電圧降下　$e = K \times I(R\cos\theta + X\sin\theta) \times \dfrac{L}{1000}$

$e$：電圧降下〔V〕
$K$：配電方式による係数（表2.1-30による）
$I$：通電電流〔A〕
$R$：電線1kmあたりの交流導体抵抗〔Ω/km〕
$X$：電線1kmあたりのリアクタンス〔Ω/km〕
$\cos\theta$：負荷端力率
$L$：線路のこう長〔m〕

表2.1-30 配電方式による係数

| 配電方式 | $K$ | 備考 |
|---|---|---|
| 単相2線式 | 2 | 線間 |
| 単相3線式 | 1 | 大地間 |
| 三相3線式 | $\sqrt{3}$ | 線間 |
| 三相4線式 | 1 | 大地間 |

## 2.1.10 電灯設備

### (1) 光源の種類

#### (a) 白熱電球

白熱電球はタングステンフィラメントに流れる電流による発熱を利用した光源である。電球の封入ガスは一般にアルゴンまたはクリプトンに窒素を数%～10%混合したものを用いる。

封入ガスとしてアルゴンのほかにヨウ素または臭素などのハロゲンを加えたものがハロゲン電球である。ハロゲン電球は一般の電球に比べ効率が高く長寿命である。

白熱電球は、暖かい光色、演色性がよい、ちらつきが少ない、瞬時点灯、連続調光、熱線が多い、安価などの特徴がある。

#### (b) 蛍光ランプ

低圧水銀蒸気中の放電で生じる紫外放射を、放電管壁に塗布した蛍光体によって可視光に変換する光源である。形状は直管形、環形、電球形、コンパクト形がある。3波長蛍光ランプは3種類の蛍光体を用いて赤、緑、青の3波長領域で帯スペクトルを出すので、効率が高く演色性にすぐれる。高周波点灯専用形蛍光ランプは、希土類蛍光体と細径の管を使用した効率の高いランプであり、高周波点灯専用形安定器と組み合わせて高効率が得られる。

蛍光ランプはさまざまな光色が得られ、低輝度、高効率、長寿命という特徴がある。

#### (c) HIDランプ

金属（おもに水銀）蒸気中の放電発光を利用した光源を高圧放電ランプといい、高圧水銀ランプ、高圧ナトリウムランプ、メタルハライドランプを総称してHIDランプとよぶ。HIDランプは高輝度、高効率、長寿命であるが、始動してから発光が安定するまで数分を要する、一度消灯すると蒸気圧が下がるまで再点灯できないという特徴がある。

高圧水銀ランプは透明形と蛍光形がある。透明形は水銀スペクトルのみを利用する。蛍光形は水銀蒸気の紫外スペクトルを可視スペクトルに変換して利用する。

メタルハライドランプは発光管内に水銀、アルゴンのほかにハロゲン化金属を封入してあり、金属原子の発光スペクトルを利用する。このため演色性が高い。

高圧ナトリウムランプは水銀とナトリウムの混合蒸気中の放電を利用する。効率がきわめて高いのが特徴である。

#### (d) その他

特殊用途の光源として低圧ナトリウムランプやキセノンランプがある。

最近ではLEDの発光効率が向上し広く使われるようになっている。LEDは放熱に注意が必要であるが、省電力、長寿命、水銀不使用など環境性にすぐれた光源である。

各種光源の特性例を表2.1-31に示す。

### (2) 照明制御

インバータ技術の向上、照度センサ、人感センサの性能アップや小型化等により、照明器具への実装が容易となった。調光・制御により、省エネルギー効果が期待できる。

#### (a) 初期照度補正

室内の照明を蛍光灯で計画する場合、蛍光ランプの光束の経年劣化を見込んで器具の配置を設計すると、設置直後の照度が過剰になるため、照度センサとコントローラにより初期照度を抑制する。

表 2.1-31　各種光源の特性例

| 光源の種類 | | 定格電力〔W〕 | 全光束〔lm〕 | ランプ効率〔lm/W〕 | 総合効率〔lm/W〕 | 色温度〔K〕 | 平均演色評価数〔Ra〕 | 定格寿命〔h〕 |
|---|---|---|---|---|---|---|---|---|
| 白熱電球 | 一般電球（白色塗装） | 60 | 810 | 13.5 | 13.5 | 2850 | 100 | 1000 |
| | クリプトン電球 | 60 | 840 | 14.0 | 14.0 | 2850 | 100 | 1000 |
| | ハロゲン電球（赤外反射膜付） | 85 | 1600 | 18.8 | 18.8 | 3000 | 100 | 1500 |
| 蛍光ランプ | 電球形円筒（電球色） | 15 | 810 | 54 | 54 | 2800 | 84 | 6000 |
| | 電球形4本管（昼白色） | 15 | 900 | 60 | 60 | 5000 | 84 | 8000 |
| | 直管形（白色） | 37 | 3100 | 84 | 66 | 4200 | 61 | 12000 |
| | 直管形3波長（昼白色） | 37 | 3560 | 96 | 75 | 5000 | 84 | 12000 |
| | 環形3波長（昼白色） | 28 | 2100 | 75 | 62 | 5000 | 88 | 6000 |
| | コンパクト形4本管（昼白色） | 18 | 1070 | 59 | 47 | 5000 | 84 | 6000 |
| | 高周波点灯専用形（昼白色） | 32 | 3200 | 100 | 86.5 | 5000 | 88 | 12000 |
| | | 50 | 5200 | 104 | 86.6 | 5000 | 88 | 12000 |
| HIDランプ | 水銀ランプ（透明型） | 400 | 20500 | 51 | 48 | 5800 | 23 | 12000 |
| | 蛍光水銀ランプ | 400 | 22000 | 55 | 52 | 4100 | 44 | 12000 |
| | メタルハライドランプ（低始動電圧形）（Sc-Na系） | 400 | 40000 | 100 | 95 | 4000 | 65 | 9000 |
| | メタルハライドランプ（Sn系）（高演色形） | 400 | 19000 | 48 | 41 | 5000 | 92 | 6000 |
| | 高圧ナトリウムランプ（始動器内蔵形） | 360 | 51000 | 142 | 132 | 2100 | 28 | 12000 |
| | 高圧ナトリウムランプ（高演色形） | 400 | 23000 | 58 | 53 | 2500 | 85 | 9000 |
| その他 | 低圧ナトリウムランプ | 180 | 31500 | 175 | 140 | 1740 | — | 9000 |
| | キセノンランプ（ショートアーク形） | 1000 | 31000 | 31 | — | 6000 | 94 | 1500 |

(b) 昼光利用制御

室内に入り込む自然光を利用して必要照度を補完し，照度センサにより照明器具を調光する。

(c) タイムスケジュール制御

あらかじめ設定したスケジュールに基づき，タイムスイッチや監視設備により照明器具を点滅もしくは調光する。

(d) 在不在制御

人の在不在を人感センサにより検知して，照明器具を点滅もしくは調光する。

(3) 非常照明，誘導灯設備

(a) 非常照明設置基準

非常用の照明装置の設置義務のある建築物，設置義務のある部分と設置義務を免除される建築物または部分の設置基準を表2.1-32に示す。なお，増築，改築，大規模の修繕，大境模の模様替えの行われる建築物は，その既設部分についても法律が適用され，既存部分を含めて設置しなければならない。

表 2.1-32 非常用の照明装置の設置基準

| 対象建築物 | 対象建築物のうち設置義務のある部分 | 対象建築物のうち設置義務免除の建築物または部分 |
|---|---|---|
| 1. 特殊建築物<br>（一）劇場, 映画館, 演芸場, 観覧場, 公会堂, 集会場<br>（二）病院, 診療所（患者の収容施設があるものに限る）, ホテル, 旅館, 下宿, 共同住宅, 寄宿舎, 養老院, 児童福祉施設等<br>（三）博物館, 美術館, 図書館<br>（四）百貨店, マーケット, 展示場, キャバレー, カフェー, ナイトクラブ, バー, 舞踏場, 遊技場, 公衆浴場, 待合, 料理店, 飲食店, 物品販売業を営む店舗（床面積 $10m^2$ 以内のものを除く） | ① 居室<br>② 無窓の居室<br>③ ①および②の居室から地上へ通じる避難路となる廊下, 階段, その他の通路<br>④ ①②または③に類する部分, 例えば, 廊下に接するロビー, 通り抜け避難に用いられる場所, その他通常, 照明設備が必要とされる部分 | ① 自力行動の期待できないもの, または特定の少人数が継続使用するもの, すなわち<br>　イ　病院の病室<br>　ロ　下宿の宿泊室<br>　ハ　寄宿舎の寝室<br>　ニ　これらの類似室<br>② 採光上有効に直接外気に開放された通路や廊下等<br>③ 共同住宅, 長屋の住戸<br>④ 浴室, 洗面所, 便所, シャワー室, 脱衣室, 更衣室, 金庫室, 物置, 倉庫室, 電気室, 機械室等, およびこれらの室と同一階に居室のない場合の廊下で避難経路とならないもの<br>⑤ 無人工場（居室に該当しないもの）もしくは固定された機械, 装置のある工場等のうち, 機械, 装置等が占有する部分<br>⑥ 昭47年建設省告示第34号による居室等<br>⑦ その他 |
| 2. 「階数≧3」で「延べ面積＞$500m^2$」の建築物<br>（除外）一戸建住宅, 学校等 | 同　上 | 同　上 |
| 3. 「延べ面積＞$1000m^2$」の建築物<br>（除外）一戸建住宅, 学校等 | 同　上 | 同　上 |
| 4. 無窓の居室を有する建築物<br>（除外）一戸建住宅, 学校等 | ① 無窓の居室<br>② ①の居室から, 地上へ通じる避難路となる廊下, 階段その他の通路<br>③ ①または②に類する部分, たとえば, 廊下に接するロビー, 通り抜け避難に用いられる場所, その他通常, 照明設備が必要とされる部分 | 同　上<br>（ただし⑦を除く） |

(b) 誘導灯設置基準

　誘導灯は火災や地震時に, 防火対象物に収容されている人員を安全迅速に避難させることを目的としている. 防火対象物の用途規模に応じ, 消防法により設置が義務付けられており, 設置基準を表 2.1-33 に示す.

表 2.1-33 誘導灯の設置基準

| 防火対象物の区分 (令別表第1抜粋) | | | 避難口誘導灯 一般 | 避難口誘導灯 地下,無窓階および11階以上の部分 | 通路誘導灯 一般 | 通路誘導灯 地下,無窓階および11階以上の部分 | 客席誘導灯 | 避難口誘導灯 当該階の床面積 1000m²以上 | 避難口誘導灯 当該階の床面積 1000m²未満 | 通路誘導灯 室内 当該階の床面積 1000m²以上 | 通路誘導灯 室内 当該階の床面積 1000m²未満 | 廊下 |
|---|---|---|---|---|---|---|---|---|---|---|---|---|
| (1) | イ | 劇場,観覧場等 | 全部 | | 全部 | | 全部 | | | | | C級以上 |
| | ロ | 公会堂,集会場 | | | | | | | | | | |
| (2) | イ | キャバレー等 | 全部 | | 全部 | | | A級またはB級 | C級以上 | A級またはB級 | C級以上 | |
| | ロ | 遊技場等 | | | | | | | | | | |
| | ハ | 性風俗店舗等 | | | | | | | | | | |
| | ニ | カラオケボックス | | | | | | | | | | |
| (3) | イ | 待合,料理店等 | 全部 | | 全部 | | | | | | | |
| | ロ | 飲食店 | | | | | | | | | | |
| (4) | | 百貨店,展示場等 | 全部 | | 全部 | | | | | | | |
| (5) | イ | 旅館,宿泊所等 | 全部 | | 全部 | | | C級以上 | C級以上 | | | |
| | ロ | 寄宿舎,共同住宅等 | | ○ | | ○ | | | | | | |
| (6) | イ | 病院,診療所等 | 全部 | | 全部 | | | C級以上 | C級以上 | | | |
| | ロ | 福祉施設(重)等 | | | | | | | | | | |
| | ハ | 福祉施設(軽)等 | | | | | | | | | | |
| | ニ | 幼稚園,特別支援学校 | | | | | | | | | | |
| (7) | | 学校等 | | ○ | | ○ | | | | | | |
| (8) | | 図書館,美術館等 | | ○ | | ○ | | | | | | |
| (9) | イ | 蒸気,熱気浴場等 | 全部 | | 全部 | | | A級またはB級 | C級以上 | A級またはB級 | C級以上 | |
| | ロ | イ以外の公衆浴場 | 全部 | | 全部 | | | C級以上 | C級以上 | | | |
| (10) | | 停車場,発着場等 | | ○ | | ○ | | A級またはB級 | A級またはB級 | | | |
| (11) | | 神社,寺院,教会等 | | ○ | | ○ | | C級以上 | C級以上 | | | |
| (12) | イ | 工場,作業場 | | ○ | | ○ | | | | | | |
| | ロ | 映画またはテレビスタジオ | | ○ | | ○ | | | | | | |
| (13) | イ | 車庫,駐車場 | | ○ | | ○ | | | | | | |
| | ロ | 飛行機等の格納庫 | | ○ | | ○ | | | | | | |
| (14) | | 倉庫 | | ○ | | ○ | | | | | | |
| (15) | | 前項以外の事業場 | | ○ | | ○ | | | | | | |
| (16) | イ | 特定複合建物 | 全部 | | 全部 | | (1)項用途部分 | A級またはB級 | C級以上 | A級またはB級 | C級以上 | |
| | ロ | イ以外の複合建物 | | ○ | | ○ | | C級以上 | C級以上 | | | |
| (16の2) | | 地下街 | 全部 | | 全部 | | (1)項用途部分 | A級またはB級 | A級またはB級 | | | |
| (16の3) | | 地下道 | 全部 | | 全部 | | | | | | | |

## 2.1.11 動力設備

### (1) 電動機の種類

電動機は大きく交流電動機と直流電動機に分類される。交流電動機には,誘導電動機,同期電動機,整流子電動機がある。直流電動機には,直巻電動機,分巻電動機,複巻電動機がある。電動機の種類とおもな特徴を表2.1-34に示す。

誘導電動機は大きく三相誘導電動機と単相誘導電動機に分けられる。最も一般に使用される

表 2.1-34 各種電動機のおもな特徴

| 種類 | おもな特徴 |
|---|---|
| 誘導電動機 | (1) 構造が単純で堅ろうである<br>(2) 巻線形は始動特性がよい，かご形は始動電流が大きい<br>(3) 取り扱いが容易である<br>(4) VVVFインバータと組み合わせて広範囲な速度制御が可能である |
| 同期電動機 | (1) 回転速度が一定である<br>(2) 界磁電流の調整で力率を改善できる<br>(3) 大容量の低速度用に適している<br>(4) 励磁用の直流電源が必要である |
| 整流子電動機 | (1) 広範囲な速度制御が可能である<br>(2) 効率，力率が良好である<br>(3) 始動特性がよい<br>(4) 整流子の保守点検が必要である |
| 直流電動機 | (1) 直巻電動機は始動トルクが大きく，広範囲な速度制御ができる<br>(2) 分巻電動機は定速度運転に適している<br>(3) 複巻電動機は，両者の中間の特性にできる |

三相誘導電動機はかご形と巻線形があり，かご形は普通かご形と特殊かご形（二重かご形，深溝かご形）がある。

かご形誘導電動機は，回転子の構造が単純で効率もよく，堅ろうで保守が容易であるため，小型から大型まで広く用いられる。巻線形誘導電動機はかご形に比べてスリップリングが必要で構造は複雑になるが，回転子回路に二次抵抗を挿入することで始動電流を低減し始動トルクを増大できるため，中型，大型機に用いられる。

三相かご形誘導電動機で，一般に使用されるものについてはJIS C 4210に規定されている。三相誘導電動機の特性を表2.1-35に示す。

(2) 電動機の速度制御
(a) 速度制御方式
電動機の速度制御方式を表2.1-36に示す。
(b) インバータ制御

各種の制御方式の中で，インバータを用いて一次電圧と周波数を変化させるインバータ制御は，VVVF（Variable Voltage Variable Frequency）制御とよばれ，すぐれた速度制御方式である。安価で堅ろうな，かご形誘導電動機を用いて，ほとんどすべての電動機の特性を作りだせることが特徴であり，省エネルギー，省力化の観点から広く普及している。

インバータ制御を行う場合には次の点に留意する。
①インバータの過電流耐量は定格の150%程度であり，始動トルクも商用始動時の半分程度となるので，始動トルク等が不足する場合は電動機定格より上位の容量とする。
②パルス幅変調（PWM）制御のインバータによる低速運転時には，騒音が大きくなる。また，可変速運転を行うと，機械系を含めた固有振動で共振したり，回転体の質量アンバランスによる異常振動が発生するので，バランスの修正や防振装置等が必要である。
③インバータの出力電圧波形は歪みを含んでいるため，商用電源で直接運転した場合に比べ，電

表 2.1-35 三相誘導電動機の特性

| 電動機 | 種類 | 始動トルク | 始動電流 | 定格出力 |
|---|---|---|---|---|
| 三相誘導電動機 | 普通かご形 | 全負荷トルクの125%以上 | 全負荷電流の500〜800% | 0.2〜3.7kW |
| | 特殊かご形1種 | 全負荷トルクの100%以上 | 全負荷電流の600%前後 | 5.5〜37kW |
| | 特殊かご形2種 | 全負荷トルクの150%以上 | 全負荷電流の600%前後 | 同上 |
| | 巻線形 | 始動電流が全負荷電流の150%のとき全負荷トルクの約150% | | 5.5〜37kW |

表 2.1-36 電動機の速度制御

| 電動機 | 速度の式 | 速度制御要素 | 速度制御方式 | 得失 |
|---|---|---|---|---|
| 誘導電動機 | $n=\dfrac{120f}{P}(1-S)$ | 極数 $P$ | 極数変換 | 速度が段階的となる<br>多段機は大形となる |
| | | すべり $S$ | 一次電圧制御 | 速度変動が大きい<br>低速時の効率が悪い |
| | | | 二次抵抗制御<br>(巻線形のみ) | 低速時の速度変動が大きい<br>低速時の効率が悪い |
| | | | 二次励磁制御 | 効率がよい<br>変換装置容量が比較的小さい |
| | | 周波数 $f$ | 周波数制御 | 広い速度制御範囲で効率がよい |
| 同期電動機 | $n=\dfrac{120f}{P}$ | 周波数 $f$ | 周波数制御 | 広い速度制御範囲で効率がよい<br>速度の制御精度が高い<br>脱調, 乱調がある |
| 直流電動機 | $n=k\dfrac{V_a-R_aI_a}{\phi}$ | 電機子抵抗 $R_a$ | 電機子抵抗制御 | 低速時の速度変動が大きい<br>低速時の効率が悪い |
| | | 磁束 $\phi$ | 界磁弱め制御 | 速度制御範囲が制限される<br>少ない制御電力でよい<br>定出力特性である |
| | | 電機子電圧 $V_a$ | 電機子電圧制御 | 広い制御範囲で効率がよい |

動機の温度が高くなる。

④瞬低の場合, 制御回路の誤動作が発生するので, 停電を検出しインバータを停止させる必要がある。瞬低後に再始動が必要な負荷がある場合には再始動機能を設ける。

⑤インバータは電源ラインのノイズ発生原因となるので, ノイズフィルタ等の対策を行う。

⑥インバータの入力電流は高調波成分を含んでいるので, 交流リアクトルの挿入, 直流リアクトルの挿入, 正弦波PWMコンバータの採用, などの対策を行う。

(3) 電動機の保護

(a) 電動機の制動

①発電制動：三相巻線形誘導電動機の固定子巻線を電源から切り放して直流励磁電流を流すと,

回転電機子形の交流発電機となり，制動トルクを発生する。

② 逆相制動（プラッギング）：運転中の誘導電動機の3端子の内任意の2端子をつなぎ換え，回転磁界の回転方向を反対にすると，電動機は誘導ブレーキとなり，制動トルクを発生する。

③ 回生制動：誘導電動機を電源に接続したまま，同期速度以上の速さで運転すると，すべりが負となり，誘導発電機として制動トルクを発生する。

(b) 電動機の過負荷保護

定格出力が 0.2kW を超える電動機には，電動機が焼損するおそれがある過電流を生じた場合に，自動的にこれを阻止するか警報する装置を設けなければならない。ただし，次のいずれかの場合はこの限りでない。

① 電動機を運転中，常時取扱者が監視できる位置に施設する場合

② 電動機の構造上または負荷の性質上，電動機の巻線に電動機を焼損するおそれがある過電流が生じるおそれがない場合

③ 電動機が単相のものであって，その電源側に施設する過電流遮断器の定格電流が 15A（配線用遮断器の場合は 20A）以下の場合

電動機の保護装置の構成は，電動機の容量，運転特性，操作頻度，開閉寿命，短絡容量等種々の条件により次のようになる。

① 電動機保護兼用配線用遮断器
② 電動機保護兼用配線用遮断器と電磁接触器
③ 配線用遮断器と電磁開閉器
④ 瞬時遮断式配線用遮断器と電磁開閉器
⑤ 限流ヒューズと電磁開閉器

三相 200V の誘導電動機に用いる電動機用保護継電器は，JEM1356「電動機用熱動形及び電子式保護継電器」に定められている。三相誘導電動機に用いる保護継電器の種類は，1E（過負荷保護継電器），2E（過負荷・欠相保護継電器），3E（過負荷・欠相・反相保護継電器）がある。

前記保護装置構成の③，④，⑤の場合は，電磁開閉器のサーマルリレー（過負荷保護継電器）で過負荷保護を行い，短絡保護は配線用遮断器または限流ヒューズで行う。サーマルリレーの特性曲線は，電動機の焼損特性曲線より下にあること，過負荷の領域では電磁開閉器が配線用遮断器よりも先に動作すること等，保護協調のとれたものでなければならない。電動機回路の特性曲線の関係を図 2.1-60 に示す。

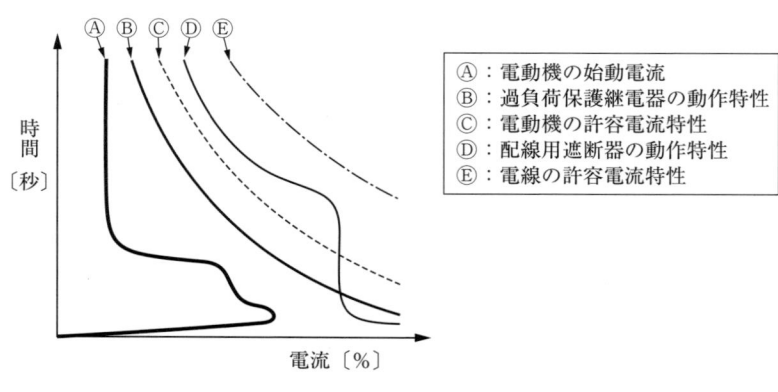

Ⓐ：電動機の始動電流
Ⓑ：過負荷保護継電器の動作特性
Ⓒ：電動機の許容電流特性
Ⓓ：配線用遮断器の動作特性
Ⓔ：電線の許容電流特性

図 2.1-60 電動機回路の保護協調

### 2.1.12 監視制御設備
(1) 監視制御設備の構成

監視制御設備は，電気，空調，衛生，防犯，防災などの建築設備の運転管理や状態・故障監視，機器間の連動制御を行う設備であり，これにより安全で快適な居住環境と，省エネルギーや保全性の向上を図ることができる。近年のオープン化の流れにより，複数メーカーのシステムや機器の相互接続性を確保するため，BACnet（バックネット）や LonWorks（ロンワークス）などのオープン・プロトコルを取り入れたシステム構築がなされている。

ビル管理システムには，BAS（ビルオートメーションシステム），BMS（ビルマネジメントシステム），EMS（エネルギーマネジメントシステム），FMS（ファシリティマネジメントシステム），BEMS（ビルエネルギーマネジメントシステム）などが含まれる。ビル管理システムの構成例を図 2.1-61 に示す。

(2) ビルエネルギーマネジメントシステム

BEMS は，運用段階における建物のエネルギー消費量や室内環境を適正な状態に維持するためのシステムであり，監視・制御・管理システム（BAS，BMS，EMS など）を含む概念である。

BEMS は，省エネルギー制御や最適化制御などにより，ビル内環境の快適性維持を最小限のエネルギーで実現するとともに，設備機器の寿命やメンテナンスコストなどを含めたライフサイクルコストが最小になるような運用支援を行う。BEMS の効果を発揮させるためには，ビルのエネルギー消費量の実態を正確に把握することが重要であり，できるだけ用途や系統単位の小区分ごとに計量する必要がある。BEMS を活用することにより，運用開始後のビル環境・エネルギー性能が継続的に把握でき，機器の性能劣化や制御パラメータの不適合などに対処し，ビル環境・エネルギー性能を改善していくことができる。

(3) デマンド監視システム

デマンド監視システム（デマンドコントローラ）は，電力の使用状況を常時監視し，現在の

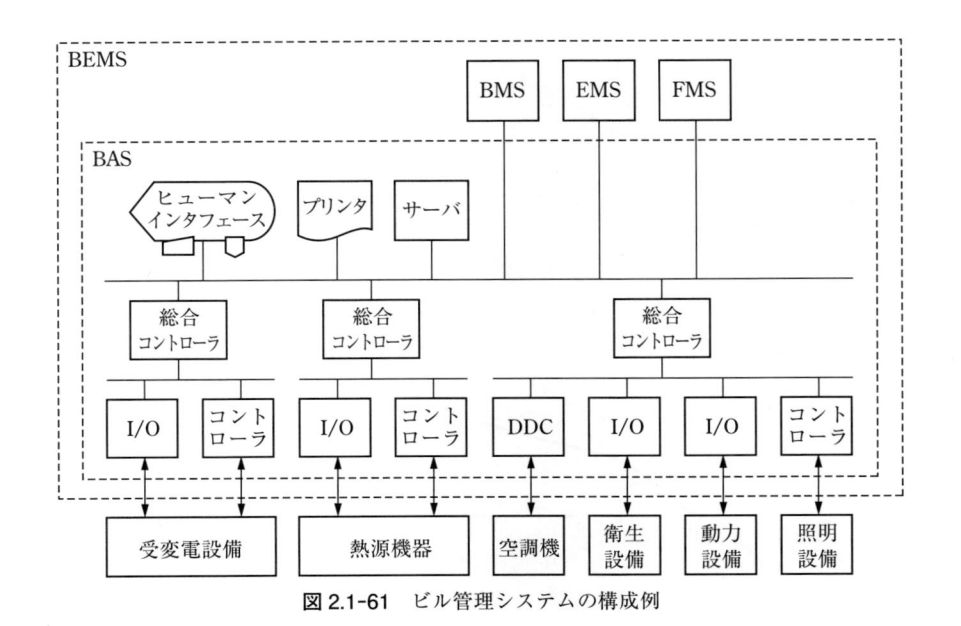

図 2.1-61　ビル管理システムの構成例

電力使用状況から一定時限後の需要電力を予測・警報し，目標電力値を超過しそうな場合には，必要に応じて負荷の一部を自動的に停止し，目標電力値の超過を抑制する装置である。システム概要を図 2.1-62 に示す。

負荷の制御方式には，遮断負荷の重要度に合わせて順次，遮断していく優先順位方式と，遮断負荷の順位を輪番順とし，均等に負荷を遮断するサイクリック方式とがある。

デマンドコントローラの動作概要は次のとおりである（図 2.1-63）。

①現在デマンド（$P$）の表示：デマンド時限 30 分でリセットするカウンタで積算し，連続表示
②残り時間（$30-t$）の表示：30 分の減算時計で分・秒単位で表示
③予測デマンド（$R$）の演算・表示：過去 $\Delta t$ 分間の電力変化量 $\Delta P$ と残り時間（$30-t$），および現在デマンド（$P$）により，次の算式で演算・表示

$$R = P + \frac{\Delta P}{\Delta t}(30-t)$$

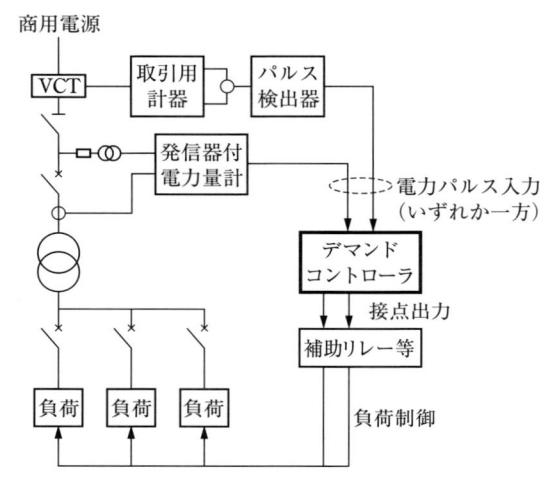

図 2.1-62　システム概要

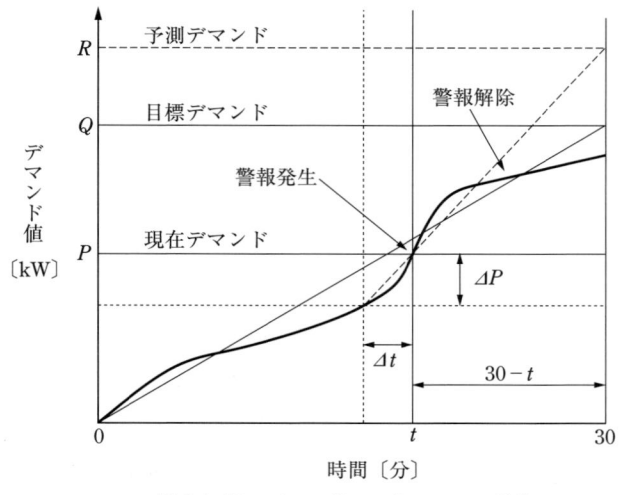

図 2.1-63　デマンドコントローラの動作

④調整電力（$U$）の演算・表示：予測デマンド（$R$）と目標デマンド（$Q$），および残り時間（$30-t$）により，次の算式で演算・表示

$$U = \frac{R-Q}{30-t} \times 30$$

$U \leq 0$ のとき $U$ は投入可能電力，$U>0$ のとき $U$ は遮断を必要とする電力

⑤第1段警報の表示・出力：予測デマンド（$R$）≧目標デマンド（$Q$）時に設定時間経過後に出力

⑥第2段警報の表示・出力：（⑤の条件，かつ調整電力 $U>0$）が遮断電力設定値を超え，かつ警報設定時間が経過後に出力，負荷が自動遮断

⑦自動復帰：予測デマンド（$R$）＜目標デマンド（$Q$），かつ調整電力（$U \leq 0$）が復帰電力より大きく，設定時間経過後に負荷が自動復帰

### 2.1.13　弱電設備

**(1) LAN 設備**

(a) メタルケーブル施工の要点

① UTP ケーブル

UTP（Unshielded Twisted Pair）ケーブルとは，シールドなしのより対線ケーブルのことをいう。UTP ケーブルの形状にはいくつか種類があり，用途に応じて使い分けられている。

(イ) 4 対 UTP ケーブル　　水平配線ケーブルとして一般的に利用されている（図 2.1-64）。

(ロ) 8 対 UTP ケーブル　　4 対のケーブルを2本結合したもので，配線工事の削減を図ることができる（図 2.1-65）。

(ハ) 24 対 UTP ケーブル　　おもに幹線配線ケーブルの用途として利用される。一括シースタイプとインナーシースタイプの2種類があり，一括シースタイプは複数対（16 対，24 対，48 対，96 対）の銅線を束ね，その上から外皮を被せたケーブルであり，インナーシースタイプは4対分のツイストペアケーブルを6本束ね，その上から外皮を被せたケーブルである（図 2.1-66～67）。

(ニ) エコマテリアル LAN ケーブル（エコ LAN ケーブル）　　エコ LAN ケーブルとは，シース材に耐燃性ポリエチレンを施した環境配慮型の LAN ケーブルである。燃焼時に有害なハロゲン化水素ガスやダイオキシン，腐蝕ガスが発生しない，燃えにくく煙が少ないなどの特性がある。表 2.1-37 に UTP ケーブルの仕様例を示す。

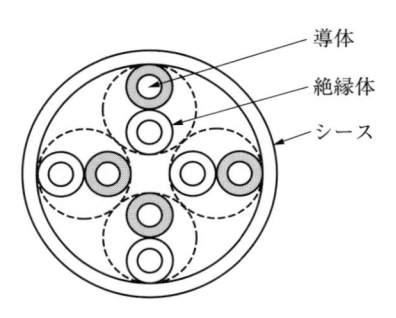

図 2.1-64　4 対 UTP ケーブル

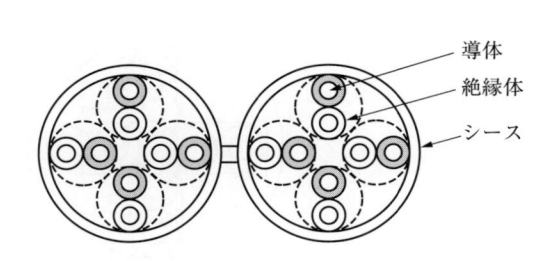

図 2.1-65　8 対 UTP ケーブル

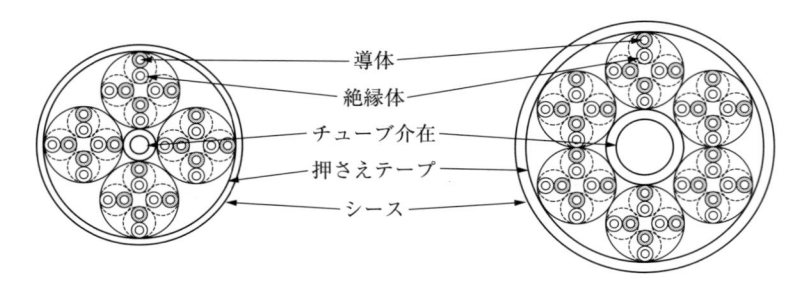

図 2.1-66　16 対，24 対一括シースタイプの構造例

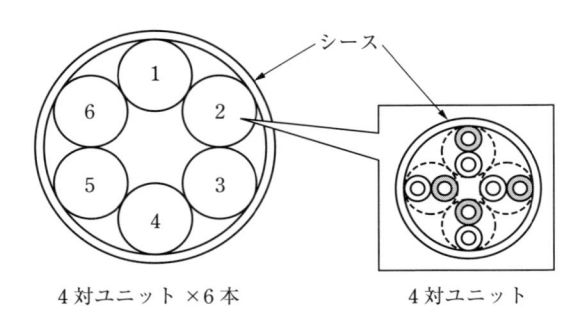

図 2.1-67　24 対インナーシースタイプの構造例

表 2.1-37　UTP ケーブルの仕様例

| 品名 | 対数 | 概算外径〔mm〕 | 概算質量〔kg/km〕 | 電気特性 | | |
|---|---|---|---|---|---|---|
| | | | | 特性インピーダンス〔Ω〕 | 減衰量（dB・100m） | 電力和近端漏話減衰量（dB/100m 以上） |
| UTP ケーブル（Cat5.4P） | 4 | 5.6 | 35 | 100Ω±15（1〜100MHz） | 4.1 以下（at 4MHz）<br>6.5 以下（at 10MHz） | 53 以下（at 4MHz）<br>47 以下（at 10MHz） |
| UTP ケーブル（Cat5.24P） | 24 | 13 | 170 | | 8.2 以下（at 16MHz）<br>6.5 以下（at 100MHz） | 44 以下（at 16MHz）<br>32 以下（at 100MHz） |

② FTP ケーブル

　FTP（Foiled Twisted Pair）ケーブルは，ScTP（Screened Twisted Pair）ケーブルや STP（Shielded Twisted Pair）ケーブルともよばれて，シールドで保護されたより対線ケーブルのことである。おもにノイズの多い場所で使用されている。図 2.1-68 に構造断面図を示す。

　FTP には以下のような組み合わせが存在する。

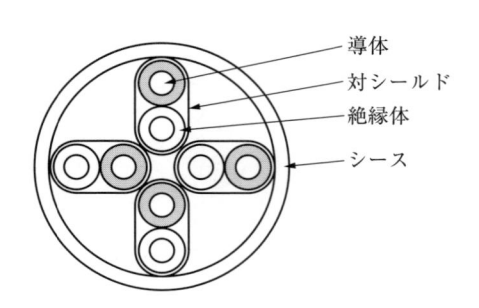

図 2.1-68　U/FTP ケーブル構造断面図

(イ) U/FTP（より対線をシールドしたもの，全体はシールドしていない）
(ロ) F/FTP（より対線をシールドし，かつ全体をシールドしたもの）
(ハ) S/FTP（より対線をシールドし，全体を編組シールドしたもの）
(ニ) SF/FTP（より対線をシールドし，全体を編組シールド，フォイルシールドしたもの）

現状では，取り扱いやすさからUTPケーブルが主に利用されているが，ノイズへの対策が必要な場合はFTPケーブルが有効である。ただし，ノイズ問題を根本的に解消するには，光ファイバケーブルを使う必要がある。

③施工

メタルケーブル（UTP，FTP）の施工に関し，下記に一般的な注意事項を示す。

(イ) ケーブル長　情報配線システムを構成するサブシステムごとに許容ケーブル長が規定されており，水平配線，ビル内幹線，構内幹線の総和距離が2000mを超えてはならない。また，通信アウトレットからフロア配線盤（成端部）までの水平配線は，最大90mである。許容ケーブル長を超えると伝送損失が大きくなり，伝送品質を保つことができないため，ケーブル長には十分注意を払う必要があり，最長ケーブルエリアにおいては，施工計画段階から十分にケーブルルートを検討しておく。

(ロ) ケーブルの引張り　ケーブル敷設時，ケーブルを強く引きすぎると，ねじれやキンクが発生してしまう。また，敷設経路で障害物と接触し，外被破損を引き起こす可能性がある。外被破損は，ケーブル特性を低下させることになるので十分注意しなければならない。ケーブルを敷設する際は，許容張力以上は加えないようにする。引張強度は，心線断面積（シールドを除く）に対し，最大 $50N/mm^2$ である。

(ハ) ケーブルの曲げ　ねじれ，キンクなど極端な曲げをケーブルに加えるとケーブル特性が低下してしまう。許容曲げ半径は，敷設後の状態で，幹線配線（多対ケーブル）はケーブル径の10倍以上，水平配線（4ペアUTPケーブル）はケーブル径の4倍以上を確保する。

(ニ) 離隔距離　ケーブルは，電力線からできるだけ離して敷設しなければならない。電力線からの離隔距離（TIA/EIA-569推奨値）は，2kVA以下で13cm，2～5kVAで31cm，5kVA以上で61cmである。蛍光灯は，高周波ノイズが多いため13cm程度離隔距離を確保する。また，離隔距離がとれない状況下では，配管および絶縁部材等を使用して電力線からの影響を受けないようにする。

(ホ) ケーブルの結束　敷設したケーブルは，外観および管理上，各箇所（配線盤，機器ラック，ケーブルラック，端末近傍ほか）において結束・固定する。たとえば，ケーブルラック上では，ケーブルの自重による張力を抑えるために，少なくとも60cm間隔で固定す

フロア配線盤から通信アウトレットまで，ケーブル実長90m以内

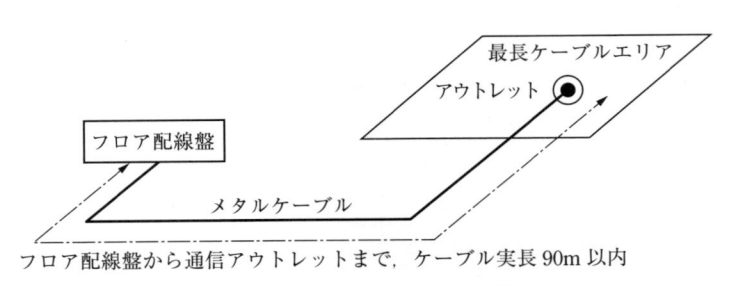

図2.1-69　メタルケーブル長

る。強く結束しすぎたりすると，ケーブル特性を低下させることになるので，ケーブルバンドが移動できる程度を目安とする。

(b) 光ファイバケーブル施工の要点

① 一般事項

光ファイバケーブルに一定以上の側圧が加わると微妙な曲がりが発生し，光ファイバケーブルの伝送損失が増加する。したがって，光ファイバケーブルに極端な曲がりや過度の側圧が加わらないように，光ファイバケーブルの曲げ半径，引張強度，許容側圧（光ファイバケーブルを扁平させる圧縮力）を考慮する。

(イ) 曲げ半径　光ファイバケーブルは，できるだけ大きな曲率で敷設し，許容側圧を超えないよう許容曲げ半径を厳守する。

いずれの場合も，上記条件を考慮し工事方法を選定する。

(ロ) 引張強度（敷設張力）　光ファイバケーブルの張力は，光ファイバケーブルの構造，抗張力体および敷設ルートにより異なるので敷設方法，光ファイバケーブルの仕様書および規格を厳守する。

ケーブルの敷設ルートを詳細に調査し，光ファイバケーブルの敷設張力を計算し，ドラム配置，敷設方向等を決め，光ファイバケーブルの許容張力以下となるようにする。

張力計算において使用する計算式を下記に示す。なお，9.8は重力加速度〔$m/s^2$〕であり，Wは光ファイバケーブルの質量〔kg/m〕である。

1) 直線部

直線部の張力　$T = 9.8 \times f \times W \times L$ 〔N〕

$f$：摩擦係数

$L$：直線部分の長さ〔m〕

2) 垂直部分

垂直上り張力　$T_1 = 9.8 \times W \times L$ 〔N〕

垂直下り張力　$T_2 = -9.8 \times W \times L$ 〔N〕

$L$：垂直部分の長さ〔m〕

3) 屈曲部

屈曲部直後の張力　$T_2 = T_1 \times \exp(f \times \theta)$ 〔N〕

$T_1$：屈曲部直前の張力〔N〕

$f$：摩擦係数

$\theta$：交角〔rad〕

(ハ) 余長について　敷設後の光ファイバケーブル端末は，外傷があったり，敷設時に無理な張力や曲げを受けたりしているので，接続には適さない。また，保守や将来の後分岐等

表2.1-38　許容曲げ半径

| 工 事 状 況 | 許容曲げ半径 | 記　　　事 |
|---|---|---|
| 敷　設　中 | 20D 以上 | 管路，トラフ，ラック等の敷設時 |
| 固　定　時 | 10D 以上 | マンホール，トラフ，ラック等の固定時 |
| 光ファイバ心線のみ | 30mm 以上 | 接続，測定時，収納時 |

を考慮し，接続余長を設ける。

　光ファイバケーブルの敷設にあたって温度差の影響も考えておく必要がある。屋外敷設で日光の直射熱により光ファイバケーブルが温度伸縮を生じる。とくにビル間の敷設の場合は，直埋・架空・管路・ビル内と温度差の大きく変化するところもあるので，光ファイバケーブルが影響を受けないように余長を設けて敷設する。

1) 架空光ファイバケーブルでは，電柱ごとにたわみD（スラック）を設ける。
2) ハンドホール，マンホール内では必ずオフセットを設ける
3) 屋外のトレイ，ラック，トラフ等に敷設する場合には，接続点の近傍を蛇行敷設する。

（ニ）ケーブルの保管　　ドラムの運搬中やドラムヤード内に保管する場合，平積みは禁止であり，回転移動しないように歯止めをドラムの両側に設置する。ドラムを平積みや横倒し作業すると巻きくずれや，ドラムの変形により，光ファイバケーブルにダメージを与える。

（ホ）ケーブルの運搬　　ドラムを回転し移動させる場合，回転方向は，必ずドラム側面に印刷されている矢印方向に回転させる。逆方向に回転させると，光ファイバケーブルのたるみが中に入り込み光ファイバケーブルにダメージを与える。

　車輛等で運搬されたドラムを地上に降ろす場合，ドラムを車輛から落下させたり，衝撃を与えないよう，ユニック車や光ファイバケーブル積載専用車輛を使用し静かに降ろす。

②敷設

（イ）敷設　　敷設する場合，許容張力，速度，側圧，曲げ半径等を厳守して行うと同時に中間および引張端と光ファイバケーブルドラム繰り出し端で相互に連絡を取り行う。また，光ファイバケーブルは必ず敷設時の耐抗張力のために抗張力体（テンションメンバ）が入っているので，これをプーリングアイと一体に端末加工処理し，抗張力体を引っ張って敷設する。

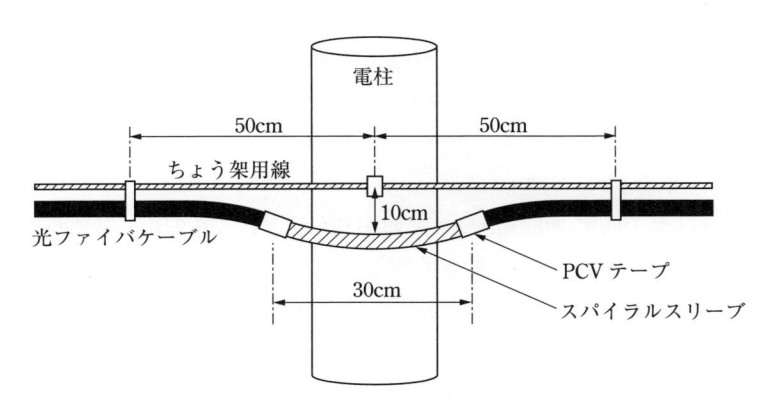

図 2.1-70　スラックの挿入箇所

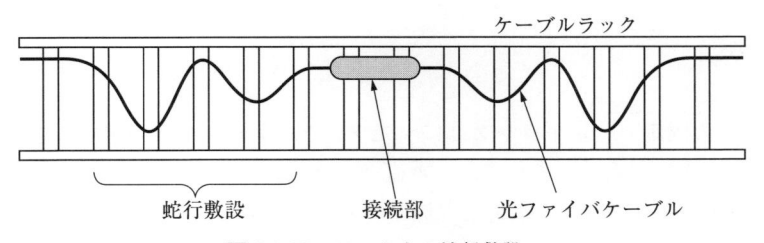

図 2.1-71　ラック上の蛇行敷設

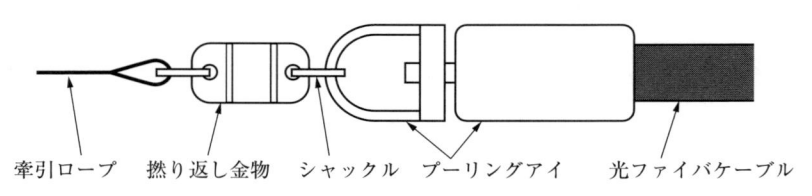

図 2.1-72　牽引ロープの取り付け

牽引ロープ　撚り返し金物　シャックル　プーリングアイ　光ファイバケーブル

敷設する際に，光ファイバケーブルを捻回させると，光ファイバケーブルの切断や損失増の原因になるので，より戻し金具を取り付け，捻回を防止する。

（ロ）敷設速度　　敷設速度は，毎分 15m を目安とし一定速度で波動しないよう，また，ドラムの回転金車等の通過時に支障のないようにする。

（ハ）敷設方向　　敷設時に繰り出す方向は，ドラム側面に印刷されている矢印方向と反対に光ファイバケーブルを上側から繰り出し敷設する。下側から繰り出し敷設すると，光ファイバケーブルに外傷や無理な曲げを与えてしまう。

（ニ）ブレーキ　　ドラムは，ケーブルジャッキを用いて保持し，ドラムとジャッキが当らない高さにレベル調整するとともに，ドラムにブレーキを適当な方法で施し，引っかかり回転しすぎのないようにする。

（ホ）敷設場所による工法

1）アクセスフロア（OA フロア，フリーアクセス）　　光ファイバケーブルを OA フロア・フリーアクセス付近に繰り出し，光ファイバケーブルに不必要な張力を加えないように注意して，押し込んで行く工法が一般的である。必要に応じ光ファイバコネクタ・光ファイバコードの保護を行う。敷設時，他のケーブルと交差しないよう注意する。

2）トラフ・ピット　　トラフ内の光ファイバケーブル敷設においては，光ファイバケーブルをトラフ付近に搬出し，トラフ蓋を開いて光ファイバケーブルをトラフ内に収容する工法が一般的である。トラフ内に既設ケーブルがある場合，ケーブルどうしの隙間や，ケーブルとトラフの隙間に敷設する光ファイバケーブルが入り込むと摩擦が大きくなり，敷設張力が大きくなるので注意する。

3）ダクト・ラック　　ダクト・ラックの曲がり角ごとに人を配置し連絡を取りながら，光ファイバケーブルの敷設張力・許容曲げ半径を遵守し，人力またはウィンチ等により敷設する。敷設時には，ねじれやたわみのないようにし，途中でゆるまないように紐・結束バンド等で仮固定する。

4）二重天井内　　二重天井内の敷設は，基本的に他の光ファイバケーブルと同様の工法で行うが，敷設時には，光ファイバコネクタ付コードや光ファイバコードが接続されている場合があるため，光ファイバコネクタ・光ファイバコードに対する保護等の配慮が必要となる。

③ケーブルの固定

（イ）ラックへの固定　　水平ラック部に，光ファイバケーブルを固定する場合，ラック 3m 以下ごとに捕縛して固定する。また，垂直ラック部に光ファイバケーブルを敷設する場合は，ラック 1.5m 以下ごとに捕縛して固定する。

（ロ）マンホール内での支持　　マンホール内の光ファイバケーブルの固定は，縦金物にケー

ブル受け金物を取り付け，ケーブル受け枕の上に光ファイバケーブルを乗せ，光ケーブル結紐で結束する。

(ハ) 接続部の固定　マンホール等内の光ファイバケーブル接続部は，ケーブル受け金物に取り付けた半割のビニル管または専用ブラケットの上に接続部を乗せ固定する。

(ニ) 光ファイバケーブルの移動防止　交通量の多い路面下に敷設された光ファイバケーブルは，地上の車輛の動きにより，車両の通行方向への路面加圧，および振動の繰り返しによって，徐々に移動するので，移動防止金物を管路口に取り付けてこれを防止する。

④ ラベル付け

敷設した光ファイバケーブルおよび機器の管理が容易になるように「識別名称」等を表示する。表示等のネーミングは，保守管理側の意向もあるので工事着手前に確認を得ておく。

(イ) 光ファイバケーブル名の表示　幹線配線の場合，光ファイバケーブルの区間を表示する。水平配線の場合，ゾーンボックス番号を表示する光ファイバケーブルを敷設した場合には，行き先の表示等を行い，保守管理がしやすいようにする。

(ロ) 表示方法　光ファイバケーブル名札を取り付けして表示する。またシール表示の場合，あとで剥がれることがあるので，必要に応じて透明テープ等で押さえ補強する。

⑤ その他

(イ) エレベータシャフトの利用　一般的に屋内の光ファイバケーブルは弱電用のEPS内に敷設するが，古いビルでは弱電用のEPSの容量が十分でなかったり，スペース自体が存在しなかったりする場合がある。2005年の改正建築基準法の施行により，エレベータシャフト内に光ファイバケーブルを敷設することが可能になった。あらかじめ分岐部を工場で制作した作り込みの分岐ケーブル（プレハブ配線）を利用し，シャフト内での作業を軽減する工法などが用いられる。

(ロ) FTTH（Fiber to the Home）　宅内配線においては架空等のクロージャからドロップケーブルとよばれる支持線つきのケーブルを用いて引き込みを行う。通常屋外のケーブルはテープ心線が使われており，一般的な宅内の引き込みが単心であるため，切断・分離・再接続等の工程が発生する。

(2) 電話設備

(a) IP電話とは

IPとは，インターネットプロトコルの略で，IP電話は，IP技術によるネットワークを使った電話のことである。従来の電話機ではデジタル変換装置を経由しなければ，通話できなかったが，IP電話では，電話機をLANの1端末として，ネットワーク上で音声を送受信できる。

(b) IP電話方式

IP電話システムは，以下の3つの方式に大別される。

① 既存設備活用方式

PBXなどの従来システムをIPネットワークにGW（ゲートウェイ）を使って接続する方式である。ここでは，GWが従来の電話システムをIPネットワークに接続し，電話の発信や通話をするための変換処理を行っている。この方式は，拠点間を接続するために使っていた専用線などの代わりにIPネットワークを使うので，PBXや電話機をそのまま利用でき，ある程度の回線コストを削減できる可能性があるが，使い勝手は，ほとんど従来のままである（図2.1-73①）。

① 既存設備活用方式

図 2.1-73 IP電話システムの方式

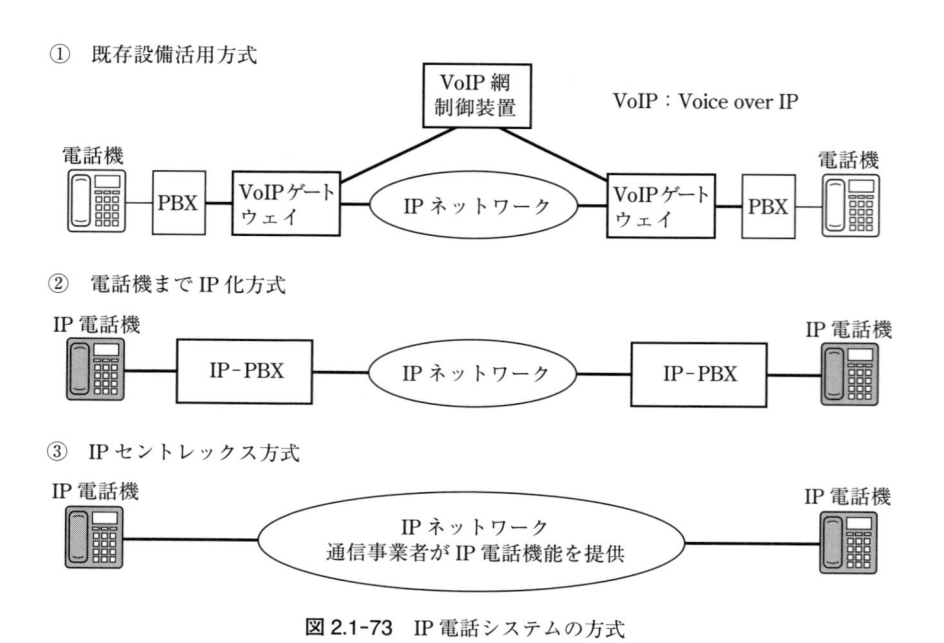

②電話機までIP化方式

　電話機まですべてをIP化する方式で，従来の電話機能のほかにIP電話システムの機能（コンピュータ連携など）をすべて活用できる（図2.1-73②）

③IPセントレックス方式

　通信事業者やベンダーがIP-PBXなどを用意し，ユーザー企業に対してIP電話サービスを提供する，アウトソーシングの一種である（図2.1-73③）

(3) テレビ共同受信設備

　ホテル・学校・病院などの館内で，業務用カメラ，ビデオカメラやDVDプレーヤーの映像音声を地上デジタル放送と同じデジタル変調（OFDM）し，地上デジタル放送と混合させることで，自主放送を可能にする。伝送路は既存の共同受信設備を利用するので，効率よく自主放送のデジタル化が実現できる。

(4) 緊急地震速報設備

　地震波には，伝播速度が速い「P波（＝初期微動）」（毎秒約7km）と，伝播速度は遅いが大きな揺れを起こす振幅の大きい「S波（＝主要動）」（毎秒約4km）があり，地震による被害の大半はP波到達以降に引き起こされる。したがって，P波が観測点に届いた時点で地震の規模・位置を即時的に求め，P波とS波の伝播速度の差を利用して地震の大きな揺れ（S波）が到着する前にインターネット等を利用して地震情報をいち早く利用者に伝達することにより，防災対策を実行することが可能となる。

(5) 監視カメラ設備

(a) ネットワークカメラ

　ネットワークカメラは，LANやインターネットのプロトコルであるTCP/IPを利用した映像伝送が可能なカメラ（映像サーバ）であり，LANケーブル（UTPケーブル）を利用してネットワークに接続する。カメラ電源はACアダプタなどから供給する方式と，PoE（Power over Ethernet）スイッチからUTPケーブル経由で供給する方式がある。

カメラの画素数は 30 万～ 400 万ピクセル程度まである。圧縮方式は M-JPEG（Motion-JPEG）を基本とするが，MPEG4-AVC/H.264 なども搭載され，画質やフレームレートが向上している。カメラの機能として，自動焦点，自動露出，PTZ（パン・チルト・ズーム）機能のほかに，モーション検知，自動追尾，音声送受信，センサー入力などの機能を持つものもある。

カメラの設置にあたっては，撮影範囲がカメラの画角内に収まるような，距離，取り付け位置，角度とする。また，昼夜の光量変化や逆光などを考慮し，逆光補正やデイ／ナイト機能などを設定する。屋外に取り付ける場合は，カメラハウジングに収納して湿気が入らないようにし，結露防止ヒーターなども考慮するか，あるいは屋外専用カメラを使用する。

(b) 映像監視ソフトウェア

映像監視ソフトウェアは，複数のネットワークカメラからの映像を PC の画面に表示したり，PC のハードディスク（あるいは NAS）に録画するソフトウェア（クライアント）である。

映像監視ソフトウェアは，カメラ制御（PTZ，プリセット），ライブ表示（画面分割，シーケンシャル表示），録画（スケジュール録画，モーション検知録画），再生（検索，正逆再生，ズーム，ファイル出力）などの機能を持つ。要件に応じて，カスタマイズすることもある。

ハードウェアは，汎用的な Windows PC（規模に応じてタワー型，ラック型など選択）が利用できるため，監視システム構築の自由度が高い。

### 2.1.14 防災設備

(1) 防災設備の概要

一般に「防災設備」とよばれている設備は，法規上で規定された呼称ではなく消防法や建築基準法において，火災，地震など災害における警報，避難，消火，防火などを行う設備であり，建物用途，規模により設置基準が定められている。消防法上，建築基準法上で定められた防災設備を表 2.1-39 に示す。

中央管理室，防災センターは，それぞれ建築基準法および消防法で大規模な建物の防災監視を行うための施設として規定されている。消防法で防災センターの設置対象となる防火対象物と防災センターの設置基準を表 2.1-40 に示す。建築基準法で設置が義務づけられている建築物は，高さが 31m を超える建物で非常用エレベータの設置が必要な建物および，地下街で床面積の合計が 1000m$^2$ を超える建物である。

中央管理室は，次の機能を有しなければならない。

①機械換気設備の制御および作動状態の監視
②中央管理方式の空気調和設備の制御および作動状態の監視
③排煙設備の制御および作動状態の監視
④非常用エレベータのかごを呼び戻す装置の作動および電話装置によるかご内との連絡

防災センターは，次の機能を有しなければならない。

①防災，防犯および一般管理の中心
②火災の早期発見と情報の伝達，消防機関への通報
③初期消火および非常事態に対する活動指令の中心

また，東京都の場合，防火対象物の消防用設備などの作動表示，監視制御を防災センターにおいて，集中して管理しなければならないとしている。

表 2.1-39 防災設備一覧表

| | 消防法上の設備 | 建築基準法上の設備 |
|---|---|---|
| 警報設備 | ● 自動火災報知設備<br>● ガス漏れ火災警報設備<br>● 非常警報器具または非常警報設備<br>● 漏電火災警報器<br>● 消防機関へ通報する火災報知設備 | ● ガス漏れ警報設備 |
| 避難設備 | ● 誘導灯および誘導標識<br>● すべり台，避難はしご，救助袋，緩降機，避難橋，その他避難器具 | ● 避難階段<br>● 特別避難階段<br>● 非常用の照明装置<br>● 排煙設備 |
| 消火防火設備 | ● 消火器および簡易消火用具（水バケツ，水槽，乾燥砂，膨張ひる砂，膨張真珠岩）<br>● 屋内消火栓設備<br>● スプリンクラ設備<br>● 水噴霧消火設備・泡消火設備<br>● 不活性ガス消火設備<br>● ハロゲン化物消火設備<br>● 粉末消火設備・屋内消火栓設備<br>● 動力消防ポンプ設備 | ● 防火戸<br>● 防火区画などの火災拡大防止のための構造設備<br>● 内装制限，避難施設<br>● 防火区画貫通措置<br>● 耐震措置<br>● 避雷設備 |
| 消防活動用設備 | ● 排煙設備<br>● 連結散水設備<br>● 連結送水管設備<br>● 非常コンセント設備<br>● 無線通信補助設備<br>● 防災センター | ● 非常用エレベータ<br>● 非常用進入口<br>● 中央管理室 |

### (2) 自動火災報知設備

#### (a) 自動火災報知設備の構成

自動火災報知設備は，火災を感知し警報を発する装置である．自動火災報知設備は，消防法上で消防用設備等の警報設備として規定されており，設置基準は消防法施行令第 21 条に規定されている．また，共同住宅用の自動火災報知設備では，消防予第 220 号（平成 7 年 10 月 5 日）特例基準という通知が出ている．自動火災報知設備の設置基準を表 2.1-41 に示す．

自動火災報知設備は，受信機の種別により P 型と R 型に分けられる．従来から使用されている P 型受信機の P は Proprietary（占有，独立）の頭文字を取ったもので，警戒区域の数に対応した配線本数が必要となる．中小規模向けのシステムである．R 型受信機の R は Record（記録）の頭文字を取ったもので，感知器の信号を一度中継器で経由して受信機に送るため，受信機と中継器のあいだは，通信ライン接続となるため，数本の配線で済む．大規模向けのシステムである．

#### (b) 施工の要点

①受信機

受信機は，操作や点検が容易に行える適当な空間をもつように設置し，地震による転倒を防止するため構造体に堅固に固定するように設置する．

表 2.1-40 消防法施行令別表1 防火対象物および防災センター設置基準

| 一項 | 別 | 防火対象物の用途など | 防災センター設置基準 |
|---|---|---|---|
| (1) | *イ | 劇場,映画館,演芸場,観覧場 | (a)<br>● 地上11階以上かつ延べ面積 10000m² 以上<br>● または地上5階以上で延べ面積 20000m² 以上・(延べ面積 50000m² 以上のものすべて) |
|  | *ロ | 公会堂,集会場 |  |
| (2) | *イ | キャバレー,カフェ,ナイトクラブの類 |  |
|  | *ロ | 遊技場,ダンスホール |  |
|  | *ハ | 風俗営業等の規制および業務の適正化などに関する法律に規定する性風俗関連特殊営業を営む店舗((1)項イ,(4)項,(5)項イ及び(9)項イ,に掲げる防火対象物の用途に供されているものを除く)その他これに類するものとして総務省令(規5-1)で定めるもの |  |
| (3) | *イ | 待合,料理店その他これらに類するもの |  |
|  | *ロ | 飲食店 |  |
| *(4) |  | 百貨店,マーケットその他の物品販売業を営む店舗または展示場 |  |
| (5) | *イ | 旅館,ホテル,宿泊所その他これらに類するもの |  |
|  | ロ | 寄宿舎,下宿,共同住宅 | (b) |
| (6) | *イ | 病院,診療所,助産所 | (a) |
|  | *ロ | 老人福祉施設,有料老人ホーム,介護老人保健施設,救護施設,更生施設,児童福祉施設,身体障害者更生援護施設,精神障害者社会復帰施設,知的障害者援護施設 |  |
|  | *ハ | 幼稚園,盲学校,聾学校,養護学校 |  |
| (7) |  | 小学校,中学校,中等教育学校,高等学校,高等専門学校,大学,専修学校,各種学校その他これらに類するもの | (b) |
| (8) |  | 図書館,博物館,美術館その他これらに類するもの |  |
| (9) | *イ | 公衆浴場のうち,蒸気浴場,熱気浴場,その他これらに類するもの | (a) |
|  | ロ | イに掲げる公衆浴場以外の公衆浴場 | (b)<br>● 地上15階以上で延べ面積 30000m² 以上・(延べ面積 50000m² 以上のものすべて) |
| (10) |  | 車両の停車場,船舶,航空機の発着場 |  |
| (11) |  | 神社,寺院,教会その他これらに類するもの |  |
| (12) | イ | 工場,作業場 |  |
|  | ロ | 映画スタジオ,テレビスタジオ |  |
| (13) | イ | 自動車車庫,駐車場 |  |
|  | ロ | 飛行機または回転翼航空機の格納庫 |  |
| (14) |  | 倉庫 |  |
| (15) |  | 前各項に該当しない事業場 |  |
| (16) | *イ | 複合用途防火対象物のうちその一部が(1)〜(4)項,(5)項イ,(6)項または(9)項イに掲げる防火対象物の用途に供されているもの | (a) |
|  | ロ | イに掲げる複合用途防火対象物以外の複合用途防火対象物 | (b) |
| *(16の2) |  | 地下街 | 延べ面積 1000m² 以上 |
| *(16の3) |  | 準地下街(連続して地下道に面して設けられた建築物の地階と地下道を合わせたもので特定防火対象物の存するものをいう) |  |
| (17) |  | 重要文化財,重要有形民族文化財,史跡,重要美術品などの建造物 |  |
| (18) |  | 延長 50m 以上のアーケード |  |
| (19) |  | 市町村長の指定する山林 |  |
| (20) |  | 総務省令で定める舟車 |  |

注:*は特定防火対象物を示す

表 2.1-41　自動火災報知設備設置基準

| 項別 | | 令第34条 | 令第21条 | | | | | 規則第23条 煙感知器の設置を必要とする場所 | | | | |
|---|---|---|---|---|---|---|---|---|---|---|---|---|
| | | 既存遡及 | 一般・延べ面積 m² 以上 | 1階段対象物延べ面積 m² 以上 | 地階・無窓階・3階以上（床面積 m² 以上） | 地階または2階以上（床面積 m² 以上） | 11階以上の階 | 廊下通路 | 地階・無窓階および11階以上 | 階段傾斜路 | 天井高15m以上の場所 | エレベータの昇降路・ダクト類 |
| (1) | *イ | ○ | 300 | 全部（注3） | | 300 | | ○ | | 全部 | 全部 20m以下は○ 20m以上は□ | 全部 |
| | *ロ | | | | | | | | | | | |
| (2) | *イ | ○ | | | | 300（地階無窓階は100） | | | ○または□ | | | |
| | *ロ | | | | | | | | | | | |
| | *ハ | | | | | | | | | | | |
| (3) | *イ | ○ | | | | | | | | | | |
| | *ロ | | | | | | | | | | | |
| *(4) | | ○ | | | | | | | | | | |
| (5) | *イ | ○ | | | | | 駐車の用に供する部分の存する階で当該部分の床面積200m²以上 | | | | | |
| | ロ | | 500 | | | | | | ○または□ | | | |
| (6) | *イ | ○ | 300 | 全部（注3） | | | | | ○または□ | | | |
| | *ロ | | | | | | | | | | | |
| | *ハ | | | | | | | | | | | |
| (7) | | | 500 | | 300 | | 全部 | | △ | | | |
| (8) | | | | | | | | | | | | |
| (9) | *イ | ○ | 200 | 全部（注3） | | | | ○ | ○または□ | | | |
| | ロ | | 500 | | | | | | | | | |
| (10) | | | 500 | | | | | | | | | |
| (11) | | | 1000 | | | | | | | | | |
| (12) | イ | | 500 | | | | | ○ | △ | | | |
| | ロ | | | | | | | | | | | |
| (13) | イ | | 全部 | | | | | | | | | |
| | ロ | | | | | | | | | | | |
| (14) | | | 500 | | | | | | | | | |
| (15) | | | 1000 | | | | | | | | | |
| (16) | *イ | ○ | 300 | 全部（注3） | （注4） | | | ○ | ○または□ | | | |
| | ロ | | | （注1） | | | | | △ | | | |
| *(16の2) | | ○ | 300 | | | | | | | | | |
| *(16の3) | | ○ | （注2） | 全部（注3） | | | | ○ | ○または□ | | | |
| (17) | | ○ | 全部 | | | | | | △ | | | |

注1）：各用途部分の設置基準に従って設置。
　2）：延べ面積 500m² 以上で，かつ，(1)～(4)，(5)イ，(6)，(9)イの用途部分の床面積の合計が 300m² 以上。
　3）：特定用途に供される部分が避難階以外の階（1階および2階を除く）に存するもので，当該避難階以外の階または避難階または地上に直通する階段が2（当該階段が屋外に設けられている場合にあっては1）以上設けられていないもの。
　4）：各用途部分の設置基準に従って設置。
　　　○は煙感知器，□は炎感知器を設置すること。△は熱感知器を設置することができる。

②発信機

　発信機は多数の目に触れやすく，操作が容易に行えるロビー，廊下，階段付近など共用部に設ける。発信機を消火栓の加圧送水装置の起動装置として使用する場合は，消火栓の上部に設ける。P型発信機を設置する場合は，各階ごとに1の発信機までの歩行距離が50m以下となるように設ける。

③感知器

　感知器の設置は，下記の条件による（図2.1-74～77）。

表2.1-42　感知器種別ごとの感知面積

| 取付面の高さ | | | | 4m 未満 | | 4m 以上 8m 未満 | | 8m 以上 15m 未満 | | 15m 以上 20m 未満 |
|---|---|---|---|---|---|---|---|---|---|---|
| 感知器の種別 | | 防火対象物またはその部分の構造 | | 耐火構造 | その他の構造 | 耐火構造 | その他の構造 | 耐火構造 | その他の構造 | ― |
| 差動式 | 分布型 | 空気管式 | | 1. 感知器の露出部分は，感知区域ごとに20m以上とする。<br>2. 感知器の相互間隔は，耐火構造にあっては9m以下，その他の構造にあっては6m以下とする。<br>3. 一の検出部に接続する長さは100m以下とする。 | | | | | | ― |
| | スポット型 | | 1種 | 90m² | 50m² | 45m² | 30m² | ― | ― | ― |
| | | | 2種 | 70m² | 40m² | 35m² | 25m² | ― | ― | ― |
| 補償式 | スポット型 | | 1種 | 90m² | 50m² | 45m² | 30m² | ― | ― | ― |
| | | | 2種 | 70m² | 40m² | 35m² | 25m² | ― | ― | ― |
| 定温式 | スポット型 | | 特種 | 70m² | 40m² | 35m² | 25m² | ― | ― | ― |
| | | | 1種 | 60m² | 30m² | 30m² | 15m² | ― | ― | ― |
| | | | 2種 | 20m² | 15m² | ― | ― | ― | ― | ― |
| 煙式 | イオン化式光電式スポット型 | | 1種 | 150m² | | 75m² | | 75m² | | 75m² |
| | | | 2種 | 150m² | | 75m² | | 75m² | | ― |
| | | | 3種 | 50m² | | ― | | ― | | ― |

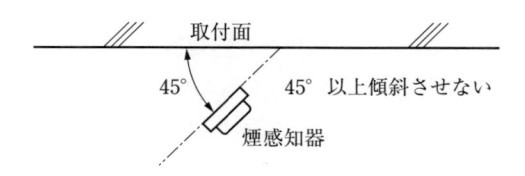

図2.1-74　感知器の設置位置（傾斜）

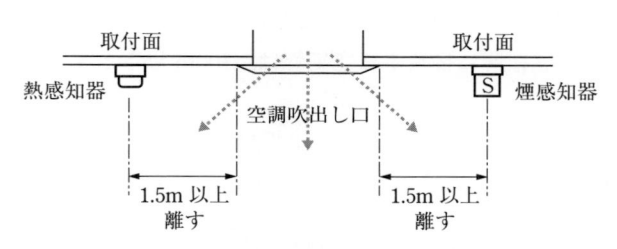

図2.1-75　感知器の設置位置（空調吹出し口）

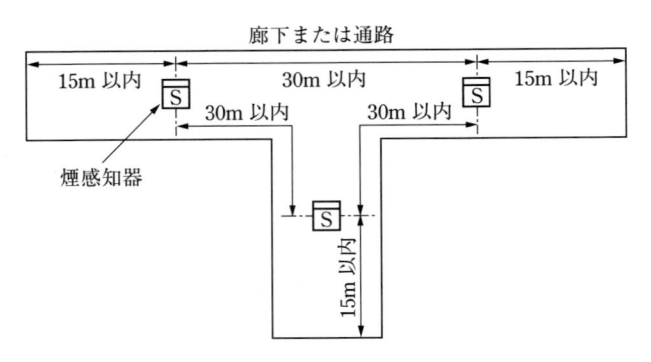

図 2.1-76 感知器の設置位置（廊下または通路）

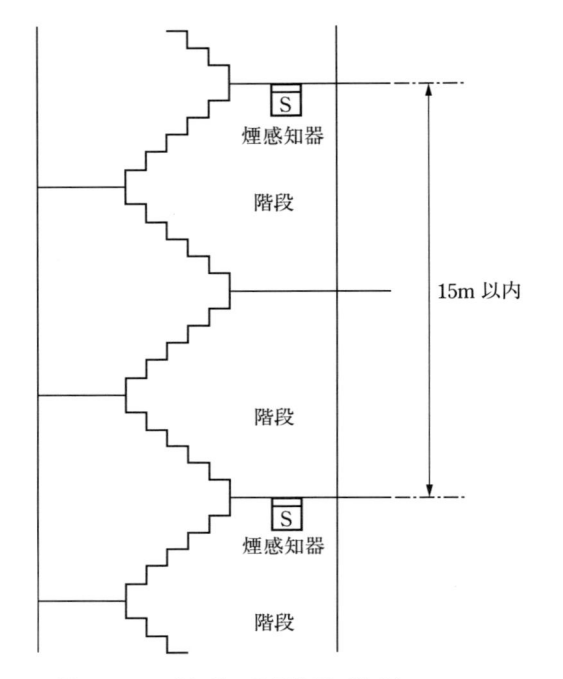

図 2.1-77 感知器の設置位置（階段）

（イ）差動式，定温式，補償式その他の熱複合式感知器　　取付面より 0.4m 以上突出したはりなどによって区画された部分ごとに，感知器の種別，取付高さに応じた感知面積につき1個以上を，火災を有効に感知するように設ける。感知器の下端は，取付面より 0.3m 以内の位置に設ける。

（ロ）差動分布型感知器（空気管式のもの）　　感知器の露出部分は，感知区域（壁または 0.6m 以上のはりなどで区画された部分）ごとに 20m 以上とする。取付面の下方 0.3m 以下に設ける。一つの感知器に接続する空気管は，100m 以下とする。検出部は 5 度以上傾斜させない。

（ハ）定温式感知器の特性を有する感知器　　正常時における使用場所の温度が，公称作動温度（2 以上の公称作動温度を有するものにあっては，最も低い公称作動温度）より 20℃ 低い場所に設ける。

（ニ）煙感知器（光電分離型感知器を除く）　　天井が低い（天井高 2.5m 未満）居室，また

は狭い（40m² 未満）居室は，入口付近に設ける。天井付近に吸気口のある居室は，吸気口付近に設ける。感知器の下端は取付面の下方 0.6m 以内に取り付ける。壁，はりなどから 0.6m 以上離して取り付ける。

（ホ）熱煙複合スポット型感知器　感知器の下端は熱式と同様に取り付ける。天井が低い居室または狭い居室および天井付近に吸気口のある場合は，煙感知器と同様に取り付ける。壁，はりなどから 0.6m 以上離して取り付ける。廊下および通路にあっては，煙感知器と同様に取り付ける。

（ヘ）光電分離型感知器　直射日光を受けないように設置する。光軸が壁と平行する場合は，0.6m 以上離す。送光部，受光部は感知器の背部の壁より 1m 以内に設ける。

（ト）炎感知器　感知器は天井または壁に設ける。壁に区画された区域ごとに，監視空間（当該区域の床面から 1.2m までの空間）から当該感知器までの距離（監視距離）が公称監視距離の範囲内となるように設ける。

④地区音響装置

地区音響装置は，階段などに設置する場合を除き，自動火災報知設備の感知器の作動と連動して鳴動すること。同時に，防火対象物の全区域に有効に報知できるように設け，各階ごとに各部から 1 の地区音響装置までの水平距離が 25m 以下となるように設ける（図 2.1-78）。

地階を除く階数が 5 以上で，延べ面積 3000m² を超える防火対象物にあっては，次に示す階に限り鳴動することができる。

（イ）出火階が 2 階以上の場合，出火階と直上階。
（ロ）出火階が 1 階の場合，出火階，直上階，地階。
（ハ）出火階が地階の場合，出火階，直上階と他の地階。

また，地区音響装置の音圧は，その中心から 1m 離れた位置で，90dB 以上であること。

以上の基準により設置した場合は，この有効範囲にある部分の非常警報設備の非常ベルまたは自動サイレンの設置が省略できる。

⑤配線

自動火災報知設備の配線は，消防法施行規則第 24 条において規定されており，概要は下記の

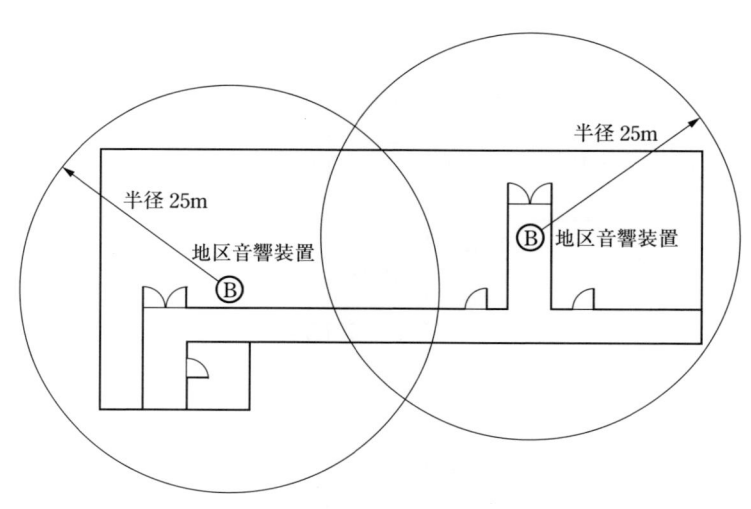

図 2.1-78　地区音響装置の設置位置

とおりである。
　（イ）自動火災報知設備の配線は原則として単独配線とする。
　（ロ）受信機と地区音響装置，消防用設備等の操作回路，中継器，アドレス式の発信機および感知器，多信号感知器，アナログ式感知器は耐熱配線とする。
　（ハ）受信機と非常電源および中継器と非常電源間は耐火配線とする。
　耐熱配線と耐火配線の種別，配線方式を表2.1-43，図2.1-79に示す。

(3) 非常警報設備
(a) 非常警報設備の概要
　非常警報設備は，火災の発生を報知する機械器具または設備として，警鐘，携帯用拡声器，手動式サイレン，その他非常用警報器具および非常警報設備として，非常ベル，自動式サイレン，放送設備があり，消防法施行令第7条に定められている。前述の自動火災報知設備，ガス漏れ

表2.1-43　耐火・耐熱配線

| 区分 | A欄　電線などの種類 | B欄　工事種別 | C欄　施設方法 |
|---|---|---|---|
| 耐火配線 | (1) アルミ被ケーブル<br>(2) 鋼帯がい装ケーブル<br>(3) クロロプレンがい装ケーブル<br>(4) 鉛被ケーブル<br>(5) 架橋ポリエチレン絶縁ビニルシースケーブル（CVケーブル）<br>(6) 600V架橋ポリエチレン絶縁電線（IC）<br>(7) 600V二重ビニル絶縁電線<br>(8) ハイパロン絶縁電線耐<br>(9) 四ふっ化エチレン（テフロン）絶縁電線<br>(10) シリコンゴム絶縁電線 | (1) 金属管工事<br>(2) 二種金属製可とう電線管工事<br>(3) 合成樹脂管工事（C欄の(1)により施設する場合に限る） | (1) 耐火構造とした主要構造部に埋設する。この場合の埋設深さは，壁体などの表面から20mm以上とする。<br>(2) 1時間耐火以上の耐火被覆材または耐火被覆板で覆う。<br>(3) ラス金網を巻き，モルタルを20mm以上塗る。<br>(4) A欄の(1)から(5)までのケーブルを使用し，けい酸カルシウム保温筒25mm以上に石綿クロスを巻く。<br>(5) 耐火性能を有するパイプシャフト（ピットなどを含む）に隠ぺいする。 |
| 耐火配線 | | (4) 金属ダクト工事 | (2)，(3) または (5) により施設する。 |
| 耐火配線 | | (5) ケーブル工事 | A欄の(1)から(5)までのケーブルを使用し，耐火性能を有するパイプシャフト（ピットなどを含む）に施設するほか，ほかの電線との間に不燃性隔壁を堅ろうに取り付け，または15cm以上の離隔を常時保持できるように施設する。 |
| 耐火配線 | (11) バスダクト | (6) バスダクト工事 | 1時間耐火以上の耐火被覆板で覆う，ただし，耐火性を有するものおよび(5)に設けるものは除く |
| 耐火配線 | (12) 耐火電線　電線管用のもの | (5) の工事 | B欄の(1)から(4)で保護することもできる。 |
| 耐火配線 | (12) 耐火電線　その他のもの | (5) の工事 | 露出またはシャフト，天井裏などに隠ぺいする。 |
| 耐火配線 | (13) MIケーブル | (5) の工事 | |
| 耐熱配線 | (1)から(10)までの電線など | (1)，(2) または (4) の工事 | |
| 耐熱配線 | (1)から(5)までのケーブル | (5) の工事 | 不燃性のダクト，耐火性能を有するパイプシャフト（ピットなどを含む）に隠ぺいする。 |
| 耐熱配線 | (14) 耐熱電線<br>(15) 耐熱光ファイバケーブル<br>(16) 耐熱同軸ケーブル<br>(17) 耐熱漏えい同軸ケーブル | (5) の工事 | |

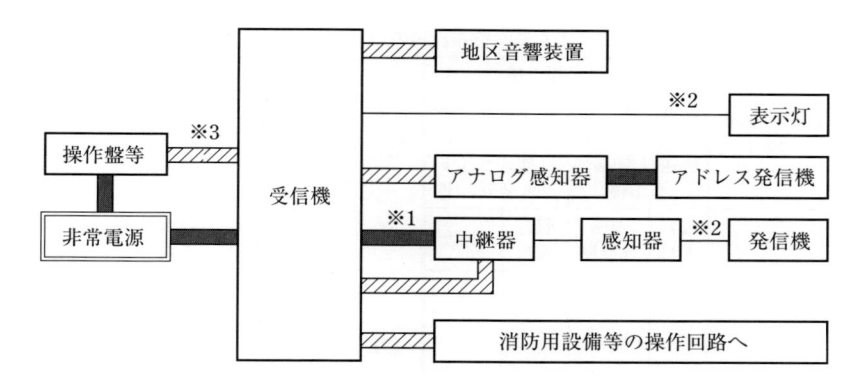

```
┌──────┐ ※3  ┌──────┐ ▨▨▨▨ ┌──────────┐
│操作盤等│━━━━━│      │▨▨▨▨▨│ 地区音響装置 │
└───┬──┘     │      │      └──────────┘
    │        │      │            ※2      ┌──────┐
    │        │      │──────────────────│ 表示灯 │
┌───┴──┐     │      │                    └──────┘
│非常電源│━━━━━│ 受信機│      ┌────────┐ ┌──────────┐
└──────┘     │      │▨▨▨▨▨│アナログ感知器│─│アドレス発信機│
             │      │      └────────┘ └──────────┘
             │      │ ※1  ┌────┐ ┌────┐ ※2 ┌────┐
             │      │▨▨▨▨│中継器│─│感知器│────│発信機│
             │      │      └────┘ └────┘    └────┘
             │      │▨▨▨▨▨┌──────────────────────┐
             └──────┘      │ 消防用設備等の操作回路へ │
                           └──────────────────────┘
```

▨▨▨▨ 耐熱または耐火配線
■■■■ 耐火配線

注）※1　中継器の非常電源回路は，中継器が予備電源を内蔵している場合，一般配線
　　　　でもよい
　　※2　発信機を他の消防用設備等の起動装置と兼用する場合，発信機上部表示灯の
　　　　回路はそれぞれの消防用設備等の例による
　　※3　受信機が防災センターに設けられている場合は，一般配線でもよい

**図 2.1-79　配線種別**

火災警報設備も警報設備の一部である。このほか漏電火災警報設備（消防法施行令第22条），消防機関へ通報する火災報知設備（消防法施行令第23条）が含まれる。

　非常警報設備の設置基準は，消防法施行令第24条に定められている。消防法による非常警報設備の設置基準を表2.1-44に示す。

　放送設備以外の警報設備については，自動火災報知設備で代替する場合が一般的である。

　非常警報設備に関する基準は，消防法施行規則第25条の2において規定されている。

①スピーカの音圧

　スピーカの取付位置から1m離れた場所の音圧が，L級では92dB以上，M級では87dB以上92dB未満，S級では84dB以上87dB未満，を満たしている必要がある。

②階段，傾斜路以外に設置する場合の選定基準

　（イ）100$m^2$を超える放送区域に使用するスピーカは，L級とする。

　（ロ）50$m^2$を超え100$m^2$以下の放送区域に設置するスピーカは，L級またはM級とする。

　（ハ）50$m^2$以下の放送区域に設置するスピーカは，L級，M級またはS級とする。

③スピーカの設置基準

　（イ）階段，傾斜路以外に設置する場合　　当該放送区域の各部から1のスピーカまでの水平距離が10m以下となるように設ける。居室および廊下で6$m^2$以下，その他の部分では30$m^2$以下の放送区域については，他の放送区域のスピーカまでの水平距離が8m以下となるように設けられている場合は，スピーカを省略できる。

　（ロ）階段または傾斜路に設置する場合　　階段または傾斜路に設置する場合は，垂直距離15mにつきL級を1個以上設ける。

④スピーカの配線

　スピーカに音量調節器を設ける場合の配線は，3線式とする。

表 2.1-44 消防法による非常警報設備の設置基準（消防法施行令第 24 条）

| 防火対象物区分 | | 非常警報器具 | 非常警報設備 | | | | 防火対象物区分 | | 非常警報器具 | 非常警報設備 | | | |
|---|---|---|---|---|---|---|---|---|---|---|---|---|---|
| | | | 非常ベル，自動式サイレン，放送設備のうち1種 | | 放送設備と非常ベルまたは自動式サイレンと放送設備 | | | | | 非常ベル，自動式サイレン，放送設備のうち1種 | | 放送設備と非常ベルまたは自動式サイレンと放送設備 | |
| | | 収容人員 | 収容人員 | 地階無窓階 | 収容人員 | 階数 | | | 収容人員 | 収容人員 | 地階無窓階 | 収容人員 | 階数 |
| (1) | *イ | | 50 | 地階および無窓階の収容人員が20人以上 | 300 | 地階を除く階数が11以上のものまたは地階の階数が3以上のもの | (9) | *イ | | 20 | 地階および無窓階の収容人員が20人以上 | 300 | 地階を除く階数が11以上のものまたは地階の階数が3以上のもの |
| | *ロ | | | | | | | ロ | | 20人以上50人未満 | | | |
| (2) | *イ | | | | | | (10) | | | | | | |
| | *ロ | | | | | | (11) | | | | | | |
| | *ハ | | | | | | (12) | イ | | 20人以上50人未満 | | | |
| (3) | *イ | | | | | | | ロ | | | | | |
| | *ロ | | | | | | (13) | イ | | | | | |
| *(4) | | 20人以上50人未満 | | | | | | ロ | | | | | |
| (5) | *イ | | 20 | | | | (14) | | | | | | |
| | ロ | | 50 | | 800 | | (15) | | | | | | |
| (6) | *イ | | 20 | | | | (16) | *イ | | | | 500 | |
| | *ロ | 20人以上50人未満 | | | 300 | | | ロ | | | | | |
| | *ハ | | 50 | | | | *(16の2) | | | | | 全 部 | |
| (7) | | | | | | | *(16の3) | | | | | | |
| (8) | | | | | 800 | | (17) | | | 50 | | | |

注 * は特定防火対象物
1) 自動火災報知設備の有効範囲内の部分は設置免除（放送設備を除く）
2) 非常ベルまたは自動式サイレンと同等以上の音響を発する装置を付加した放送設備を設けた場合は，非常ベルまたは自動式サイレン設置を免除
3) 非常電源を付置

⑤操作部，遠隔操作器

操作スイッチは，床面から 0.8m（いすに座って操作するものは，0.6m）以上 1.5m 以下とする。起動装置または自動火災報知設備の作動と連動して当該作動階または区域を表示できることとし，総合操作盤を設ける場合も同様とする。

⑥警報を鳴動する階

警報を鳴動する階は，出火階が 2 階以上の場合は出火階およびその直上階，出火階が 1 階の場合は出火階その直上階および地階，出火階が地階の場合は出火階その直上階およびその他の地階，に限る。

(b) 施工の要点

①機器の取り付け

機器の取り付けにあたっては，点検および操作上有効な空間を確保する必要がある。また非常時に使用するものであるから，地震などによる障害がないように，堅ろうに取り付ける。ス

ピーカは，前述の場所のほかエレベータのかご内，特別避難階段にも設置する必要がある。
② 電源と配線

配線は，電気工作物にかかわる法令の規定によるほか下記のように設ける。

(イ) 電源回路の絶縁抵抗は，大地間および線間で0.1MΩ以上，電源回路の対地電圧が150Vを超える場合は0.2MΩ以上とする。

(ロ) 火災により1の階のスピーカまたは配線が短絡または断線しても他の階への火災の報知に支障がないような回路構成とする。

(ハ) 増幅器からスピーカまでの配線は，耐熱配線を使用する。

(ニ) 増幅器の常用電源は，分電盤より専用の回路とし，非常電源として蓄電池を設ける。

(ホ) 遠隔操作器を設ける場合は，操作器間の配線に耐熱配線を使用する。

(4) 防災設備への配線

(a) 耐熱配線種別

① 耐熱A種配線（FA）

耐火処理を施さない場所で，配管に納めた2種ビニル絶縁電線による配線。

② 耐熱B種配線（FB）

配管に納めないで使用する耐熱ケーブル（JCMA ニンテイ HP）による配線。

③ 耐熱C種配線（FC）

配管に納めないで使用する耐火ケーブル（JCMA ニンテイ FP）による配線。

(b) 配線方法

防災設備の配線には，電源用の配線と制御通報用の配線があり，耐熱性能を必要とする配線がある。防災設備に使用する耐熱配線の選定基準を，表2.1-45に示す。

耐熱配線の設計にあたっては，防災設備の電源から負荷に至るまで，電線・ケーブルから電路に用いる機器を含めて耐熱協調を図らなければならない。

電圧降下は原則として，幹線3%，分岐回路2%以下とする。ただし，こう長が60mを超える場合は，こう長によって幹線と分岐回路の合計値を7%以下とすることができる。

火災時の温度上昇による導体抵抗の増大や，耐熱保護材料による常時使用時の温度上昇を考慮して電線サイズを選定する。

幹線は専用回線とするが，高圧または特別高圧の電路で，防災電源回路から一般回路を開閉器や遮断器などで区分できる回路，および2系統以上の給電回路で，一般電源回路を開閉器や遮断器で区分できる回路の場合は，専用回路としなくてもよい。

電源回路には地絡により電路を遮断する装置を設置しない。ただし，地絡遮断装置を設ける必要がある回路の場合は，地気を生じたときに防災センター，守衛室などに警報する装置を設ける必要がある。

(c) 施工の要点

非常用の電源である発電設備，蓄電池設備，非常電源専用受電設備を施工する場合，各機器，盤それぞれの相互間のスペース，周囲のスペースについては規定があるので十分考慮して設置する。

表 2.1-45 耐熱配線の選定

| 防災設備 | | | 天井下地，天井仕上材などが不燃材料以外でつくられた天井裏および露出場所 | 天井下地，天井仕上材などが不燃材料でつくられた天井裏（注1） | 不燃材料で区画された機械室など | 耐火区画室 |
|---|---|---|---|---|---|---|
| 建築基準法 | 防火戸，ダンパ | 電源 | FC | FB | — | FA |
| | | 操作 | FB | FA | | |
| | 非常用の照明装置 | 電源 幹線 | FC | FC | | |
| | | 電源 分岐 | FC | FA（注2） | | |
| | | 操作 | FB | FA | | |
| | 排煙装置 | 電源 | FC | FB | | |
| | | 操作 | FB | FA | | |
| | 非常用の進入口 | 電源 | FC | FC | | |
| | 非常用の排水設備 | 電源 | FC | FB | | |
| | | 操作 | FB | FA | | |
| | 非常用の昇降機（注3） | 電源 | FC | FC | | |
| | | 操作 | FC | FB | | |
| 消防法 | 屋内消火栓設備 | 電源 | FC | FC | FA | — |
| | | 操作 | FA | FA | | |
| | スプリンクラ設備 水噴霧消火設備 泡消火設備 | 電源 | FC | FC | | |
| | | 操作 | FA | FA | | |
| | 不活性ガス消火設備 ハロゲン化物消火設備 粉末消火設備 | 電源 | FC | FC | | |
| | | 操作 | FB | FA | | |
| | 屋外消火栓設備 | 操作 | FA | FA | | |
| | 自動火災報知設備 | 電源 | FC | FC | | |
| | | 地区音響 | FA（注4） | FA | | |
| | ガス漏れ火災警報設備 | 電源 | FC | FC | | |
| | | 操作 | FA（注4） | FA | | |
| | 非常警報設備 | 電源 | FC | FA | | |
| | | 操作 | FA | FA | | |
| | | 非常放送 | FA（注4） | FA | | |
| | 誘導灯 | 電源 | FC | FC | | |
| | 排煙設備 | 電源 | FC | FC | | |
| | | 操作 | FA（注4） | FA | | |
| | 連結送水管 | 電源 | FC | FC | | |
| | | 操作 | FA | FA | | |
| | 非常コンセント設備 | 電源 | FC | FC | | |
| | | 表示 | FA | FA | | |
| | 無線通信補助設備 | 電源 | FC | FC | | |

注1）天井裏をエアチャンバとして使用し，天井面に開口またはスリットなどがある場合は，天井下地，天井仕上材などが不燃材料以外でつくられた天井裏および露出場所とみなす。
 2）廊下および階段は FB が望ましい。
 3）非常用の昇降機械室内の配線は，一般配線でよい。
 4）FB が望ましい。
備考1．表中の FA のものは，FB，FC を使用してもよい。FB のものは FC を使用してもよい。
  2．操作とは，表示，警報回路を含む。
  3．耐熱配線は，ボイラ室などの火気使用機械室および排煙機械室には設置しない。やむをえず施設する場合は，電源回路は FC，操作回路は FB とする。

## 2.2 環境への配慮

### 2.2.1 電気設備の環境負荷低減

おもな地球環境問題は，オゾン層の破壊，地球温暖化，酸性雨，有害廃棄物の越境移動，海洋汚染，野生生物の種の絶滅，森林（熱帯林）の減少，砂漠化，土壌劣化などである。その中で温室効果ガスによる地球温暖化の影響が最も大きいといわれている。

建築電気設備機器は，ライフラインに継続的かつ安定した電源供給を行うものであり，高機能・高信頼性，省エネルギー，省メンテナンス，地球環境問題を背景とした環境調和などに配慮する必要がある。ビル建築設備の計画から導入・運用・廃棄までのライフサイクルの環境負荷低減に関する主な対策を図2.2-1に示す。

(a) 資源の有効利用

電気設備機器の小型・軽量化により3Rのリデュース（減らす）ことから始まり，リユース（再使用）を可能とするための長寿命化や，廃棄時にリサイクル（再資源化）しやすいように設計・開発段階から3Rを考慮する。

(b) 製造エネルギーの削減

機器の小型・軽量化により製造・輸送時の$CO_2$排出削減につなげるとともに，保護継電器やメータ，スイッチ，計測類の複合化，多機能化を図り，製造工数の削減につなげる。また，制御機器間を伝送ケーブルで接続し，配線の削減などにより，製造時や現地組立時のエネルギー消費を削減する。

(c) エコマテリアルの利用

地球温暖化係数が高い$SF_6$ガス使用量の削減や，菜種油やパームヤシ油に代表されるカーボンニュートラル素材（生育時に吸収する$CO_2$量と焼却時に排出する$CO_2$量の相殺）の採用などがある。

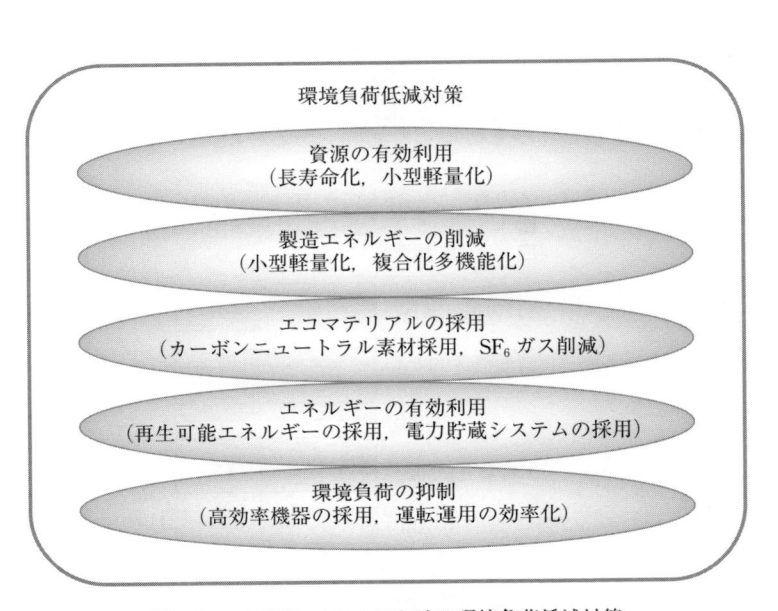

図2.2-1 電源システムにおける環境負荷低減対策

(d) エネルギーの有効利用

再生可能エネルギーである太陽光発電や風力発電，発電時の廃熱利用の観点から燃料電池やコージェネレーション，余剰電力を必要時に利用するための電力貯蔵システム（NAS電池，リチウムイオン電池，電気二重層キャパシタ）などがある。

(e) 環境負荷の抑制

電気設備機器の損失を低減したトップランナー変圧器に代表される高効率機器の採用，設備の運転状況・運用を考慮した効率的な最適機器の選択などがある。

### 2.2.2 省エネルギー機器

(1) トップランナー変圧器

トップランナー変圧器とは，「エネルギーの使用の合理化に関する法律（省エネ法：1979制定）」が1998年に大幅に改定された中で，機械器具の製造段階でエネルギー消費効率を向上させることを掲げて「トップランナー基準」方式が採用された。その後，順次対象機器の追加が行われてきており，2003年4月に，高圧受配電用変圧器（油入変圧器およびモールド変圧器）が一部の除外品を除き，損失低減による省エネ化を義務付けた特定機器に指定された。

トップランナー変圧器は，従来JIS品に比べ損失を30.3%低減している。従来JIS品とトップランナーモールド変圧器の比較を図2.2-2に代表容量で示す。

従来JIS品と比較して，質量，据付寸法は若干大きくなるが，無負荷損，エネルギー消費効率が大幅に削減され省エネ化が進んでいることがわかる。

変圧器の損失低減には，無負荷損と負荷損の低減からなり，無負荷損の低減は鉄心技術の改良，負荷損の低減は巻線技術の改良により実現されている。無負荷損の低減は，結晶方位性を高めた高磁束密度方向性電磁鋼板，表面溝加工による磁区制御方向性電磁鋼板，非結晶アモルファス鉄心などの採用により損失の低減を図っている。負荷損の低減は，導体断面積を増やしたり，コイル導体の短縮，アルミ線から銅線に変更するなどによる損失の低減が行われている。

(2) LED照明

LED（Light Emitting Diode）とは「発光ダイオード」とよばれる半導体のことである。LEDはこれまでの白熱ランプや蛍光ランプ・HIDランプと異なり，半導体結晶のなかで電気エネルギーが直接光に変化するしくみを応用した光源である。LEDに電流を流すと正孔（＋）と

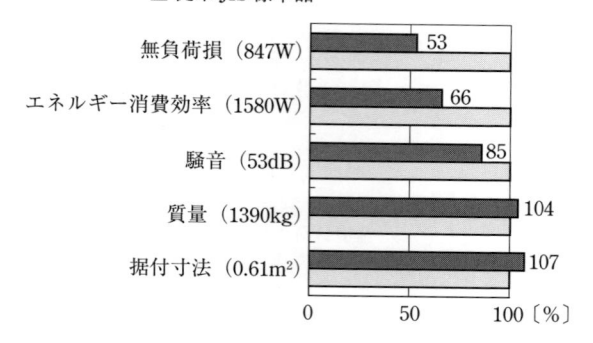

モールド変圧器　3φ 50Hz－500kVA 6.6kV－210V
■ トップランナー変圧器　（　）内は定格値
□ 従来JIS標準品

| 項目 | トップランナー | 従来JIS |
|---|---|---|
| 無負荷損（847W） | 53 | 100 |
| エネルギー消費効率（1580W） | 66 | 100 |
| 騒音（53dB） | 85 | 100 |
| 質量（1390kg） | 104 | 100 |
| 据付寸法（0.61m²） | 107 | 100 |

図2.2-2　従来JIS品とトップランナー変圧器の比較

電子（−）がPN接合部で結合し，電気エネルギーが光エネルギーに変換される（図2.2-3）。
LEDを形状で分類すると次のようなものがある（図2.2-4）。

①砲弾型：リードフレームと一体化形成したカップ内にLEDチップを実装し，カップ内に蛍光体を分散させた樹脂を封入して，その周りを砲弾型にエポキシ樹脂でモールドした構造である。

②表面実装型：セラミックや樹脂などで成型したキャビティの中にLEDチップを実装し，キャビティに蛍光体を分散させたエポキシやシリコーンなどの樹脂を封入した構造である。

③チップオンボード：多数のLEDチップを基板に直接実装した構造である。

LEDは，長寿命，小形・軽量，点滅性能にすぐれる，可視光以外の放射がほとんどない，衝撃に強い，環境に有害な物質を含まないなど，さまざまな特長がある。

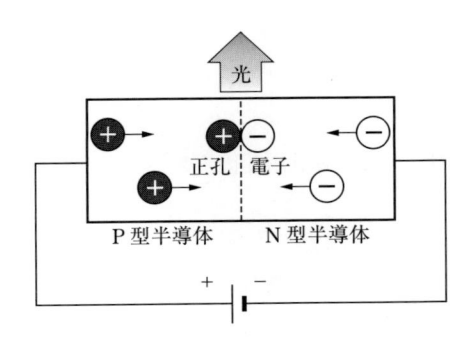

図2.2-3 LEDの発光原理

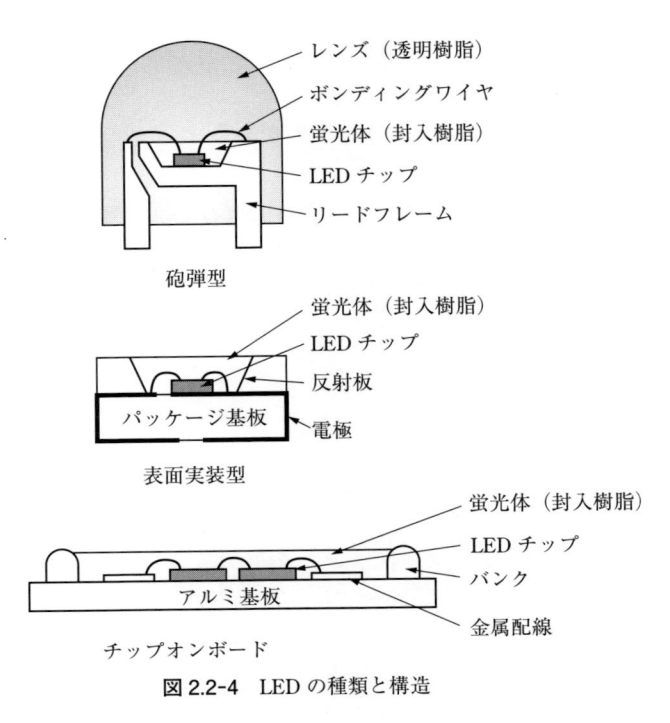

図2.2-4 LEDの種類と構造

## 2.3 耐震性への配慮

### 2.3.1 耐震対策の基本

建築電気設備の耐震の目的は，地震時の電気機器・配管等の破損被害や設備機能喪失を避け，人命の安全を図り，財産を保護し，地震後にも必要な活動を可能とすることである。

耐震設計は，地震動によって建築電気設備の機器および配管等が移動，転倒，落下などしないよう，機器・配管等を建築物に堅固に据え付けることの設計である（図2.3-1）。

### 2.3.2 受変電設備の耐震対策

（1）地震力

設備機器に対する設計用水平地震力 $F_h$，および設計用鉛直地震力 $F_v$ は次式によるものとし，作用点は重心とする。

$F_h = K_h \times W$ 〔kN〕

$F_v = K_v \times W$ 〔kN〕

ここで，$K_h$：設計用水平震度，$K_v$：設計用鉛直震度（$= K_h/2$），$W$：機器の重量〔kN〕である。

（2）局部震度法による設備機器の地震力

動的解析が行われない通常の構造の建築物については，次式により設計用水平震度 $K_h$ を求める。

$K_h = Z \times K_s$

　$K_s$：設計用標準震度（表2.3-1の値以上とする）

　$Z$：地域係数（図2.3-2による，通常1としてよい）

（3）機器の据付

機器の据付方法・部材として表2.3-2に示すものがある。

（4）アンカーボルト

床，基礎据付けの場合の，アンカーボルトに加わる引抜力とせん断力は図2.3-3のようになる。

①アンカーボルトの引抜力

水平地震力は，機器を転倒させるように作用する。

$$R_b = \frac{F_h \times H_g - (W - F_v) \times L_g}{L \times n_t}$$

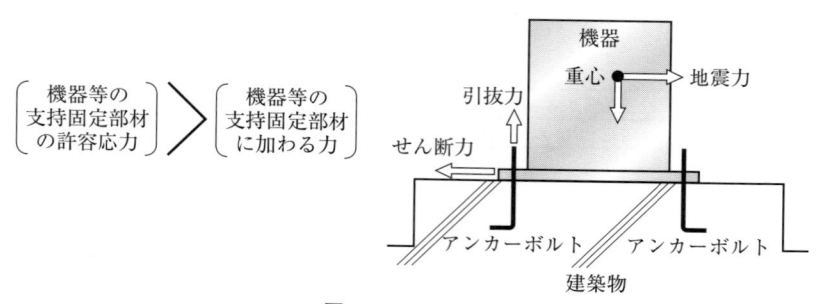

図2.3-1　耐震設計

表 2.3-1　局部震度法による建築設備機器の設計用標準震度

|  | 建築設備機器の耐震クラス | | |
|---|---|---|---|
|  | 耐震クラス S | 耐震クラス A | 耐震クラス B |
| 上層階，屋上および塔屋 | 2.0 | 1.5 | 1.0 |
| 中間階 | 1.5 | 1.0 | 0.6 |
| 地階および1階 | 1.0 (1.5) | 0.6 (1.0) | 0.4 (0.6) |

（　）内の値は地階および1階（地表）に設置する水槽の場合に適用する。

上層階の定義
- 2～6階建ての建築物では，最上階を上層階とする。
- 7～9階建ての建築物では，上層の2層を上層階とする。
- 10～12階建ての建築物では，上層の3層を上層階とする。
- 13階建て以上の建築物では，上層の4層を上層階とする。

中間階の定義
- 地階，1階を除く各階で上層階に該当しない階を中間階とする。

注）各耐震クラスの適用について
1. 設備機器の応答倍率を考慮して耐震クラスを適用する。
   （例　防振装置を付した機器は耐震クラス A または S による）
2. 建築物あるいは設備機器等の地震時あるいは地震後の用途を考慮して耐震クラスを適用する。
   （例　防災拠点建築物，あるいは重要度の高い水槽など）

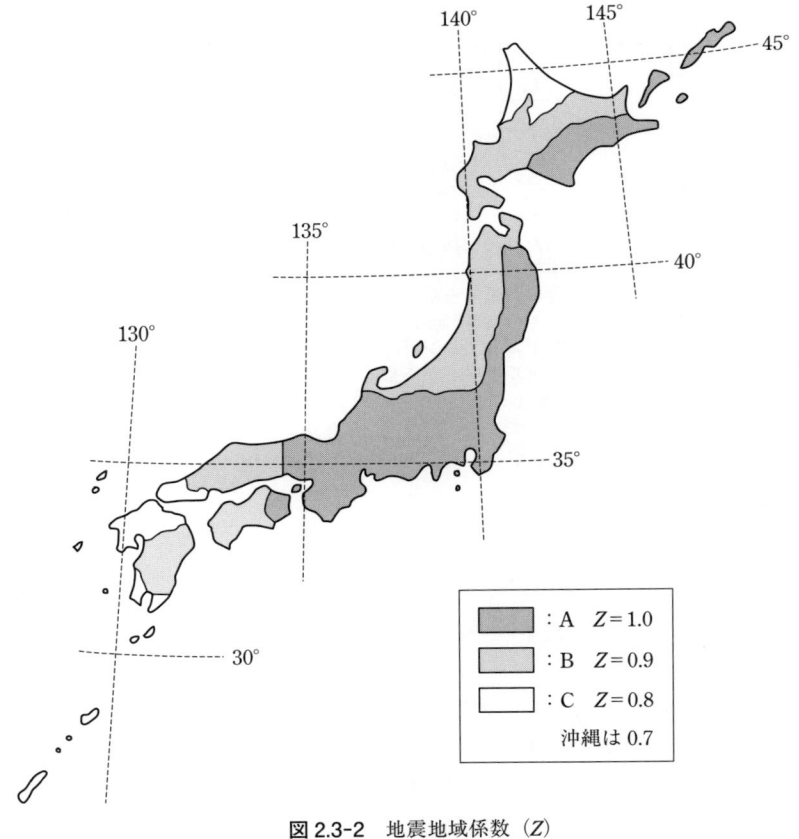

図 2.3-2　地震地域係数（$Z$）

凡例：
- A　$Z = 1.0$
- B　$Z = 0.9$
- C　$Z = 0.8$
- 沖縄は 0.7

2.3　耐震性への配慮

表 2.3-2　据付方法と部材

| 据付方法・部材名 | 部材の概要 |
|---|---|
| アンカーボルト | 建築物と機器を緊結するための部材。あるいは機器を取付架台に緊結する部材。埋込型，あと施工型がある。 |
| 基礎 | 機器重量を支える構造体，あるいは，屋上等での床防水や屋内床のかさ上げコンクリートとの取り合いなどのため設けられる部材。 |
| 頂部支持材，背面支持材 | 自立型機器で下部の固定に加えることで耐震強度を増す場合に用いられる据付方法・部材。 |
| ストッパ | 防振ゴムその他の，躯体への振動伝達を低減する装置を設けた場合で，直接建築物とアンカーボルトによる緊結ができない場合に用いられる据付方法・部材。 |
| 架台 | 振動防止など，機器の物理的な事情からアンカーボルトで直接床や壁に緊結しない場合の，機器と建築物の間に設けられる据付方法・部材。 |

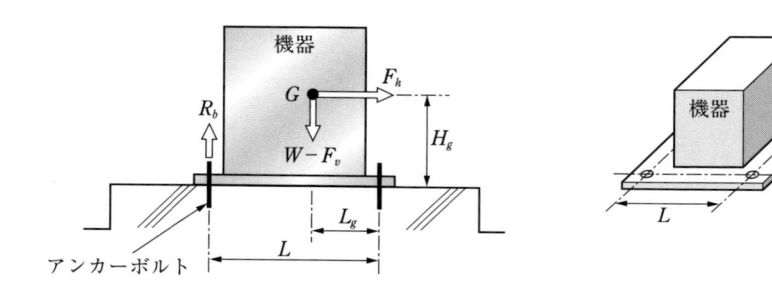

$G$：機器重心位置
$W$：機器の重量〔kN〕
$R_b$：アンカーボルト1本当たりの引抜力〔kN〕
$n$：アンカーボルトの総本数
$n_t$：機器転倒を考えた場合の引張りを受ける片側のアンカーボルト総本数
$H_g$：据付面より機器重心までの高さ〔cm〕
$L$：検討する方向からみたボルトスパン〔cm〕
$L_g$：検討する方向からみたボルト中心から機器重心までの距離（ただし $L_g \leq L/2$）〔cm〕
$F_h$：設計用水平地震力〔kN〕
$F_v$：設計用鉛直地震力〔kN〕

図 2.3-3　アンカーボルトに加わる力

②アンカーボルトのせん断力

水平地震力は，機器を水平に移動させるように働く。

$$\tau = \frac{F_h}{n \times A} \quad \text{または} \quad Q = \frac{F_h}{n}$$

ここで，$\tau$：ボルトに作用するせん断応力度　〔kN/cm²〕
　　　　$Q$：ボルトに作用するせん断力　〔kN〕
　　　　$A$：アンカーボルト1本当りの軸断面積（呼径による断面積）〔cm²〕である。

(5) ストッパ

　防振支持等が行われアンカーボルトで支持固定を行うことができない場合には，耐震ストッパを使用する。ストッパと本体の間隙は定常運転中に接触しない範囲で，極力小さな隙間となるように設置する。

　耐震ストッパ部材は，その形式に応じて，それに作用する力に十分耐え得るものとする。耐震ストッパは，地震力が作用したときに移動しないように，ボルト等で基礎または躯体に固定する。

　ストッパを選定する際，スプリング防振等のたわみ量の大きな防振材を用いる場合は移動・転倒防止形とする。

①ストッパの設置

　防振材を介して設置される機器は，地震時には過大な振動が生じるおそれがあり，移動・転倒を防止するために耐震ストッパを設置する。

②ストッパの例

　（イ）移動防止形：形鋼・鋼板等で製作し，おもに水平方向の移動を防止するのに用いる（図2.3-4）。

　（ロ）移動・転倒防止形：形鋼・鋼板等で製作し，水平方向の移動および転倒を防止するのに用いる（図2.3-5）。

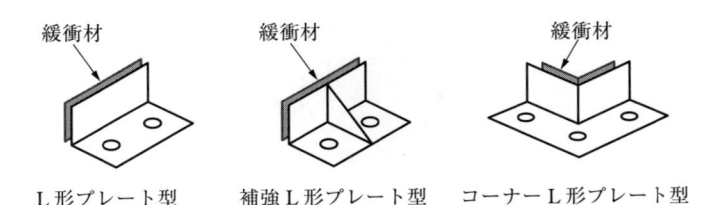

図2.3-4　L形プレート型耐震ストッパ（移動防止形）

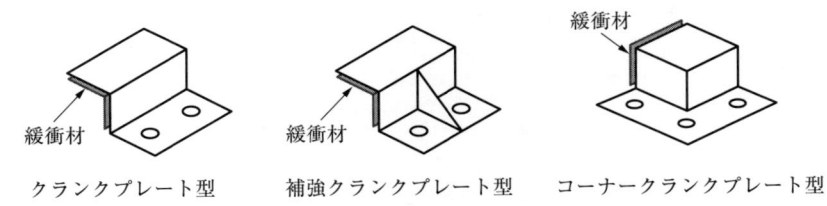

図2.3-5　クランクプレート型耐震ストッパ（移動・転倒防止形）

## 2.3.3 幹線設備の耐震対策

### (1) 基本的な考え方

配管の耐震措置を行うにあたり，地震時に配管，支持材の各部に発生する応力，変形等が実用上支障のない範囲になるようにする。とくにエキスパンションジョイント部では図2.3-6に示すように電気配線の応力を緩和するようにする。

### (2) 耐震支持の種類と適用

横引配管等は，地震による軸直角方向の過大な変位を抑制するよう耐震支持を行う。耐震支持の種類は次に示すSA種，A種，B種の3種類とする。

SA種，A種耐震支持は，地震時に支持材に作用する引張力，圧縮力，曲げモーメントにそれぞれ対応した部材を選定して構成されている。

B種耐震支持は，地震力により支持材に作用する圧縮力を自重による引張力と相殺させることにより，吊材，振止斜材が引張材（鉄筋，フラットバー等）のみで構成されている。表2.3-3に配管の耐震支持の例を示す。ダクト，電気配線等は，これに準ずるものとする。

耐震支持の適用は表2.3-4による。

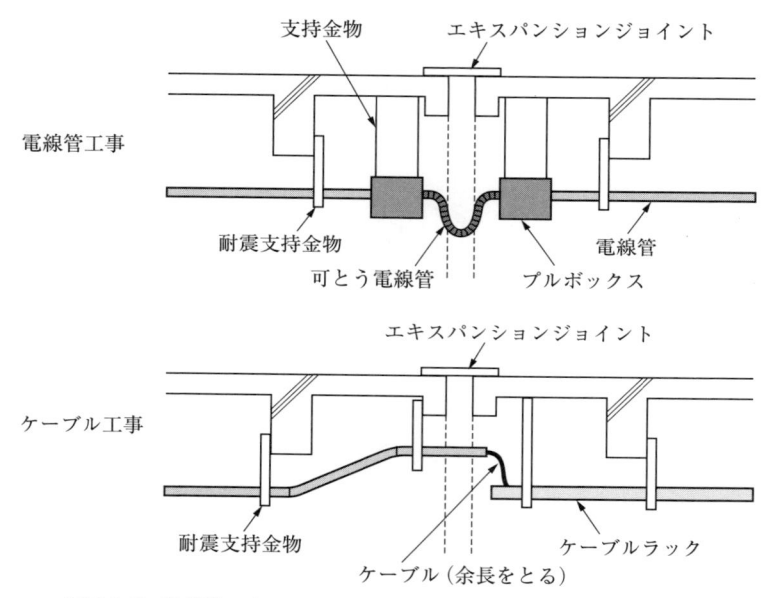

図 2.3-6 建築物エキスパンションジョイント部を通過する電気配線例

表 2.3-3 配管の耐震支持方法の種類例

| 分類 | | 耐震支持方法の概念 | 備考 |
|---|---|---|---|
| SAおよびA種耐震支持の例 | はり壁等の貫通部 | | 建築物躯体の貫通部（はり，壁，床等）は，貫通部周囲をモルタル等で埋戻しすれば，配管の軸直角方向の振れを防止することができる。<br>貫通部の処理方法例<br>（ⅰ）保温されている配管<br>　保温材表面と貫通部のあいだをモルタル等で埋戻しする。<br>（ⅱ）裸配管<br>　（ⅰ）と同様に埋戻しする。 |
| | 柱壁等を利用する方法 | | 柱（または壁）を利用すると比較的容易に配管の軸直角方向の振れを防止することができる。ここに示すものは，その一例である。 |
| | ブラケット支持する方法（その1） | | 柱や壁等からブラケットにより支持された配管は，軸直角方向の振れを防止できる。ここに示すものは，その一例である。 |
| | ブラケット支持する方法（その2） | | 柱や壁等からブラケットにより支持された配管は，軸直角方向の振れを防止できる。ここに示すものは，その一例である。 |
| | はりや天井スラブから吊下げる方法（その1） | | 耐震支持材の吊材は，圧縮力に対しても座屈しない材とする。ここに示すものは，耐震支持材をトラス架構とする場合の一例である。 |
| | はりや天井スラブから吊下げる方法（その2） | | これは，ラーメン架構の場合の一例を示しており，考え方は上記と同様である。ただし，吊材とはり材の接合箇所は曲げを伝えるために剛接合とする必要がある。 |

(3) 配線軸方向の支持

①幹線の支持

　幹線の横方向への耐震支持と同様に軸方向についても耐震支持を施す。地階においても，電気室まわりなどの重要な部分では，上層階・屋上・塔屋部における耐震支持を適用する。さらにバスダクトについては，曲がり個所付近で耐震措置を施すと効果的である（図 2.3-7）。

②鋼材からの耐震支持

　鋼材部分での耐震支持取付金具は，水平方向からの引張荷重が働いても脱落を防ぐ構造の吊り金具を使用しなければならない。図 2.3-8 に金具の一例を示す。

(4) 防火区画貫通部の耐震支持

　防火区画処理材の破損を防止するため貫通部付近に適切な耐震支持を施す（図 2.3-9）。

表2.3-4 耐震支持の適用

| 設置場所 | 配管 設置間隔 | 配管 種類 | ダクト | 電気配線 |
|---|---|---|---|---|
| 耐震クラスA・B対応 | | | | |
| 上層階, 屋上, 塔屋 | 配管の標準支持間隔の3倍以内（ただし, 銅管の場合には4倍以内）に1箇所設けるものとする | A種 | ダクトの支持間隔約12m以内に1箇所A種またはB種を設ける | 電気配線の支持間隔約12m以内に1箇所A種またはB種を設ける |
| 中間階 | 〃 | 50m以内に1箇所は, A種とし, その他はB種 | 通常の施工方法による | 通常の施工方法による |
| 地階, 1階 | 〃 | B種 | | |
| 耐震クラスS対応 | | | | |
| 上層階, 屋上, 塔屋 | 配管の標準支持間隔の3倍以内（ただし, 銅管の場合には4倍以内）に1箇所設けるものとする | SA種 | ダクトの支持間隔約12m以内に1箇所SA種またはA種を設ける | 電気配線の支持間隔約12m以内に1箇所SA種を設ける |
| 中間階 | 〃 | 50m以内に1箇所は, SA種とし, その他はA種 | ダクトの支持間隔約12m以内に1箇所A種またはB種を設ける | 電気配線の支持間隔約12m以内に1箇所A種またはB種を設ける |
| 地階, 1階 | 〃 | A種 | | |
| ただし, 以下のいずれかに該当する場合は上記の適用を除外する。 | | | | |
| | （i）50A以下の配管, ただし, 銅管の場合には20A以下の配管<br>（ii）吊材長さが平均30cm以下の配管 | | （i）周長1.0m以下のダクト<br>（ii）吊材長さが平均30cm以下のダクト | （i）φ82以下の単独電線管<br>（ii）周長80cm以下の電気配線<br>（iii）定格電流600A以下のバスダクト<br>（iv）吊材長さが平均30cm以下の電気配線 |

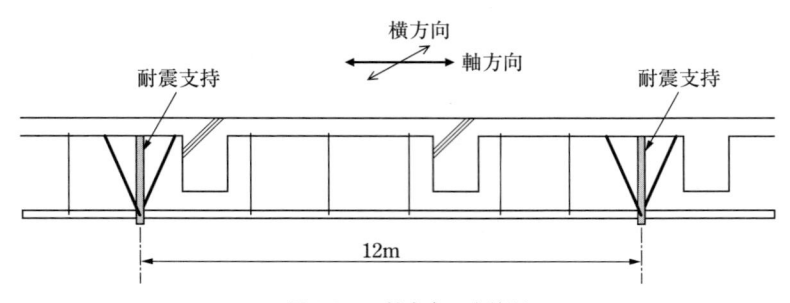

図2.3-7 軸方向の支持例

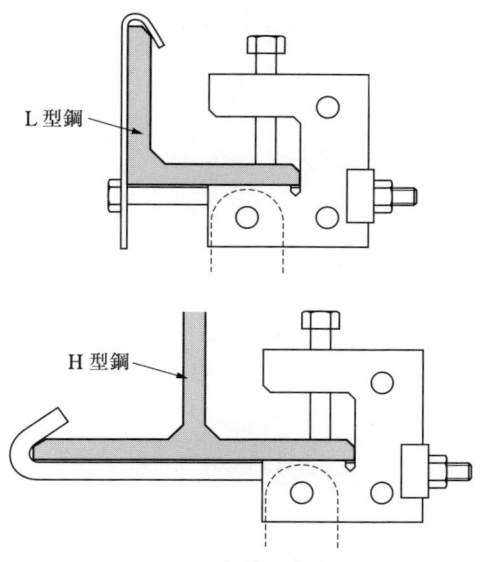

**図2.3-8** 鋼材耐震型吊り金具の例

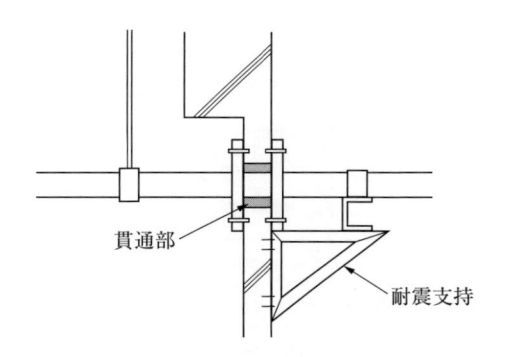

**図2.3-9** 防火区画貫通部の支持例

### 2.3.4 建物導入部の耐震対策

　地盤の性状が著しく不安定で，建築物と地盤のあいだに変位が生じるおそれのある場合の，建築物導入部の配管等に施す耐震措置の例を表2.3-5，表2.3-6に示す。配管設備については以下が要求される。
①配管の貫通により建築物の構造耐力上に支障が生じない。
②貫通部分にスリーブを設ける等有効な配管損傷防止措置を講じる。
③変形により配管に損傷が生じないよう可とう継ぎ手を設ける等，有効な損傷防止措置を講じる。
　積層ゴム等を用いた免震構造建築物においては，地震時の相対変位量が大きいので，免震構造の上部構造部分へわたる配管等には，この相対変位量を吸収できる措置を施す（図2.3-10）。

表 2.3-5 建築物導入部の電気配線例

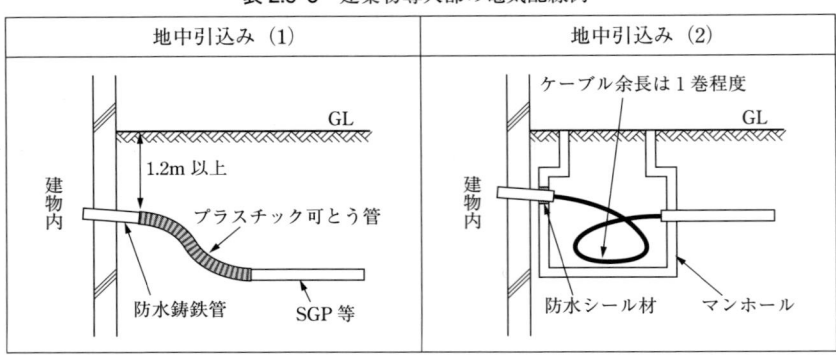

| 地中引込み (1) | 地中引込み (2) |
|---|---|
| 建物内／1.2m 以上／プラスチック可とう管／防水鋳鉄管／SGP 等／GL | 建物内／ケーブル余長は1巻程度／防水シール材／マンホール／GL |

表 2.3-6 建築物導入部の電気配線例（その2）

| 対応方法 | 概念図 | 沈下対応量の例 |
|---|---|---|
| FEP（波付硬質合成樹脂管）＋サヤ管による緩衝パイプ | 建物内／緩衝パイプ／FEP | ～20cm |
| FEP（波付硬質合成樹脂管）＋継手＋蛇腹管 | 建物内／蛇腹管／FEP／継手（鋼管/FEP） | ～40cm |
| FEP（波付硬質合成樹脂管）＋継手＋片伸縮管＋蛇腹管 | 建物内／片伸縮管／継手（鋼管/FEP）／蛇腹管／FEP | ～60cm |
| FEP（波付硬質合成樹脂管）＋継手＋蛇腹管＋両伸縮管 | 建物内／蛇腹管／継手（鋼管/FEP）／両伸縮管／FEP | ～100cm |
| FEP（波付硬質合成樹脂管）＋緩衝防護管 | 建物内／緩衝防護管／FEP | ～100cm |

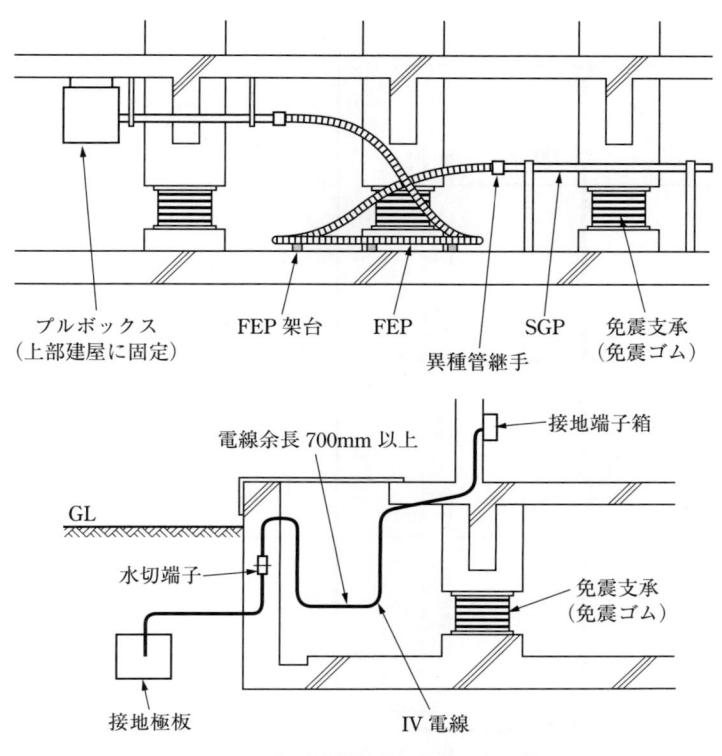

図2.3-10 免震建築物導入部の電気配線例

## 2.4 新しい工法，材料，工具

### 2.4.1 電線，ケーブル

　近年の高層ビルの建設は，数階ごとに内装までほぼ仕上げ，下層階から組み上げていき，最上階まで組み上がったときにはビル全階が完成するというタクト工法が主流を占めている。

　ビル内の低圧幹線配線工法には，従来の低圧分岐付きケーブルや小型バスダクトが使用されてきた。一方，ビルの大型化・インテリジェント化が進み，電力需要がさらに増大してきたため，信頼性，経済性を考慮した高圧幹線として高圧分岐付きケーブルが使用され，各階の負荷近傍に変圧器を分散配置する配電システムが採用されている。しかし，いずれの製品を使用した工法も種々の問題を抱えており，よりすぐれた施工性・工期短縮を可能にする省力化ツールが要望されていた。建物建設の進捗に応じて，低圧幹線ならびに高圧幹線を分割配線し，垂直部における幹線ケーブルの接続を容易にし，省力化施工と工期短縮を可能にしたものとして幹線分割型分岐付ケーブルがある。

(1) トヨモジュールブランチ

　トヨモジュールブランチ（TMB）のモジュールコネクタは，垂直部・水平部の両方の接続に使用できる垂直部推奨タイプ（以下，Aタイプ）（図2.4-2）と水平部の接続に最適な水平部推奨タイプ（以下，Eタイプ）（図2.4-3）がある。

①コネクタは特殊接触子やプラグイン方式の採用により電気的，機械的，作業性にすぐれている。

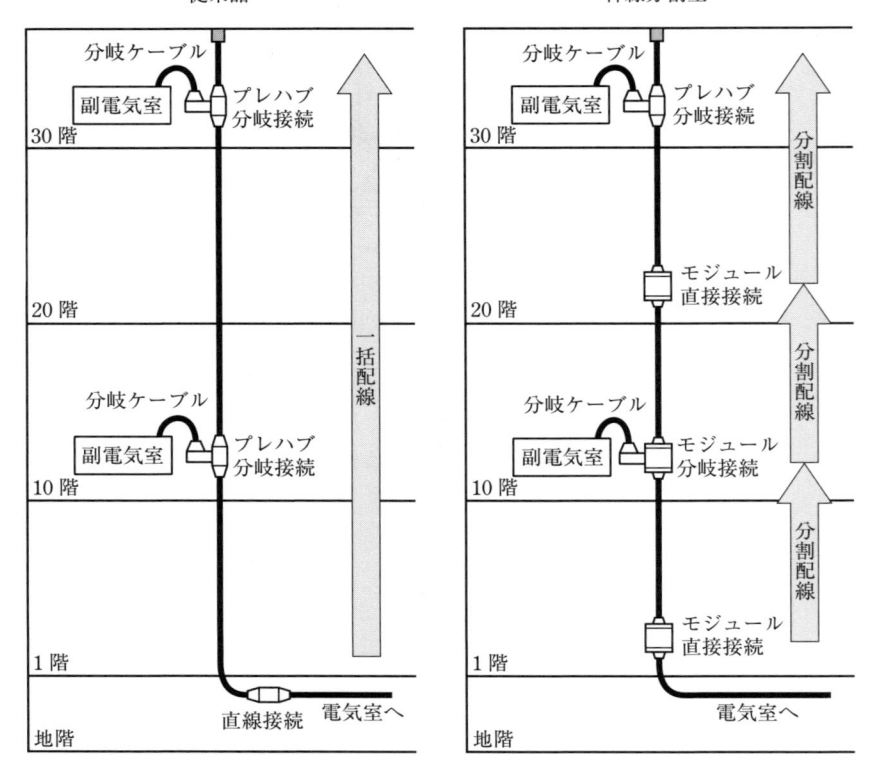

図 2.4-1　従来品との配線比較イメージ図

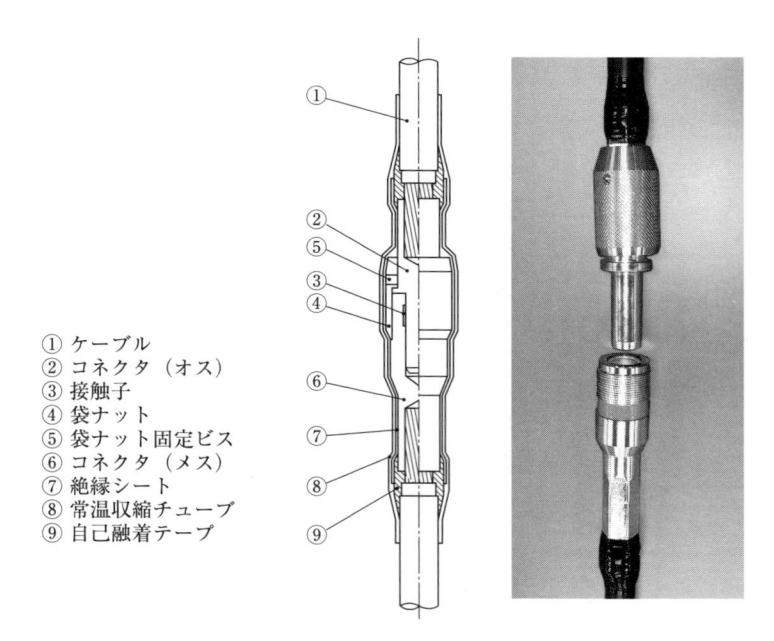

① ケーブル
② コネクタ（オス）
③ 接触子
④ 袋ナット
⑤ 袋ナット固定ビス
⑥ コネクタ（メス）
⑦ 絶縁シート
⑧ 常温収縮チューブ
⑨ 自己融着テープ

図 2.4-2　トヨモジュールブランチＡタイプ

① オス端子　② メス端子　③ 接触子　④ 固定ビス　⑤ 補強リング
⑥ 絶縁シート　⑦ 常温収縮チューブ　⑧ 絶縁テープ　⑨ 保護テープ
⑩ 導体　⑪ 絶縁体　⑫ シース

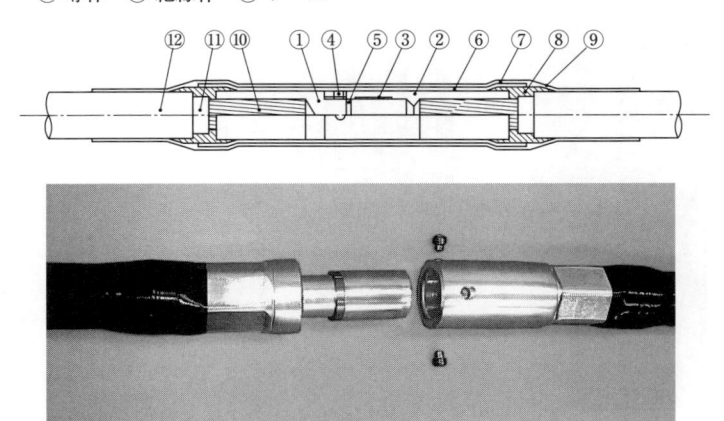

図 2.4-3　トヨモジュールブランチ E タイプ

② A タイプは，EPS 内縦ラックの幹線など垂直部で，ケーブル重量などの荷重に耐え，垂直方向での接続を容易にする袋ナットによって抜けを防止。
③ E タイプは，おもに天井内水平ラックの幹線などの水平部で使用する。抜けをビスによって防止し，部品の共用化など，A タイプに比べ構造の簡素化・スリム化によりコストダウンを図ったもの。

(2) 高圧モジュールブランチ

高圧モジュールブランチ（6600HMB）接続装置には，直線接続用の接続装置（図 2.4-4）と直線接続だけでなく分岐ケーブルも接続することができる接続装置（図 2.4-5）がある。

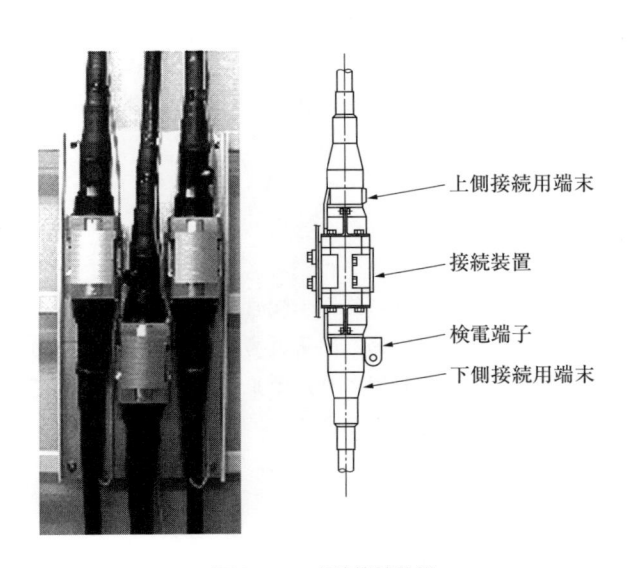

図 2.4-4　直線接続装置

2.4　新しい工法，材料，工具　175

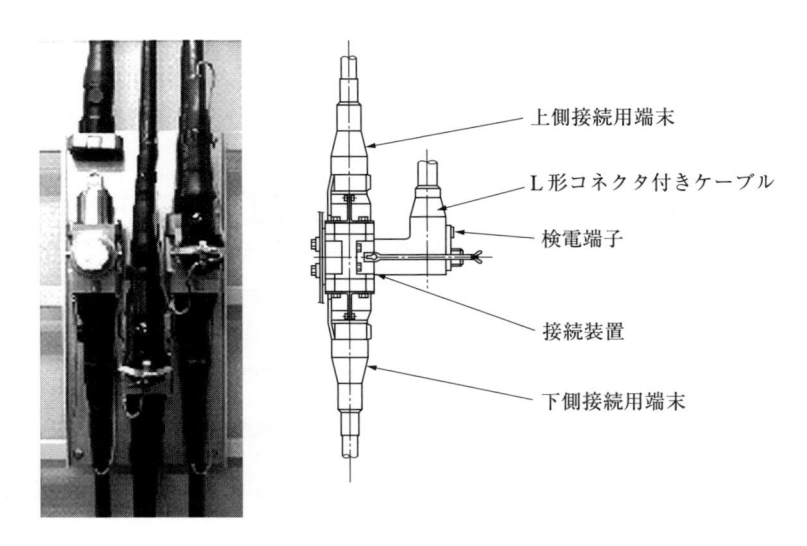

図 2.4-5　分岐接続装置

① 接続装置は特殊接触子やプラグイン方式の採用により電気的，機械的，作業性にすぐれている。
② EPS 内縦ラックの幹線など垂直部で，ケーブル重量などの荷重に耐え，垂直方向での接続を容易にするために専用取付板へのボルト取り付け方式を採用。
③ 適応ケーブルは，架橋ポリエチレンケーブル，耐火ケーブルなど。
④ 接続装置は耐火性能を有していないため，消防用回路に使用する場合は防火区画内に設置するなどの対策が必要。

　幹線配線工事に対する建築工程の制約を低減するばかりでなく，省力化，システム変更が図られるので高層ビル建設工事，リニューアル工事に適している。また，幹線の一部に不具合が発生した場合でも，ケーブル全長を交換せずに，不具合部分をモジュール単位で容易に交換することができる。今後，高層ビルなどの幹線に採用されれば，省エネ効果も期待できる電力供給幹線の高電圧化の普及に貢献すると思われる。

### 2.4.2　保護具，防具
#### (1) ねじクランプ
　ビル建設等の屋内工事において，天井に配線・配管・設備用器具等を取り付ける作業を行う場合，安全帯を取り付ける箇所がないため，墜落災害が発生する危険性があった。
　作業現場の安全対策として，天井に設置されたボルトを利用して，安全帯のフックを取り付けるためのものである。特徴は次のとおりである。
① 軽量・コンパクト
② 片手で容易に操作可能
③ フックを掛けた状態でも取付けが可能
#### (2) 防具シート
　防具シートは，高圧・低圧の充電部を防護する EVA 素材のシートである。従来素材（ゴム）に比べ，EVA 素材は軟らかく軽いので，狭隘な箇所での作業性が良い。また，機器形状にあわ

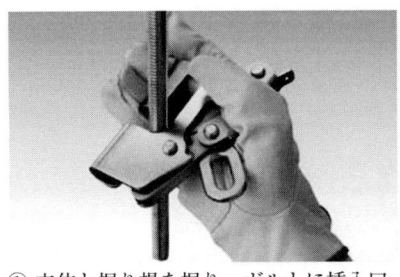

① 本体と握り桿を握り，ボルトに挿入口より差し込む

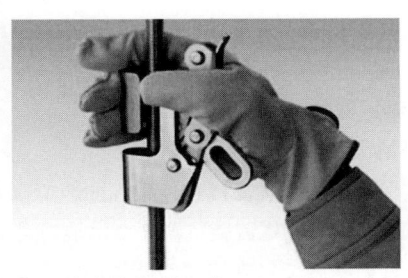

② 90度半時計廻りに起こし，握った手をはなす

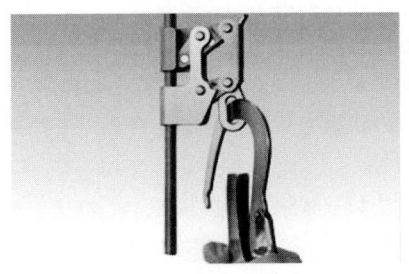

③ 安全帯のフックを環にかける

図 2.4-6　ねじクランプ取り付け手順

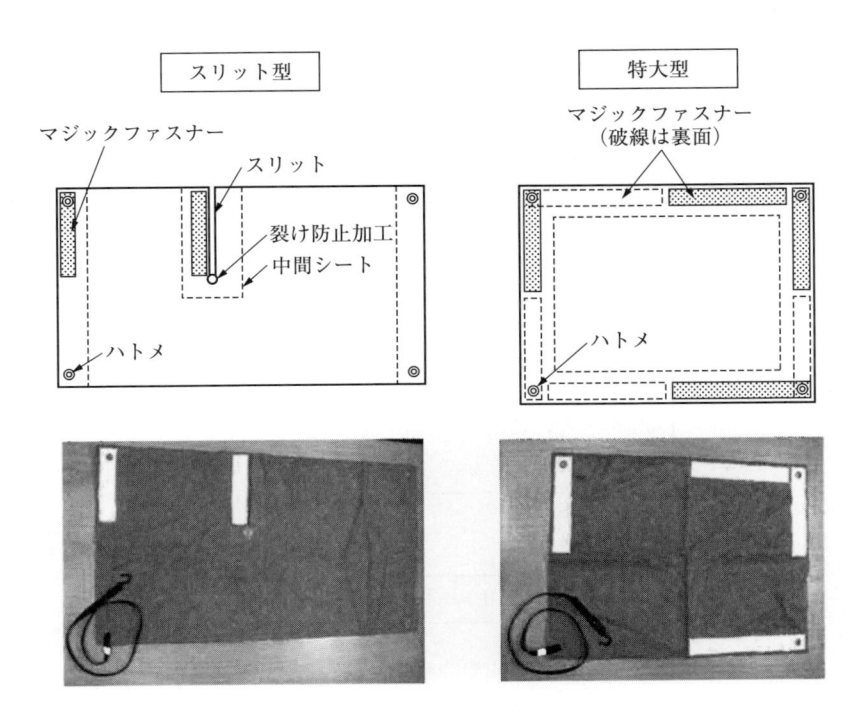

スリット型

マジックファスナー
スリット
裂け防止加工
中間シート
ハトメ

特大型

マジックファスナー（破線は裏面）
ハトメ

図 2.4-7　防具シート

2.4　新しい工法，材料，工具

せて設計されているので，簡易な捕縛で確実に防護できる。
　EVAとは，Ethylene-Vinyl-Acetate（エチレン－酢酸ビニール共重合樹脂）の略であり，低温特性，引裂強度，衝撃強度などにすぐれ，耐候性に富み，無毒性である。

### 2.4.3　測定機器
#### (1) 保護協調試験器
　従来は保護協調の確認は動作特性曲線で確認するだけで，実動作の確認ができなかった。保護協調試験器は，過電流継電器または地絡過電流継電器と遮断器（VCB等）の連動試験により，実動作に近い状態で保護協調の確認ができる試験器である。特徴は次のとおりである。
①本装置2台で，系統の上位・下位の保護協調確認ができる。
②高圧ケーブルの心線を信号伝達に利用することにより，信号線の敷設が軽減できる。
③保護協調試験時の2台の動作時間差は，1ms以下（0.5～0.8ms）の高精度となっている。
④保護協調試験器の台数を増やすことにより，3段以上の保護協調確認試験ができる。
⑤遠隔場所の保護協調試験器の状態を，自己状態を含めたモニタ表示ランプで把握ができる。
　使用方法は次のとおりである。
①上位・下位の保護継電器にリレー試験器を接続し，そのリレー試験器に本装置を接続する。
②上位・下位が遠隔となる場合には，高圧ケーブルにより相互の信号接続を行う。
③双方の保護協調試験器に警報が出ていないことを確認し，リレー試験器の設定を行う。
④すべての接続が完了し電流制定を行ったあと，スタートボタンで動作試験を開始する。
⑤動作試験結果は動作パターンの表示ランプにより確認する。

#### (2) Ior方式漏洩電流検出器
　電気設備にとって絶縁性能の信頼性は最も基本であり，対地絶縁性能を診断するには，等価対地絶縁抵抗に起因する漏洩電流（Ior：アイゼロアール）を検出することが最も有効である。

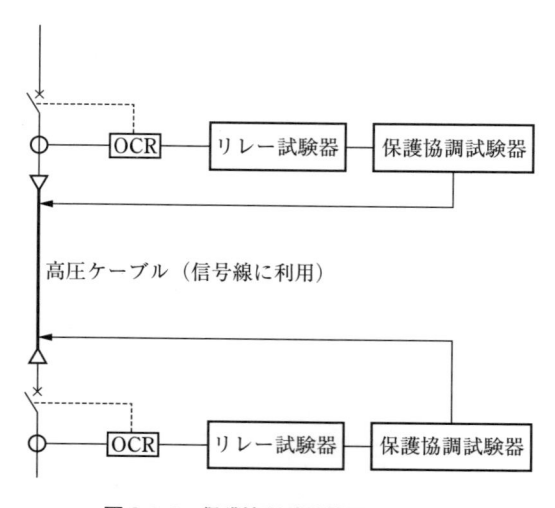

図2.4-8　保護協調試験機器の信号接続

表 2.4-1　クランプ型 Ior 測定器および検出リレーの製品例

| 製品名 | Ior リーククランプメータ | Ior 絶縁検出リレー |
|---|---|---|
| 外観 | | |
| 測定方法 | ベクトル理論 Ior 方式（TrueR） | ベクトル理論 Ior 方式（TrueR） |
| 特徴 | 小型軽量 CT 一体型，PC 出力機能，MΩ 表示 | 2ch リレー，通信機能，ロギング機能 |
| クランプ CT 径 | $\phi$ 40mm<br>リークアダプタ使用（$\phi$ 80mm，$\phi$ 110mm） | $\phi$ 22mm |
| サイズ | 208×70×41〔mm〕，320g | 90×70×56〔mm〕，240g |
| 電源 | 単 4 電池×2 本 | AC 電源駆動 |
| 測定範囲 | Ior：0.80〜1000〔mA〕<br>Io：0.80〜1000〔mA〕 | Ior：1〜2000〔mA〕<br>Io：1〜2000〔mA〕 |

　一方，ビルや工場，商業施設などの大規模化により，低圧配線設備の対地静電容量はますます増加の傾向にある。その要因には配線路の長距離化やノイズ対策用フィルタの設置増加などがあるが，その結集，対地絶縁抵抗と対地静電容量の合成による漏えい電流（$I_0$）が増加し，$I_0$ の検出で動作する現状の漏電検出リレーや漏電遮断器が誤動作・不要動作し，その際，$I_0$ の測定器で調査しても原因がつかめない事例が増えている。また，動力設備や照明設備へのインバータの導入が進み，スイッチングノイズと対地静電容量に起因する高周波無効漏えい電流の増加も誤動作・不要動作の発生を助長する要因につながっている。

　検出器には三相 3 線式デルタ結線と，単相 3 線式電路において対地静電容量や高周波無効漏えい電流に影響されにくく，正確な $I_{or}$ を検出可能な「ベクトル理論方式（TrueR）」による測定器とリレーがある。ベクトル理論 Ior 方式漏洩電流検出技術により，デルタ 3 線式（S 相接地），単相 3 線式，単相 2 線式配線において，配線路の対地静電容量の影響を受けることなく，次の効果が期待できる。

①本方式のリレー測定器は，電気設備の正確な漏洩電流と地絡電流を検出することが可能である。

②低圧回路の地絡保護において対地静電容量による健全回路の廻り込み電流（$I_{0c}$）の検出を回避できるので，地絡事故回路のみを検出するという信頼度の高い地絡保護が可能となる。

## 2.5 自然環境と電気工事

自然環境が電気工事に与えるものとして「電気設備の品質」と「電気工事の作業」への影響があり，電気工事が自然環境に与えるものは「自然環境の保全」への影響がある。これらの概要と留意点を図2.5-1に示す。

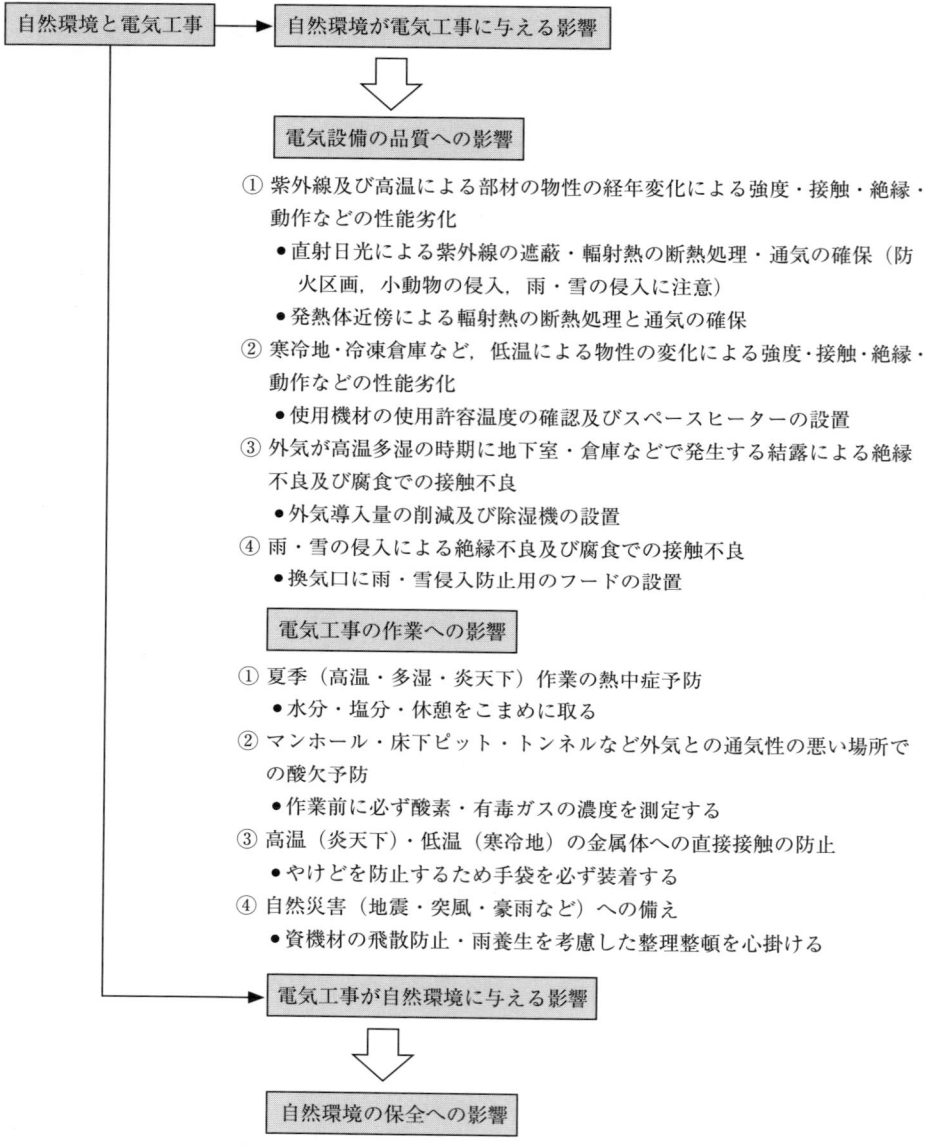

```
自然環境と電気工事 ─→ 自然環境が電気工事に与える影響
                              ↓
                    電気設備の品質への影響
```

① 紫外線及び高温による部材の物性の経年変化による強度・接触・絶縁・動作などの性能劣化
  ● 直射日光による紫外線の遮蔽・輻射熱の断熱処理・通気の確保（防火区画，小動物の侵入，雨・雪の侵入に注意）
  ● 発熱体近傍による輻射熱の断熱処理と通気の確保
② 寒冷地・冷凍倉庫など，低温による物性の変化による強度・接触・絶縁・動作などの性能劣化
  ● 使用機材の使用許容温度の確認及びスペースヒーターの設置
③ 外気が高温多湿の時期に地下室・倉庫などで発生する結露による絶縁不良及び腐食での接触不良
  ● 外気導入量の削減及び除湿機の設置
④ 雨・雪の侵入による絶縁不良及び腐食での接触不良
  ● 換気口に雨・雪侵入防止用のフードの設置

電気工事の作業への影響

① 夏季（高温・多湿・炎天下）作業の熱中症予防
  ● 水分・塩分・休憩をこまめに取る
② マンホール・床下ピット・トンネルなど外気との通気性の悪い場所での酸欠予防
  ● 作業前に必ず酸素・有毒ガスの濃度を測定する
③ 高温（炎天下）・低温（寒冷地）の金属体への直接接触の防止
  ● やけどを防止するため手袋を必ず装着する
④ 自然災害（地震・突風・豪雨など）への備え
  ● 資機材の飛散防止・雨養生を考慮した整理整頓を心掛ける

電気工事が自然環境に与える影響
  ↓
自然環境の保全への影響

① 産業廃棄物の大量排出
  ● 梱包材，仮設材の使用量削減及び繰返し使用
  ● 消耗品，交換部品の少量化・長寿命化の製品採用
② 環境汚染物質の漏洩・流出
  ● 絶縁用のガス及び油の漏洩・流出の早期検出と拡大防止措置の実施

図2.5-1　自然環境と電気工事

# 第3章

## 自家用電気工作物にかかわる電気工事に関する事故例

## 3.1 電気設備に関する事故

### 3.1.1 設備事故

設備事故とは，機器の不良や施工の不良により発生する停電や焼損などで機器・備品が損傷することをいう。事故の原因は，施工会社や管理会社にある場合が多い。

**(1) システム不良**

各機器単体としては正常に動作しているが，それらを組み合わせて電気設備として使用した場合に正常に動作しない事故である。設計的な要素が大きい事故であるが，簡易な工事や改修工事では施工者がシステムを考慮した施工を行う必要がある。

**(a) 遮断器の選定**

遮断器が正常に動作していても，その回路で使用する場合の選定が不適切であると，不要動作し停電に至る。遮断器を選定する場合は，定格電流，遮断電流，保護協調，漏電遮断機能の有無などを検討する必要がある。

基本的な例として，遮断器の定格電流が負荷電流よりも小さい場合は，負荷を使用すると遮断器が動作し停電に至る。当然であるが，負荷電流よりも大きい定格電流の遮断器を選定するか，遮断器の定格電流よりも少ない負荷を接続する必要がある。どちらの方法とするかは，そ

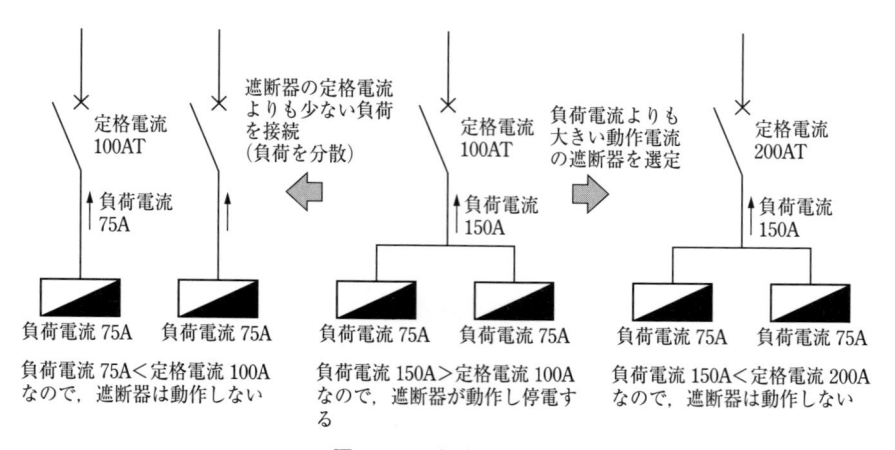

図 3.1-1 遮断器の選定

の工事の条件により検討する。

なお，電動機等が負荷の場合は始動電流や幹線の保護も合わせて考慮する必要があるので注意すること。

(b) ケーブルの選定

電線・ケーブルには許容電流があり，許容電流よりも大きな電流が流れると発熱し焼損に至る。電線・ケーブル単体の許容電流は，メーカー資料により確認できるが，実際の許容電流は，敷設方法，周囲温度などから決定され，単体の許容電流よりも小さくなる。なお，一般的な許容電流については，内線規程（電気技術規程使用設備編）の資料部分などに掲載されている。

(2) 施工不良

施工の不具合が原因で発生する事故であり，電気工事のプロフェッショナルである電気工事士として最も発生させてはいけない事故である。電気工事士法で定められている電気工事の中で最も多い施工不良としては，電線相互の接続，盤・機器との接続部分である。不良内容としては，接続が不十分なための焼損と接続を間違えたことによる異電圧の発生がある。電気工事士は，プロとしての意識を持ち1つ1つの作業を確実に確認しながら行う必要がある。

電気工事士資格保有者のみが行える電気工事（電気工事士法施行規則第2条）は次のとおり。
① 電線相互接続
② がいし引き工事（取外しを含む）
③ 電線を直接造営材またはその他の物件への取付け（取外しを含む），電線管等への通線
④ 配線器具の取付け・取外し・結線（露出型を除く）
⑤ 電線管の加工，接続
⑥ 金属製ボックスの取付け・取外し
⑦ 電線，電線管，線樋，ダクト等の造営材貫通部分への金属製防護の取付け・取外し
⑧ 金属製の電線管，線樋，ダクト等をメタルラス，ワイヤラス張り，金属板張り部分への取付け・取外し
⑨ 配線盤の取付け・取外し
⑩ 接地線の取付け・取外し，接続
⑪ 接地極の埋設と接地線の接続
⑫ 600V超の電気機器への電線接続

(3) 経年劣化

機器は，使用することで徐々に劣化し最終的には絶縁不良などに至る。故障に至るまでの期間は，機器に使用されている部品の特性や周辺環境さらには個々の製品により異なる。劣化は必ず発生する事象であるので，事故に至る前に劣化を発見して交換や修理を行うことで未然防止を図る。具体的には，日常点検，定期点検時の測定・目視等により，絶縁抵抗値の低下や色の変化などを観察する。

機器の耐用年数や診断などについては，公益社団法人ロングライフビル推進協会（BELCA）や一般社団法人日本電設工業協会（JECA）からの刊行物を参考にするとよい。

(4) 機器不良

機器単体の不良を原因とする事故で，リコールなどがある。近年はとくに電子回路を使用した機器が増えたため，電子機器の不具合に伴う機器不良が多く発生している。たとえば継電器は，誘導円盤型から複合型，照明器具用安定器は電子安定器が一般的になってきた。

リコール情報は，経済産業省のホームページ「製品安全ガイド」に掲載されている。

### (5) 地絡・短絡

地絡は，通電している回路と接地が接触することによって発生し，短絡は通電している異なる相が接触することによって発生するので，地絡・短絡は通電しているときに発生する事象であり，停電しているときには発生しない。また，地絡・短絡が発生すると回路の保護装置が働き電気を遮断する。結果として停電事故となる。

地絡・短絡は，機器不良等により電気設備の利用中に発生する場合と，工事中に発生する場合があるが，機器不良等については前項目に含むので，ここでは工事中に発生する場合を対象とする。

地絡・短絡事故を防ぐためには，前述からわかるように停電状態で工事を行うことである。停電していることで100％防止が可能となる。しかし，お客様からの要望等により活線状態で作業をしなければならない場合がある。この場合は，事故を防ぐための適切な処置が必要である。

### 3.1.2 電源品質障害

電源品質障害とは，電源の品質である電圧，周波数の異常に伴う機器・システムの損傷や誤動作などによりその機能が損なわれる現象である。電源品質に影響を及ぼす電気的現象には，電源系や負荷系などその部位に要因があるものから相互的に作用するものまでさまざまである。

### (1) 瞬時電圧低下

電力系統技術の発展とともに，電力機器等の供給設備は強化充実が図られ，我が国の電力系統における電力供給信頼度は極めて高く，一定地域あるいは建物全体が長時間にわたり停電する例は極めて少なくなった。しかし，送電線への落雷や台風など自然災害に起因する瞬時電圧低下は避けがたく，まれに突発的な事故などの発生により，正弦波であるべき電圧波形が大きく乱れ，最悪の場合，電力供給停止となる場合がある。

瞬時電圧低下とは，おおむね2秒以下のあいだ，電圧が著しく低下する現象を指すが，長時間にわたり電圧がゼロになる停電とは区別している。瞬時電圧低下による影響は，電圧低下率とその継続時間により機器・システムごとに影響が異なる。

### (2) 雷害

雷害とは，雷が電源品質に影響を与えることにより，機器などに発生する電気的障害をさす。雷害には，直撃雷・近傍雷・誘導雷などがあり，電源への進入経路は電源線・信号線・接地線・空中放射などさまざまある。一般に機器へ損傷を与える大きな要因は，雷により生じる大きな雷サージであり，過電圧による絶縁破壊が多くを占めている。

### (3) 高調波障害

最近の電子機器や動力設備は負荷に応じた任意の電源を供給するため，商用電源をインバータに代表されるように交流電源をいったん整流し，任意の電源に変換している。この整流方式により電源側に高調波電流が発生する。さらに，この高調波電流が流れることにより，その電圧降下で電圧波形に歪が生じて高調波電圧が発生する。

高調波障害とは，本来，正弦波である電源が高調波を含むことにより正弦波形が歪んでしまい，他の機器に影響を与える電気的現象である。この高調波による電源波形の歪みは，電源の基本周波数に高調波成分が重畳し，正弦波形を歪ませているが，この高調波成分は数学的に基本周波数の整数倍の高調波成分に分解することができる。すなわち，任意の歪み波形は，基本

波と整数倍の高調波成分を合成することにより得られることになる。

　電源にこの周波数の高い高調波成分が含まれると，周波数に依存するような素子などはインピーダンスが変化して過電流や過熱などで損傷を受け，誤動作が生じる場合がある。

　高調波対策としては，発生源を抑制する方法と影響を受ける機器の耐量を強化する方法がある。高調波発生源を抑制する方法の代表的なものとしては，広帯域の高調波成分を発生量に応じて抑制するアクティブフィルタや特定の高調波成分を定量分抑制するパッシブフィルタがある。

(4) ノイズ障害

　近年では，微弱な信号によって制御される機器が増加し，電源にノイズなどが重畳することにより電源品質が低下して，障害の発生が増加する傾向にある。ノイズは主に時間的に連続となる電源線を伝播する高調波および高周波成分をさすが，電磁波とよばれる数MHz以上の空間を伝播する放射ノイズによる影響も含まれる場合がある。

　ノイズには，電源から機器に入り，機器内部を経由してもう一方の電源から流出するようなノーマルモードと，機器と大地間の浮遊容量などを経由して流出するコモンモードの2種類があるが，コモンモードノイズによる障害が大半である。

　ノイズ対策としてノイズフィルタなどがあるが，フィルタによってノイズから機器を保護するため，大地などにノイズ成分を漏洩させているものもあり，高周波漏れ電流が大きくなっている場合がある。

　他の対策としては，電路を絶縁する絶縁変圧器やノイズカットトランスの設置などがある。絶縁変圧器は低周波のコモンモードノイズを防止し，静電結合や高周波の電磁誘導を低減したノイズカットトランスは広帯域のコモンモードノイズやノーマルモードノイズを防止する。また，信号系では，絶縁対策として発光ダイオードなどを用いた光変換やトランス・リレーによる磁気変換などが一般的である。

### 3.1.3 労働災害

　電気設備に関する労働災害とは，充電中の電気設備における不適切な安全対策等に起因する感電災害，高所でのケーブル工事や電気設備・機器類作業での墜落・転落災害，飛散物，落下物による飛来・落下災害，盤類や資材類の重量物運搬作業での挟まれ・巻き込まれ災害および業務中や通勤途上での交通災害等がある。

(1) 感電

　電気工事のプロフェッショナルである電気工事士として最も発生させてはならない災害が感電災害である。感電災害は重大な人身災害に直結しやすく，停電による設備障害への影響も大きく絶対避けなければならない。

　作業員が充電部に接触あるいは漏電している電気機械器具のフレームなどに接触して障害を受けることを一般に感電と称しているが，電流が生体に及ぼす作用については「電撃」の用語が使用されている。また，人体への傷害がなくとも，ショックで墜落などの二次的災害に結びつくこともある。

　電撃を防止するためには充電部の露出をなくすか，作業者が誤ったとしても充電部に接触できない構造にする。また，漏電対策としては，漏電を防止するか，電気機械器具フレームの接地，漏電遮断器の取付けによる電源遮断など，労働安全衛生規則（以下「安衛則」）においても

感電防止に関する多くの規則が定められている。
(a) 漏電遮断器による電撃防止対策
　事業者は，電動機械器具で対地電圧150Vを超える移動式もしくは可搬式のものまたは湿潤した場所その他鉄板，鉄骨，定盤上などで使用するものについては電路に感電防止用漏電遮断器を接続しなければならない。それが困難なときは，電動機械器具の金属製外枠などの金属部分を確実に接地しなければならない（安衛則第333条）。なお，除外項目が安衛則第334条で定められている。
(b) 露出充電部の防護による電撃防止対策
　労働者が作業中または通行の際に充電部に接触し感電するおそれがある場合は，電気機械器具の充電部に囲い，絶縁カバーを設けなければならない（安衛則第329条）。

　労働者が作業中または通行の際に接触するおそれのある配線や移動電線については，絶縁被覆の損傷，劣化による感電の危険を防止する措置をとらなければならない（安衛則第336条）。

　水その他導電性の高い液体によって湿潤している場所で使用する移動電線または接続器具で，接触するおそれのあるものについては，被覆または外装が導電性の高い液体に対して絶縁効力があるものを使用しなければならない（安衛則第337条）。
(c) 停電作業による電撃防止対策
　作業範囲への電源供給を停止させたうえでの作業が電撃防止対策としては非常に有効であるが，充電範囲と停電範囲の誤認，作業途中での電源誤投入などによる災害を防止するため，安衛則では以下のような規定がある（安衛則第339条）。
①開路中の開閉器は作業中施錠し，もしくは通電禁止を標示し，または監視人をおく。
②開路した電路の電力ケーブル，電力コンデンサーを有する電路では，残留電荷を確実に放電させる。
③開路した高圧または特別高圧の電路の場合は，検電器で停電を確認し，短絡接地器具で確実に短絡接地させる。
　また，作業終了後の通電前には，作業員に周知するとともに，短絡接地器具が取り外されていることを確認しなければならない。
(2) 墜落・転落
　墜落・転落災害は，建設業では，全重大災害の約40%を占めており，労働災害原因のトップとなっている。発生状況としては，足場からの墜落・転落が圧倒的に多く，次いで屋根，屋上，梁，開口部などが常に上位を占めている。ここで見逃すことができないのが，はしごや脚立，可搬式作業台からの転落である。はしごや脚立は，一時的な高所作業で使用されることが多く，1m以下の位置からの踏み外しでも死亡に至る事例が少なくない。
(3) 飛来・落下
　飛来・落下災害は，上部または他の箇所から材料，工具等が飛来し作業員に当たることを言い，建設現場では，墜落・転落，はさまれ・巻き込まれに次いで多い災害となっている。災害事例としては，材料，工具の飛来・落下以外にも，仮設足場掛け払い作業での部材落下，研削といしの破片の飛散，クレーン吊り荷のフックからの外れによる落下等が報告されている。
(4) はさまれ・巻き込まれ
　資機材の運搬，移動作業は人力での作業と移動式クレーン，ユニック車，フォークリフト，エレベータ等の重機類を使用しての作業がある。このような運搬作業中でのはさまれ・巻き込ま

れ災害は，墜落・転落災害についで多い災害となっている。人力による運搬作業による災害が圧倒的に多く，これらの災害要因としては，
- 不適切な運搬方法
- 不適切な運搬機材
- 基本動作の不遵守
- 運搬作業についての教育訓練不足，知識不足
- 運搬作業が作業者に任されている

などがある。

また，重機類使用時での災害要因としては，
- 不適切な玉掛け方法
- あいまいな運転合図
- サイズ不足や使用前点検の未実施などによるワイヤーロープ切断を原因とした吊り荷の落下
- 周辺設備と吊り荷とのあいだのはさまれ

などがある。

(5) 交通災害

交通災害は，工事種別，業種を問わず全労働災害の10%以上を占めており，労働災害防止の観点からも大きな課題となっている。したがって，事業者は，道路交通法の遵守を運転者に求めるだけでなく，労働災害防止の一部として計画的，継続的な安全対策を行う必要がある。

安全対策の例としては，業務車へのドライブレコーダー設置による運転者の運転特性の矯正，同乗者も運転者であることの意識づけ，運転前の健康チェックなど，各社の業務実態に合った対策を立てることが大切である。

(6) 切れ・こすれ

電気工事では，電線管加工，ケーブル切断，被覆剥離，PF管切断等の作業時，刃物類や電動式工具の使用頻度が多く，適正な工具や使用方法を誤ると切創災害を起こすおそれがある。

### 3.1.4 その他

(1) 情報漏えい

近年はあらゆる情報がデータ化され，情報漏えいが社会的に大きく取り上げられている。特に個人情報の漏洩は企業存続の危機にまで及ぶ。電気工事においても労働安全衛生法により作業員の管理や経営者では従業員の管理など，個人情報を扱うことが多い。同時にお客様の施設の工事を行うため，当該施設の情報も多く保有している。これらの情報が外部に流出した場合は，個人への被害をはじめ，お客様のライバル会社への情報流出など多大な影響が考えられる。

これを防止するためには，図面など紙の情報とパソコンに保存された電子情報を適切に管理する必要がある。とくにパソコンについては，一度に大量の情報が漏洩する可能性があり影響が大きい。パソコンからの情報漏えいを防止するための対策として，独立行政法人情報処理推進機構（IPA）が公開している「情報漏えい対策のしおり（2008年5月16日 第3版）」によれば，次の7項目である。詳細は，「情報漏えい対策のしおり（2008年5月16日 第3版）」を参照いただきたい。
- 持ち出し禁止：企業（組織）の情報資産を，許可なく，持ち出さない
- 安易な放置禁止：企業（組織）の情報資産を，未対策のまま目の届かない所に放置しない

- 安易な廃棄禁止：企業（組織）の情報資産を，未対策のまま廃棄しない
- 不要な持ち込み禁止：私物（私用）の機器類（パソコンや電子媒体）やプログラム等のデータを，許可なく，企業（組織）に持ち込まない
- 鍵を掛け，貸し借り禁止：個人に割り当てられた権限を，許可なく，他の人に貸与または譲渡しない
- 公言禁止：業務上知り得た情報を，許可なく，公言しない
- まず報告：情報漏えいを起こしたら，自分で判断せずに，まず報告

### (2) 他への損傷

電気設備以外の設備や機器等への損傷の可能性は多くあるが，主なものとして次の6つがある。

- ぶつける・落とすなど物理的な衝撃による損傷
- 埃や温湿度など環境による損傷
- 異電圧印加，過電流による焼損など電気的な損傷
- 外壁貫通配管による漏水
- 地中配管用の掘削による既存埋設物損傷
- 溶接等による火災

電気的な損傷は，設備事故として前項で述べているので，本項では衝撃と環境による損傷を対象とする。衝撃と環境による損傷を防止するためには，その場の状況，対象となる機器に応じた養生を行うことが基本となる。

### (3) 盗難

一般に建設現場は，恒久的な建設物に比べてセキュリティが低く，盗難の被害が多く発生している。プレハブである現場事務所では，多くの事務所荒しが報告されている。また電気設備工事では，高価に取引される電線・ケーブルの盗難が多く報告されている。時には配線工事を終了した電線・ケーブルを切り取られるケースもある。有効な対策としては，24時間警備や機械警備設備の設置が考えられるが，現場全体の方針やコスト面から難しい場合もある。個別には，資機材使用するつど現場に納入し，現場内に在庫を置かないことや，現場に置く場合は施錠できる倉庫やケースに保管する。さらに盗難が発生した場合のために工事保険に加入するなどである。

## 3.2 設備事故の発生例とその原因と対策

| 大分類 | システム不良 |
|---|---|
| 中分類 | 定格違い |
| 小分類 | 計器用変成器 |
| 概　要 | 電源の仕様と変成器の仕様が異なり，測定値が真値と異なっていた。または焼損した。<br><br>変流器の一般的な一次電流値：5, 10, 15, 20, 30, 40, 50, 60, 75, 100, 150, 200, 300, 400, 500, 600, 750, 1000, 1200<br><br>変圧器の一般的な一次電圧値：220, 440, 3300, 6600<br><br>例：変流器の定格間違いの計算<br>10/5A に 30/5A を取り付けると 10÷30 で，真の値の 1/3 の表示となる。つまり電流が 6A 流れると測定値が 2A となる。<br><br>図 3.2-1 |
| 原　因 | ①過電流，過電圧による機器の焼損<br>②機器仕様の確認不足 |
| 対　策 | ①機器を使用する場合は，どのような場合でも仕様の確認を行う必要がある。<br>②確認する項目はそれぞれ異なるが，電気においては一般的に，電流，電圧，周波数を確認しなければならない。<br>③機器の確認に気をとられて電源側の仕様確認を怠らないようにする。 |

| 大分類 | システム不良 |
|---|---|
| 中分類 | 定格違い |
| 小分類 | 照明器具 |
| 概　要 | 100V回路に200Vを印加して照明器具を焼損させた。多くの場合は，異臭によって焼損時点で気がつくが，火災が発生する場合もある。<br><br>焼損したブラケット照明器具　　　焼損した機器の基盤<br><br>焼損したテーブルタップ（側面）　焼損したテーブルタップ（裏面）<br><br>図 3.2-2 |
| 原　因 | ①過電圧による機器の焼損<br>②送電前の回路の電圧未確認<br>③機器の電圧仕様の未確認 |
| 対　策 | 　電源仕様の間違いは，1相3線105/210V回路から1相2線105V回路を接続する場合に，中性相（N）と電力側を間違えることで200Vを印加してしまうことである。間違える場所としては，分電盤での結線のほかに，幹線やジョイントボックスなど，どのような場所でも間違える可能性がある。間違えないような対策を採ることはもちろんであるが，間違いを見つける仕組みも必要である。<br>①間違えない対策は，工事の内容によって大きく異なるが，改修工事における盛り替えなどでは，既設の状況をメモなどで記録する。<br>②間違いを見つける仕組みは，作業後の電圧確認に尽きる。ただし，電圧の確認は，作業を行った場所よりも負荷側で行わなければならない。分電盤を設置した場合に主幹の電圧を測定しても対策にはならない。接続した負荷の電圧を確認しなければならない。 |

| 大分類 | システム不良 |
|---|---|
| 中分類 | 誤結線等 |
| 小分類 | 電力量計 |
| 概　要 | テナントビルで，実際に使用した電力量とビルオーナーからテナントへ請求された電力量が異なる（誤計量）。ビルオーナーやテナントから賠償請求が行われる。 |
| 原　因 | 電力量計は多くの配線があり，仕組みも複雑である。そのため，間違いが発生する場所が多い。<br>①2つのテナント間で反対のメータ読みで請求をしていた（別テナントの電力量が請求された）。これは，メータ番号を間違えていたり，メータに表示した名称を間違えている場合に発生する。<br>②計量対象負荷に共用廊下の照明が接続されていた（共用部の電力量を加算して請求された）。これは，電力量計の二次側に接続されたブレーカの負荷が誤っていたために発生する。逆に計量しなければならない負荷を計量していない場合も同様である。<br>③単相3線回路に3相3線用電力量計が接続されていた（計量値が実際の値よりも少なくなる）。機器の仕様と電源仕様が一致していない場合で，取り付けるときに確認が行われていないと考えられる。<br>④計器用変流器または計器用変圧器の定格が実際の電源と異なる。検定付電力量計の場合は，固有の番号が記されているので，確認しながら接続すればよい。<br>⑤パルス乗数が電力量計は 1Plus/10kWh に対し 1Plus/1kWh で計算していた（10倍の電力量を請求されていた）。パルスは，計量システムを導入している場合にシステムに電力量を送信するために使用するもので，直読のみの場合は，発生しない。<br>⑥計器用変流器の取付向きが反対になっていた。計器用変流器の1次側と2次側を反対に取り付けると電流の向きが反対になるので，2つの変流器とも逆向きであれば逆回転し，1つだけ逆向きだと打ち消し合いほとんど回転しない。<br>⑦CT・VTと電力量計間の結線が異なっていた。最大で7本の配線があり，どのように間違えるかにより計量結果が異なる。 |
| 対　策 | ①すべての工事が終了した時点で，実際の負荷を動作させて電力量が正しく測定されていることを確認する。<br>②工事途中での確認や部分的な確認では，システムが全体として動作することが確認できないので，不具合が残る可能性が高く，注意が必要である。 |

| 大分類 | 施工不良 |
|---|---|
| 中分類 | 絶縁不良 |
| 小分類 | 電線を器具等にはさむ |
| 概　要 | 電源配線を，器具等にはさんだため，被覆を損傷し漏電が発生した。<br><br>1. 昇降式照明器具組み立て時にはさむ<br><br>はさんだ部分　　　　　被覆が損傷している<br><br>器具が組み立てられた状態　　器具が設置された状態<br><br>2. コンセント取り付け時にはさむ<br><br>白ボックスとＣ枠とのあいだにはさまり，被覆が損傷している<br><br>図 3.2-3 |
| 原　因 | ①照明器具やボックスに電線が適切に納まっていない状態で組み立てや取り付けを行ったため，ビス締めの力により電線に力が加わり，結果として被覆が損傷し漏電した。<br>②電線をはさんで施工をしたことに気がつかなかった。<br>③作業後に電線がはさまっていないことを確認しなかった。 |
| 対　策 | ①施工時には，照明器具やボックスに電線を納める力量が必要である。<br>②取り付け時には，電線が収まっていることを確認する。<br>③電線をはさんだ状態ではカバー等が浮くので，取り付け後の浮き等を確認する。 |

| | |
|---|---|
| 大分類 | 施工不良 |
| 中分類 | 接続不良 |
| 小分類 | 盤内配線 |
| 概　要 | 　端子部締付不良のために接触抵抗増加し，負荷電流が流れたことで温度が上昇し発火に至る。最も焼損が激しい盤内配線接続部が発火点と推測できる。<br>　この事例は，盤製造会社が現場で施工する盤内接続部を集めた。<br><br>焼損前　　　　　　　　　　　　　　　焼損後<br><br>図 3.2-4 |
| 原　因 | ①盤内配線の端子接続部の接続不良<br>②接続部の確認が適切に行われていない |
| 対　策 | 　分電盤などの工場製作品は，各メーカの品質管理が行われ，複数回の検査が行われるので，このような不具合が発生することはまれである。しかし，現場への納入後に改造や改修を行った場合，1人の作業員による作業となり，検査員による検査が行われないなど不十分な検査で締付不良が発生する。<br>①現場での改造・改修を行った場合は，メーカ作業員のほかに電気作業員による該当箇所の締付確認検査を行い，確認記録を作成することで確認漏れを防ぐ。 |

| 大分類 | 施工不良 |
|---|---|
| 中分類 | 接続不良 |
| 小分類 | 未施工 |
| 概　要 | 　接続すべき部分で接続が行われていない。未施工の状態で作業を終了した事例である。 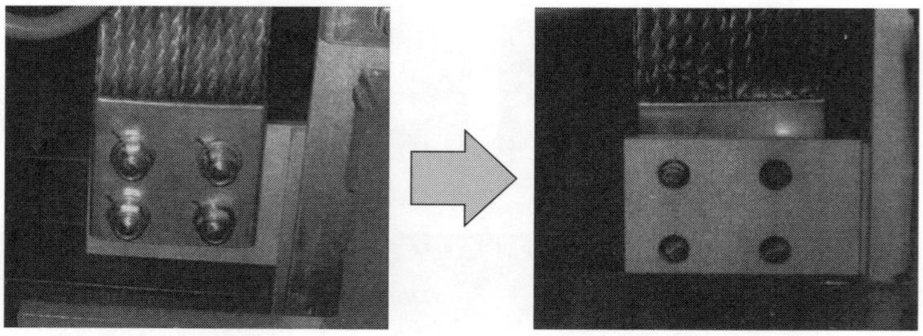<br><br>正しい状態　　　　　　　　　作業終了時の状態 <br><br>手前はまったく接続されていない。後方は，ボルトを締め付けると赤いキャップが外れる。 　　締め付けると青い部分が外れる<br><br>図 3.2-5 |
| 原　因 | ①作業者が，何らかの理由により作業を完了せずに終了した。<br>②職長などの管理者が作業の完了を確認しなかった。<br>③検査の記録が作成されていない。 |
| 対　策 | ①作業を途中で中止しない。とくに接続部においては，手締め等の仮締め状態で終了しない。<br>②作業が途中となった場合は，その部分に一目でわかるような表示をする。<br>③管理者は，作業ごとに作業の終了を確認する。<br>④接続部については，全数の検査を実施し記録を作成する。 |

| | |
|---|---|
| 大分類 | 施工不良 |
| 中分類 | 接続不良 |
| 小分類 | 盤 |
| 概　要 | 盤への外線接続部分の接続不良により焼損が発生した事例である。

図 3.2-6 |
| 原　因 | 　盤への外線接続部分の接続不良による焼損は，電気工事を行うものにとって最も気をつけるべき事故である。<br>①仮締め状態で本締めを行わなかった。<br>②ビスが斜めに入っていた。<br>③ビス部分に異物が混入していた。 |
| 対　策 | ①各作業者は，自分の作業部分について責任をもった作業を行う。<br>②盤内接続部について職長等の管理者は，全数検査を行い記録に残す。<br>③斜め締付や異物混入があるので，ボルトのトルクだけではなく隙間の目視確認や電線の動きなども確認する。<br><br>| ボルトおよびナットのねじの呼び径　mm | トルク N・m | ボルトおよびナットのねじの呼び径　mm | トルク N・m |<br>|---|---|---|---|<br>| 3 | 0.5〜0.6 | 14 | 51.0〜61.0 |<br>| 3.5 | 0.7〜0.9 | 16 | 78.5〜98.0 |<br>| 4 | 1.0〜1.3 | 18 | 113.0〜137.5 |<br>| 5 | 2.0〜2.5 | 20 | 157.0〜196.0 |<br>| 6 | 4.0〜4.9 | 22 | 216.0〜265.0 |<br>| 8 | 8.9〜10.8 | 24 | 274.5〜343.0 |<br>| 10 | 18.0〜23.0 | 27 | 392.0〜490.0 |<br>| 12 | 31.5〜39.5 | | | |

| 大分類 | 施工不良 |
|---|---|
| 中分類 | 接続不良 |
| 小分類 | 圧着端子 |
| 概　要 | 圧着端子の施工不良による焼損の事例である。電気工事士としての作業ではない。<br><br>芯線を巻いて接続している<br><br>①圧着端子のサイズに対して電線が多い<br>②圧着端子に適合していないコマで圧着されている<br><br>①電線のむきが長い<br>②圧着端子が挿してあるだけで圧着されていない<br><br>図 3.2-7 |
| 原　因 | ①適正なスリーブと圧着ペンチが使用されていない。<br>②正しい施工方法を知らない作業員（無資格者）による作業と推測される。 |
| 対　策 | ①電気工事は，法令に従い電気工事士が行う。<br>②職長等の管理者は，日常の巡回時に抜き取り確認を行う。 |

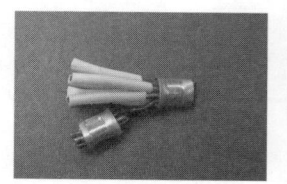

参考　リングスリーブの適正圧着本数

| リーブサイズ | 小 | | 中 | 大 |
|---|---|---|---|---|
| コマのサイズ | ㊉ | 小 | 中 | 大 |
| 1.6mm（2□） | 2本 | 3～4本 | 5～6本 | 7本 |
| 2.0mm（3.5□） | | 2本 | 3～4本 | 5本 |
| 2.6mm（5.5□） | | | 2本 | 3本 |

（内線規程1335-2表，JIS C 2806：2003 付表4より）

| 大分類 | 施工不良 |
|---|---|
| 中分類 | 接続不良 |
| 小分類 | 差込式コネクタ |
| 概　要 | 　差込式の接続において，適切な施工がされていなかったために発生した焼損である．差込式コネクタは簡単に接続が可能であるが，適切に施工が行われずに焼損する事例がある．<br><br>図 3.2-8 |
| 原　因 | ①電線のむき長さ，差し込みなどが適切に施工されていない．<br>②正しい施工方法を知らない作業員（無資格者）による作業の可能性がある． |
| 対　策 | ①電気工事は，法令に従い電気工事士が行う．<br>②電線のむき出し寸法はコネクタ本体のストリップゲージで確認する．<br>③透明なコネクタの場合は，電線がスプリング先端より十分入っていることを確認する．<br>④差し込んだ電線を1本ずつ軽く引っ張り，コネクタから抜けないことを確認する． |

| 大分類 | 施工不良 |
|---|---|
| 中分類 | 誤接続 |
| 小分類 | 照明器具 |
| 概　要 | 　照明器具の付属ケーブルの色（赤・白・黒）と電源のVVFケーブルの色（赤・白・緑）が異なっており，照明器具では赤を接地，電源では緑を接地にしていた。照明器具ケーブルの赤とVVFケーブルの緑を接続しなければならないところ，赤と赤を接続してしまったため，送電と同時に地絡が発生した。地絡電流は，照明器具の吊りワイヤーから吊りボルト，さらには天井支持金物を流れた。照明器具の吊りワイヤーが細く地絡電流により溶断し，照明器具落下に至った。<br><br>図3.2-9 |
| 原　因 | ①電源線を接地端子に接続した。<br>②照明器具の取扱説明書で確認すると電線の色と接続されている極は明確であるが，思い込みで作業を行った。<br>③作業後送電前に接続が正しいことを確認するために，絶縁抵抗測定を行うべきであるが，試験をせずに送電をした。 |
| 対　策 | ①照明器具に限らず，機器類を扱う場合は，必ず取扱説明書を読み，思い込み作業を防止する。<br>②作業終了後は，絶縁抵抗測定，電圧測定，相確認などの試験を実施する。 |

| 大分類 | 施工不良 |
|---|---|
| 中分類 | 誤切断 |
| 小分類 | 幹線 |
| 概　要 | 　改修工事に伴う幹線の撤去において，使用している充電中のケーブルと撤去対象のケーブルを誤って切断した。切断時にケーブルカッターにより短絡事故が発生し停電。使用したケーブルカッターはアークにより損傷した。<br><br>切断したケーブル<br><br>使用したケーブルカッター<br>図 3.2-10 |
| 原　因 | ①本来撤去すべきケーブルと充電中ケーブルを誤認した。<br>②撤去するケーブルを適切に確認していない。 |
| 対　策 | 　誤認は必ず発生するので，確実に識別できる用法で撤去ケーブルを確認する。<br>　複数のケーブルが錯綜する場所では 2～3m 先でも誤認が発生する。<br>①他のケーブルから引き出すなどしてすでに切断されている片端を確認する。<br>②識別リングをケーブルに通して確認する。<br><br>端部を確認しての切断例　　　識別リングを使用した例<br>図 3.2-11 |

| 大分類 | 施工不良 |
|---|---|
| 中分類 | 誤切断 |
| 小分類 | VVFケーブル |
| 概　要 | 　改修工事において，使用している充電中のケーブルと撤去対象のケーブルを誤って切断した。負荷電流が小さく，細いケーブルなので安易に切断をした。  <br><br>図 3.2-12 |
| 原　因 | ①本来撤去すべきケーブルと充電中ケーブルを誤認した。<br>②撤去するケーブルを適切に確認していない。 |
| 対　策 | 　誤認は必ず発生するので，確実に識別できる用法で撤去ケーブルを確認する。<br>　複数のケーブルが錯綜する場所では2～3m先でも誤認が発生する。<br>①他のケーブルから引き出すなどしてすでに切断されている片端を確認する。<br>②検電は，検電器の感度調整など適切な使用方法を理解する。<br><br>ニュートラル側は検電器が反応しないが，プレッシャー側は反応する<br><br>悪い例：端部が確認できていない　　良い例：端部が確認できている<br><br>図 3.2-13 |

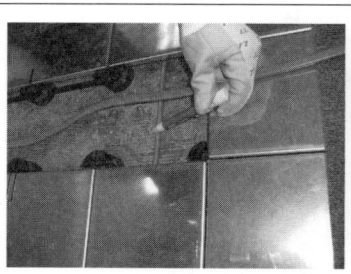

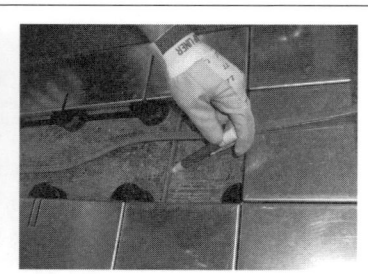

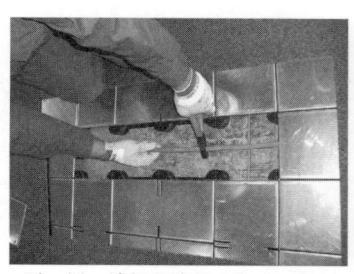

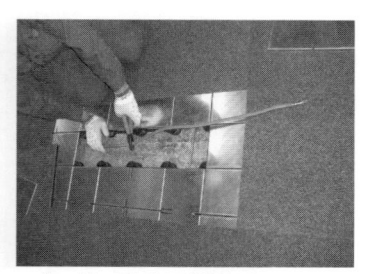

| 大分類 | 施工不良 |
|---|---|
| 中分類 | 誤切断 |
| 小分類 | その他のケーブル |
| 概　要 | 　改修工事において，使用している通信ケーブルと撤去対象のケーブルを誤って切断した。通信ケーブルは，近年は重要な役割を持っており，場合によっては世界中のシステムが停止するなど，停電事故よりも設備使用者の業務に重大な影響を与える可能性がある。<br><br>図 3.2-14 |
| 原　因 | ①本来撤去すべきケーブルと使用中ケーブルを誤認した。<br>②撤去するケーブルを適切に確認していない。 |
| 対　策 | 　誤認は必ず発生するので，確実に識別できる用法で撤去ケーブルを確認する。<br>　複数のケーブルが錯綜する場所では2～3m先でも誤認が発生する。<br>①他のケーブルから引き出すなどしてすでに切断されている片端を確認する。<br>②識別リングをケーブルに通して確認する。<br>③通信ケーブルは，検電による確認ができないため誤認しやすいので，端部が見えない状態での切断は，絶対に行わない。 |

| 大分類 | 施工不良 |
|---|---|
| 中分類 | 短絡・地絡 |
| 小分類 | 直流電源 |
| 概　要 | 停電を伴う改修工事や定期点検において，直流電源装置，UPS電源の端子部作業中に短絡を発生させた事例である。<br><br>出力端子<br><br>図 3.2-15 |
| 原　因 | ①停電していると思っていた。<br>②一般的な検電器が反応しなかった。<br>③大丈夫だと思った。 |
| 対　策 | ①直流電源は，蓄電池から電源供給されるため停電することができないので，蓄電池部分から離線して停電する。<br>②直流を検電する場合は，直流検電可能な検電器を使用する。<br>③充電しているものは，つねに短絡・地絡あるいは感電の危険があることを認識する。<br><br>交流専用検電器の例　　　交流・直流兼用検電器の例<br>図 3.2-16 |

| 大分類 | 施工不良 |
|---|---|
| 中分類 | 機器の取り扱い |
| 小分類 | 短絡・地絡 |
| 概　要 | 　海外製配線器具の端子を間違えて，接地極に電力側の配線を接続したため，機器を接続したと同時に地絡し，停電した。<br><br>図 3.2-17 |
| 原　因 | ①海外製の配線器具を日本製と同様と思い込んで接続をした。<br>②説明書が外国語のために読まなかった。<br>③電気用品安全法による表示の統一を知らなかった。 |
| 対　策 | ①海外製品は日本製品と異なるので，必ず取扱説明書を読む。外国語の場合は，メーカや代理店等に和訳を依頼して読む。<br>② PSE 認証の確認とその表示について理解する。<br><br>参考：電気用品安全法第 28 条および電気工事業の適正化に関する法律（電気工事業法）第 23 条の規定により，PSE の表示が付されている製品でなければ電気工事に使用することはできない。PSE 認証を取得するためには，「電気用品の技術上の基準を定める省令」で定められた技術的要件を満たしていることが条件である。電気用品の技術上の基準を定める省令では，誤接続による感電・火災を防止するために接地極または中性極を有する製品について，「接地極」の表示と「接地側極である旨」の表示（中性極の表示）を義務づけている。<br>　「接地極」の表示は，保護アース，保護接地，PE の文字もしくは⏚の記号をもって表示することをいう。ただし，接地，接地端子，アース，E，G 等の文字もしくは≒等の記号は，当分の間使用することができる。 |

| | |
|---|---|
| 大分類 | 施工不良 |
| 中分類 | 機器の取り扱い |
| 小分類 | |
| 概　要 | 両側に電線をはさむべきだったが，片側だけであったためにストレスがかかり，加熱してオイル漏れが発生<br><br>こげて変色している<br>ハンダが垂れている<br>オイルが漏れている（斜線部はすべてオイル）<br>図 3.2-18 |
| 原　因 | ①2箇所に電線をはさんで締付を行うべきところを，1箇所だけで締付をしたため，端子部にストレスがかかり，加熱した。<br>②正しい電線の接続方法を知らなかった。<br>③取扱説明書を読まなかった。<br><br>電線1本の場合　　　電線2本の場合<br>160kvar 以上の電線接続説明図<br>メーカの取扱説明書抜粋<br>図 3.2-19 |
| 対　策 | ①扱い方を知らず，取扱説明書を読まず，誤った施工をすることが多いので，機器を使用する場合は，必ず取扱説明書を読み，設置方法・接続方法などを確認する。<br>②とくに初めての機器を使用する場合は，メーカへ確認するなども必要である。 |

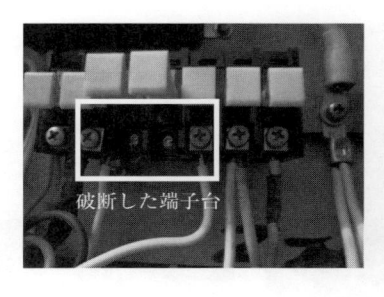

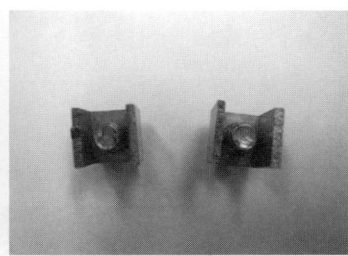

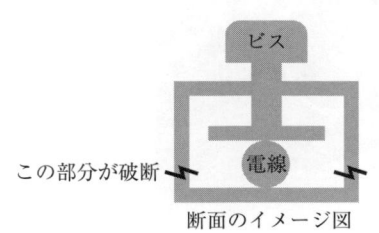

| 大分類 | 経年劣化 |
|---|---|
| 中分類 | 錆による破損 |
| 小分類 | ニュートラル端子 |
| 概　要 | 　分電盤内の点検中にニュートラル端子が緩んでいることを発見したため，ドライバーで締付を行ったところ，端子部の金属が破損し停電した。破断した部分の配線を隣の端子に盛り替えようとしたところ，隣の端子も破損した。<br><br>破断した端子台　　　　　　破断して外れた端子<br><br>ビス<br>この部分が破断　　電線<br>断面のイメージ図<br><br>図 3.2-20 |
| 原　因 | ①端子台が経年劣化により破損寸前であった。<br>②状況を確認せずに締付を行った。<br>③送電状態のまま締付を行った。 |
| 対　策 | ①古い設備は，錆や紫外線による劣化など，強度が低下しているので少しの衝撃や力により破損する可能性がある。とくに数十年を経過した設備では劣化を考慮した作業が必要である。<br>②送電状態での作業は，不測の事態が発生すると停電するリスクがあることを理解する。 |

| | |
|---|---|
| 大 分 類 | 経年劣化 |
| 中 分 類 | 錆による破損 |
| 小 分 類 | 設備配管 |
| 概　　要 | 電気工事と直接の関係はないが，シャフト内や天井内の電気工事中に設備配管へ衝撃を与えたことにより損傷し，漏水が発生した。衝撃は，作業者が直接触れる場合だけではなく，配線中のケーブルが触れる場合などもある。<br>　とくにバルブの付け根部分が損傷する場合が多く，写真の2例は，いずれもバルブ付け根で破損している。<br><br>図 3.2-21 |
| 原　　因 | ①設備配管が経年劣化による錆で肉厚が薄くなり強度がなかった。<br>②設備配管に力（衝撃）を与えた。 |
| 対　　策 | ①作業を行う場合は周囲の環境も事前確認する。<br>②古い設備は，電気設備に限らず，錆や紫外線による劣化など，強度が低下しているので少しの衝撃や力により破損する可能性がある。特に数十年を経過した設備では他設備や構造物であっても劣化を考慮した作業が必要である。 |

| 大分類 | 経年劣化 |
|---|---|
| 中分類 | 絶縁低下 |
| 小分類 | 埃や水分によるアーク（銅バー） |
| 概　要 | 　異極間または対地間が，埃，金属片，その他の物質により低インピーダンスとなり閃絡する現象である。多くの場合は，絶縁物の劣化により発生するが，清掃不足により空気が絶縁破壊してアークが発生した事例である。電圧が400V以上の場合は，このアークが持続し銅バー上を移動，広い範囲で焼損が発生する。<br>※閃絡（せんらく）：空気が絶縁破壊して異極間や対地間にアークがつながること。<br><br>閃絡した銅バー　　　　　盤の表面<br><br>銅バーが溶けた例<br><br>図3.2-22 |
| 原　因 | ①埃や金属片等により空気絶縁が低下していた。<br>②絶縁被覆や絶縁塗料が塗布されてなく，空間距離が10mm程度であった。<br>　（JIS C 4620：2004（キュービクル式高圧受電設備）では，低圧の空間距離は10mm以上と定められている） |
| 対　策 | ①定期的に清掃を行い，絶縁抵抗値を確保する。家庭で発生するコンセントのトラッキング現象と同様の対策である。<br>②空間距離は遮断器の端子台の位置により決定されるため広くすることができない。銅バーを使用せずに電線や絶縁塗料を塗布する対策もあるが，費用が発生する。 |

| 大分類 | 経年劣化 |
|---|---|
| 中分類 | 絶縁低下 |
| 小分類 | リアクトル |
| 概　要 | 　リアクトルの1相が突然地絡し，保護継電器が動作した。一般にリアクトルとコンデンサは単独のフィーダ遮断器が設置されてるので負荷の停電には至らないが，トランスや開閉器で同様の事象が発生した場合は，停電に至る。<br><br>外観　　　　地絡痕　　　　鉄心<br><br>地絡部　　　　巻線<br>リアクトル<br><br>カットアウトスイッチ<br><br>図 3.2-23 |
| 原　因 | ①雷サージや開閉サージによって弱い部分が絶縁劣化し，地絡に至った。<br>②経年劣化によって絶縁が低下し，地絡に至った。 |
| 対　策 | ①定期点検等で絶縁抵抗値を定期的に測定し，変化の観察を行う。絶縁低下が見られる場合は，機器更新等の検討を行う。<br>②年月が経過すると，絶縁性能が低下するので，機器更新を行う。<br>　（社）日本電機工業会は，物理的安定使用期間（更新推奨時期）を高圧変圧器20年，高圧進相コンデンサ15年としている。 |

| | |
|---|---|
| 大分類 | 機器不良 |
| 中分類 | 盤類 |
| 小分類 | 絶縁距離不足 |
| | 　盤内端子台と盤面との空間距離が確保されずに，端子台と盤面間で地絡した。盤面は通気のためのメッシュとなっていたため構造的に弱く，押す力を加えることでしなり，端子台と接触した。

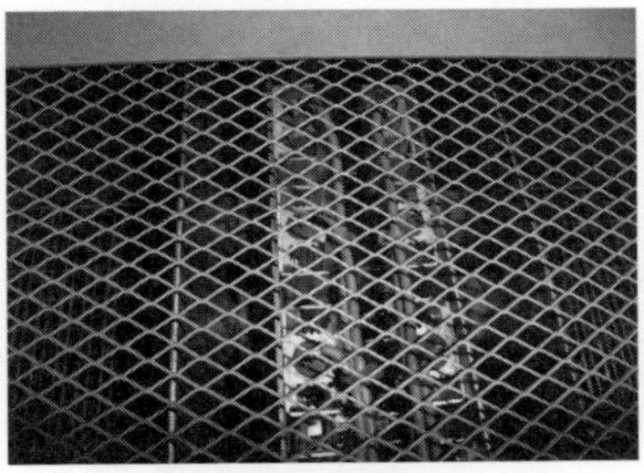

端子台の写真

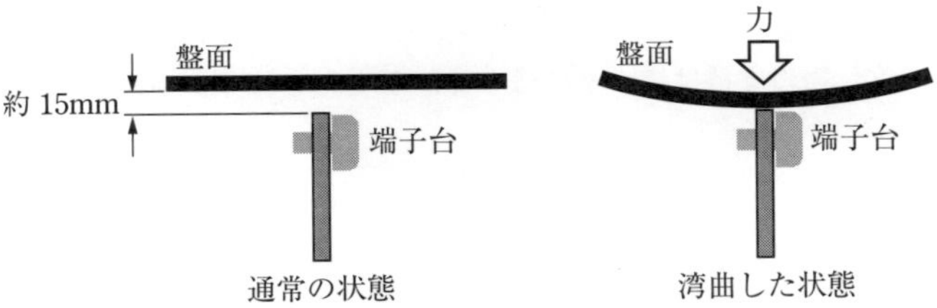

図 3.2-24 |
| 原　因 | ① JIS C 4620：2004（キュービクル式高圧受電設備）で定められた空間距離 10mm 以上を確保しているが，盤面の湾曲を考慮していなかった。<br>②盤面に湾曲する力が加わった。 |
| 対　策 | ①盤面の湾曲を考慮した空間距離を確保する。<br>②導電部分は絶縁被覆等を行い，万一接触しても地絡しない措置を行う。 |

| 大分類 | 機器不良 |
|---|---|
| 中分類 | 盤類 |
| 小分類 | 支持強度不足 |
| 概　要 | 銅バーの支持強度不足により，支持材が破断し銅バーが脱落した。

銅バーの脱落状況　　　　　　破断した支持材

図 3.2-25 |
| 原　因 | ①支持材の強度が銅バーの重さに比べて小さかった。<br>②支持材の強度を検討しなかった。または，検討を間違えていた。 |
| 対　策 | ①工場検査または自主検査等で，機器や銅バー支持材の強度，取り付け状況を確認する。<br>②地震や変圧器による揺れ等があるので，支持材の強度は安全率を高めに考慮する。<br>③重量物の支持は横や上ではなく，下支えを行うようにする。

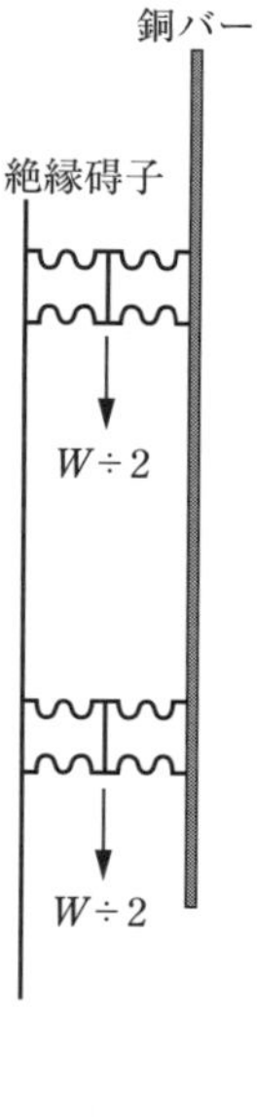

$W$：被支持物の重量
$T$：支持材の強度

2箇所で支持する場合は，支持材1箇所あたりの重量は2分の1となるので
$T > w \div 2$
であればよいが，安全率を1.5とすれば，
$T > (w \div 2) \times 1.5$
となる。

図 3.2-26 |

| 大分類 | 地絡・短絡 |
|---|---|
| 中分類 | 作業中 |
| 小分類 | 隣接回路 |
| 概　要 | 　工事のために停電した回路と充電中回路が隣接する場合に，工具やケーブルが充電中の回路に触れて地絡または短絡し停電する。<br><br>充電中　　停電中<br>回路　　　回路<br><br>図 3.2-27 |
| 原　因 | ①充電中回路の間近で作業をした。<br>②充電中回路に絶縁シート等の防護がなされていなかった。 |
| 対　策 | ①安全衛生の観点からも活線近接作業を行う場合は，充電部分を絶縁シート等で防護する。<br>②工具は，絶縁性の工具を使用する。 |

| 大分類 | 地絡・短絡 |
|---|---|
| 中分類 | 試験中 |
| 小分類 | 短絡線 |
| 概　要 | 3相短絡を行い，絶縁抵抗の測定，絶縁耐圧試験を行った。試験終了後に短絡線を取り忘れたまま送電し，3相短絡による停電が発生した。 |

盤全体　　　短絡部

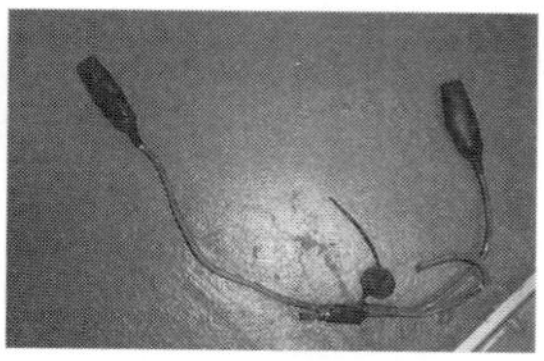

使用した短絡線

短絡させたキャビネット　　使用した短絡線

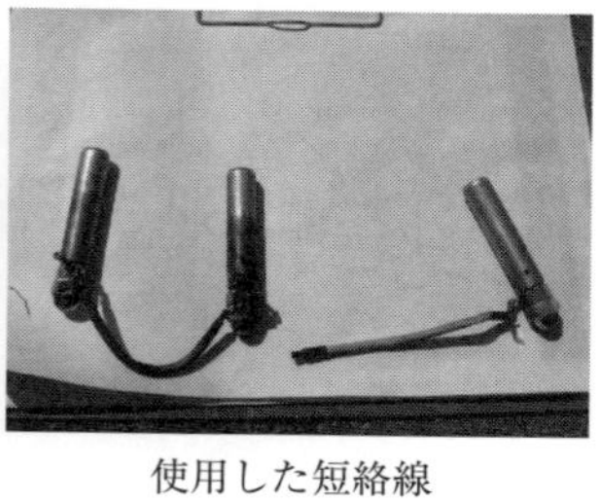

図 3.2-28

| 原　因 | ①短絡線を外し忘れた。<br>②送電前に確認をしていない。 |
|---|---|
| 対　策 | ①点検や試験を行うときは，作業前後で工具類の数量点検を行い，盤内等に工具類の残置がないことを確認してから送電を行う。<br>②点検や試験終了後は，複数の人員で盤内の状態を目視で点検する。 |

## 3.3　電源品質障害の発生例とその原因と対策

| 大分類 | 瞬時電圧低下 |
|---|---|
| 中分類 | 立ち消え |
| 小分類 | マルチハロゲンランプ |
| 概　　要 | 　高圧受電の工場で，一般照明として使用しているマルチハロゲンランプが使用中に立ち消えする現象が生じた。<br>　照明の電源品質測定（波形測定）を行った結果，照明用電灯分電盤において最大20V程度の電圧低下を確認した。<br>　電圧低下が生じたタイミングで複数の大型冷凍機が起動していたことが判明した。<br><br>電灯分電盤の主幹での電圧推移<br><br>安定器入力電圧の電圧低下による立ち消え　　　電圧波形歪による立ち消え<br>図 3.3-1 |
| 原　　因 | 　間欠的に稼働している複数の大型冷凍機の起動が重畳したときに，大きな起動電流により電圧の低下を招き，マルチハロゲンランプの再点弧電圧が得られずに立ち消えた。 |
| 対　　策 | ①照明器具への配線方法や配線サイズを変更して電圧降下を低減させる。<br>②電圧低下を生じさせている負荷の起動方式を変更して電圧低下を低減させる。<br>③電圧の変動や歪みの影響を受けにくい照明器具に変更する。 |

| 大分類 | 瞬時電圧低下 |
|---|---|
| 中分類 | 不要切替動作 |
| 小分類 | 低圧 UPS |

| 概　要 | 　事務所に設置してあるサーバー用 UPS が商用運転とバッテリー運転とが頻繁に切り替わる現象が発生した。<br>　UPS の電源コンセントと同じコンセントにレーザープリンタが接続されており，このレーザープリンタの動作と関連して UPS の切替動作が発生していることが判明した。<br><br>図 3.3-2 |
|---|---|
| 原　因 | 　レーザープリンタの動作時に始動電流が 0.2 秒程度の短時間に 25A 程度電流が流れることにより電圧が低下して，当該 UPS が電圧低下を検出して電源切替動作を繰り返した。 |
| 対　策 | ①レーザープリンタと UPS の電源を別々の回路として，プリンタによる電圧低下の影響を回避する。<br>②UPS の切替動作設定を変更してプリンタの始動電流による電圧降下程度では動作しない設定とする。 |

| | |
|---|---|
| 大分類 | 雷害 |
| 中分類 | 誘導雷サージ |
| 小分類 | 継電器 |
| 概　要 | 6.6kV受電の工場で，工場付近で落雷が生じたときにサブ変電所送り出し用地絡方向継電器が不要動作して部分停電が生じた。 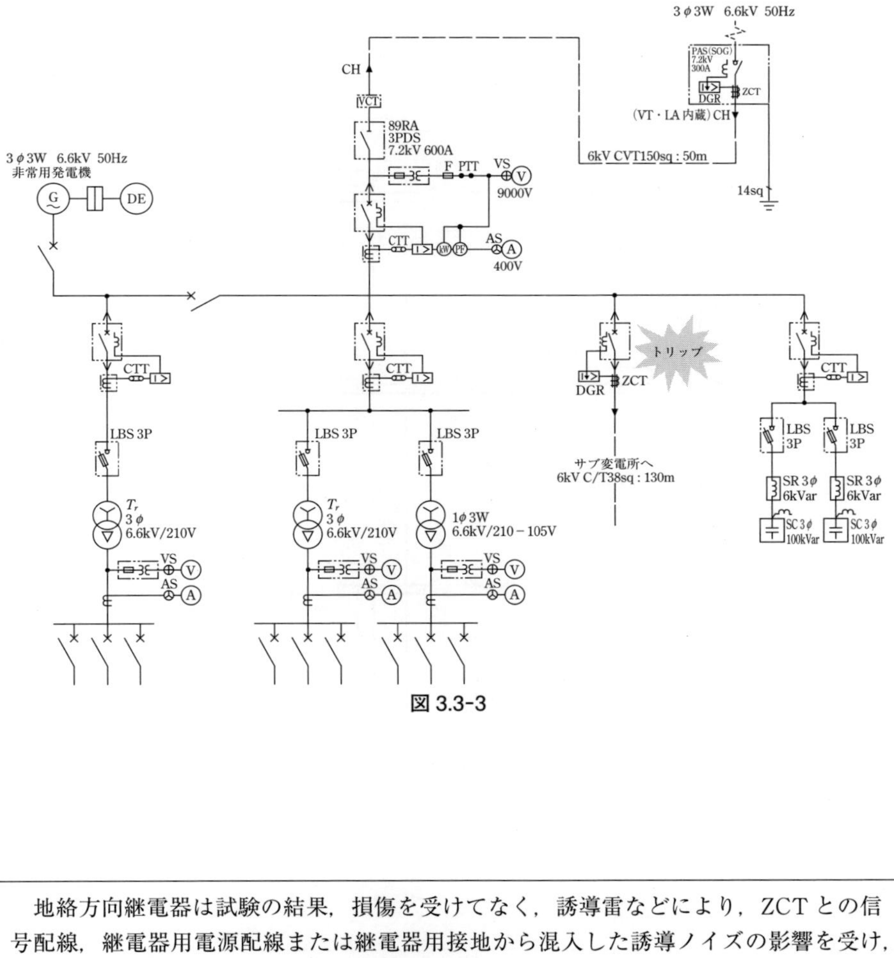 |

図3.3-3

| | |
|---|---|
| 原　因 | 地絡方向継電器は試験の結果，損傷を受けてなく，誘導雷などにより，ZCTとの信号配線，継電器用電源配線または継電器用接地から混入した誘導ノイズの影響を受け，トリップ信号回路に誘導電圧を発生させたと推定される。 |
| 対　策 | ①雷サージの進入経路と推定される配線にフェライトコアなどを設置して高周波ノイズの抑制を図る。<br>②配線などや制御回路部分のシールド化を図る。<br>③配線にSPDを設置して雷サージの進入を抑制する。 |

| | |
|---|---|
| 大分類 | 雷害 |
| 中分類 | 絶縁破壊 |
| 小分類 | ルーター |
| 概　要 | 　海外の日本法人の事務所ビルで，近傍での落雷によりWANがアクセスできなくなる障害が発生した。<br>　調査の結果，メタルケーブルで引き込んでいる公衆電話回線や光ケーブルに接続されているモデムと接続されているルーターの電話回線部分の基板が故障していた。<br>　ルーターは接地付きコンセントで接続されていたが，PBXは電源が非接地で接続，モデムは電源のコンセントの接地が損傷しており，事実上非接地で使用されていた。<br><br>図3.3-4 |
| 原　因 | 　一般電話回線のメタルケーブルより雷サージが進入して非接地のPBXを通じてルーターに雷サージが移行した。ルーターは接地が施されていたため，通信線を伝播してきた雷サージが基板部分で絶縁破壊が生じてルーターの損傷に至ったと推定される。 |
| 対　策 | ①一般電話回線の入力部にSPDを接地して，雷サージの進入を抑制する。<br>②通信線を光ケーブルに変換して信号線の絶縁を図る。 |

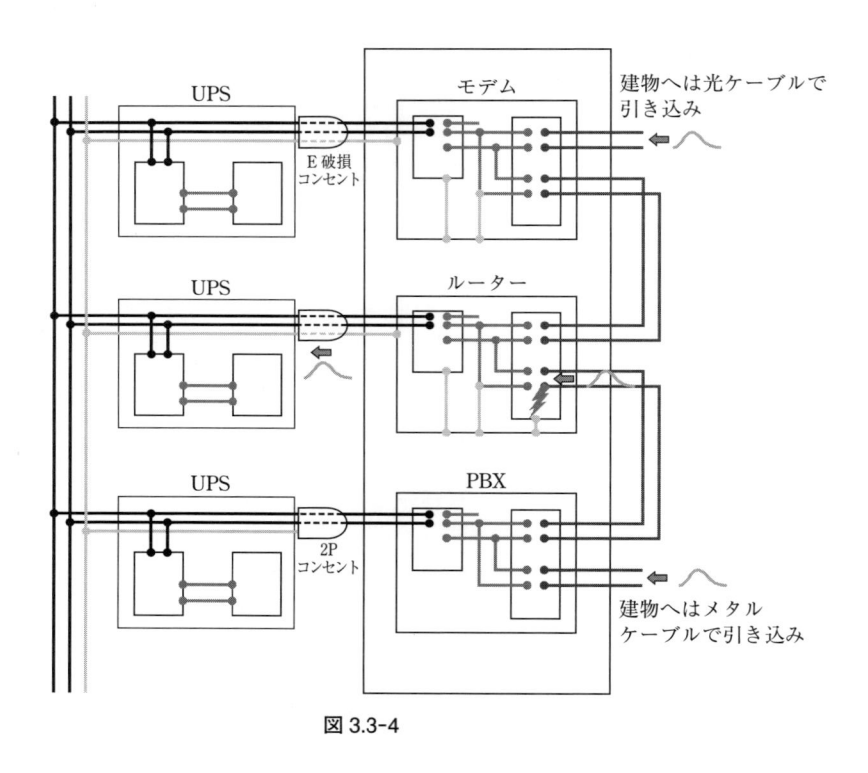

| 大分類 | 高調波障害 |
|---|---|
| 中分類 | 高調波電圧 |
| 小分類 | 直列リアクトル |
| 概　要 | 事務所ビルの 6.6kV 受変電設備で高圧コンデンサ設備が損傷を受けた。<br>　原因を調査するため，受電点での電源品質測定（高調波）を 1 週間継続して行った結果，受電点における第 5 調波電圧歪が直列リアクトルの旧 JIS 規格の規定レベルである 3.5% を超過している時間帯があることが判明した。<br><br>図 3.3-5 |
| 原　因 | 一般需要家から流出する高調波電流により，夜間および休日の軽負荷時に第 5 調波電圧が増大して系統の電圧歪みの影響を受けた。 |
| 対　策 | ①第 5 調波電圧歪み率の大きい時間帯の平日夜間・早朝および休日の軽負荷時には，コンデンサ設備を開放する運用を行う。<br>②旧 JIS 規格のコンデンサ設備を現行の JIS 規格のコンデンサ設備に更新し，高調波耐量を強化する。 |

| 大分類 | 高調波障害 |
|---|---|
| 中分類 | 高調波共振電流 |
| 小分類 | エレベータ制御盤 |
| 概　要 | 事務所ビルの 6.6kV サブ変電所でエレベータ用制御基盤が損傷した。<br>　エレベータ用電源の電源品質測定（オシロスコープによる波形測定）の結果，共振電流と思われる波形が検出されたため，共振先を測定したところ，空調制御盤と共振していることが判明した。<br>　空調機には力率改善用の低圧コンデンサが並列接続されており，空調機の稼働状況によって 54 次の高調波が拡大することが確認された。<br><br>対策前　　　　　　対策後<br>図 3.3-6 |
| 原　因 | エレベータのスイッチング周波数と，空調機用電動機の力率改善用低圧コンデンサが，高調波共振を生じて，エレベータ用制御基盤を損傷させた。 |
| 対　策 | ①インバータのスイッチング周波数を変更して共振点を変更する。<br>②動力設備の電動機用力率改善低圧コンデンサを撤去する。<br>③エレベータ電源入力部に AC リアクトルを挿入し，高調波電流を抑制する。 |

| 大分類 | 高調波障害 |
|---|---|
| 中分類 | 高調波電流 |
| 小分類 | 配線用遮断器 |
| 概　要 | 　テナント事務所ビルの三相4線式の電灯分電盤で，使用中に主幹である配線用遮断器が定格動作電流以下で動作して遮断した。<br>　原因を究明するため，当該分電盤の負荷電流の電源品質測定（高調波測定）を行った結果，N相電流が過大となっており，負荷電流に多くの3次の高調波電流が重畳していた。<br><br>アクティブフィルタによる波形改善<br>対策前　　　　　　　　　対策後<br>図 3.3-7 |
| 原　因 | 　三相4線式配線のN相電流が過大となっていたことが原因であるが，このN相の電流が過大になった要因は，負荷電流に含まれていた第3調波電流により，配線用遮断器の動作電流低下を引き起こした。 |
| 対　策 | ①三相4線式配線を単相3線式配線として，第3調波の発生を抑制する。<br>②第3調波電流を抑制するため，アクティブフィルタを導入する。<br>③高調波耐量のある配線用遮断器に交換する。 |

| | |
|---|---|
| 大分類 | ノイズ障害 |
| 中分類 | 不要動作 |
| 小分類 | 漏電遮断器 |
| 概　要 | 6.6kV 受電設備の店舗で，電灯分電盤の漏電遮断器が不要動作した。<br>電源品質測定の結果，エレベータから漏れたノイズが当該回路から還流したことにより漏電遮断器が動作したことが判明した。<br><br>図 3.3-8 |
| 原　因 | エレベータが稼働すると，B種接地線に30kHz程度を主成分とする地絡電流が約4A増加した。地絡電流は，当該回路からも還流して漏電遮断器を動作させた。また，この地絡電流に応じて，変圧器中性線とD種接地間でコモンモードノイズ電圧が発生した。 |
| 対　策 | ①エレベータ制御盤にノイズフィルタを設置する。<br>②エレベータ電源に絶縁変圧器を設置し，回路の絶縁を図る。<br>③エレベータのキャリア周波数を変更して，影響のない周波数とする。 |

| 大分類 | ノイズ障害 |
|---|---|
| 中分類 | 電気炉 |
| 小分類 | 製品の不良率 |

| 概　要 | 66kV 受電の工場で，製品の不良率の発生が高くなった現象が発生し，電気炉での作業中に電気を感じるとの報告があった。<br>　電源品質測定の結果，電源電圧波形にスパイク状の歪みが発生していることが判明した。この電圧波形歪みは電気炉のサイリスタ位相制御によるものと判明した。また，さらに生産用分電盤に地絡が生じていることが判明した。 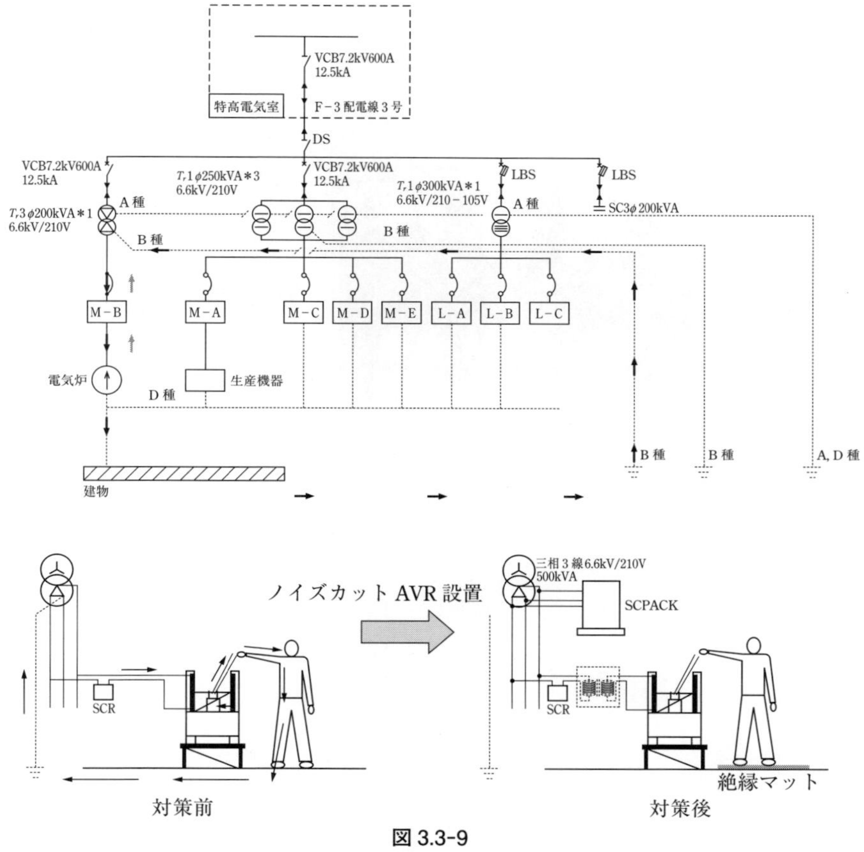 |
|---|---|

図 3.3-9

| 原　因 | 生産用分電盤でN相地絡が発生しており，併せて電気炉のサイリスタ位相制御により電圧波形にスパイク状のノイズが発生し，生産設備に影響を及ぼしていた。 |
|---|---|
| 対　策 | ①生産用分電盤のN相地絡を絶縁改善した。<br>②電気炉の電源にノイズカット AVR を設置して，電路の絶縁を図った。<br>③電気炉作業場所に絶縁マットを敷き，感電防止を図った。 |

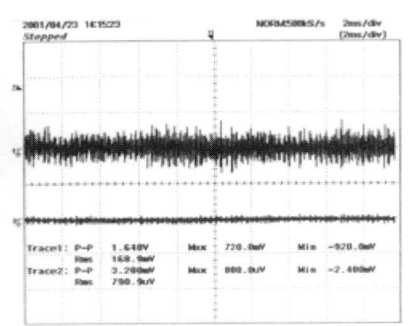

| 大分類 | ノイズ障害 |
|---|---|
| 中分類 | 放送設備 |
| 小分類 | 音声ノイズ |
| 概　要 | 放送設備のリニューアルを行ったが，音声にノイズが重畳する現象が発生した。<br>電源品質測定の結果，エレベータ稼働時にN相とD種接地との電圧が最大で7V発生し，併せて放送設備に音声ノイズが重畳することが確認できた。 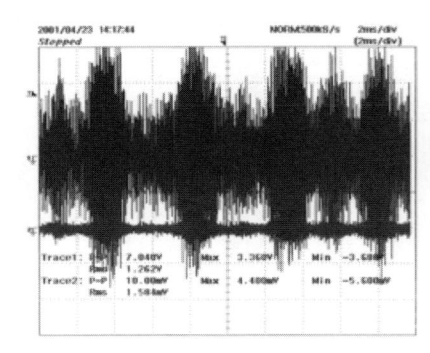<br><br>　　　エレベータ4台稼働時　　　　　　　　エレベータ停止時<br>図 3.3-10 |
| 原　因 | エレベータの稼働に伴い，エレベータからの漏れ電流により，最大で7Vのコモンモードのノイズ電圧が発生し，音声にノイズが重畳した。 |
| 対　策 | ①ノイズ発生源であるエレベータ回路に絶縁変圧器を設置して，回路の絶縁を図り，ノイズ電圧を抑制する。<br>②エレベータの動力用変圧器と放送設備の電灯用変圧器のB種接地を分離して，ノイズ電圧の抑制を図る。<br>③放送用設備にノイズカットトランスを設置して，電源からのノイズ混入を抑制する。 |

## 3.4 労働災害の発生例とその原因と対策

| | |
|---|---|
| 大分類 | 感電 |
| 中分類 | 感電 |
| 小分類 | 低圧 200V |
| 概要 | 電源切替盤の仮設電源と商用電源（200V）の切り替え作業において，端子充電部に触れ，感電死亡した（素手で作業，充電部の養生がなかった）。<br><br>事故発生盤<br>（ここで，通電したと思われる）<br>図 3.4-1 |
| 原因 | ①作業員は低圧活線近接作業を実施するにあたり，絶縁用保護具（低圧手袋）を着用しなかった。また，充電部を絶縁用防具で防護しなかった。<br>②職長は，作業員の低圧手袋の着用状況および防護状況の確認をしなかった。<br>③低圧活線近接作業で作業を実施した。<br>④活線近接作業に対する TBM-RKY が不十分だった。 |
| 対策 | ①工事責任者は，客先に電源停止を申し入れる。<br>②職長が作業員にやむを得ず低圧活線近接作業をさせる場合は，絶縁用保護具（低圧手袋）の着用と充電部の防護をするよう指導し確認する。<br>③職長は，TBM-RKY 時作業手順書を説明し，リスク評価を行い，対策を実施して，リスクの軽減を図るよう指導する。 |

| 大分類 | 感電 |
|---|---|
| 中分類 | 感電 |
| 小分類 | 高圧 6kV |
| 概　要 | 　フィーダー盤の増し締め中，誤って他社施工分の充電部に触れて感電し，監督者はこの被災者を救助するため引き出そうとした際，相間短絡によるアークで，作業員，監督者（2名重傷）が火傷を負った。<br><br>盤立面図　■通電中　□停電<br>①VCB 共用系 施工範囲外　F103<br>前面　裏面　作業員　監督者<br>高圧母線<br>②VCB 事務所系<br>引き出し　感電<br><br>ソケットレンチで充電中の端子を増し締めした箇所（推定）<br>停電中，本来の増し締め箇所<br>図 3.4-2 |
| 原　因 | ①計画書以外の作業を実施した。<br>②「検電・放電・（接地）」が未実施であった。<br>③感電災害に対する安全意識不足であった。<br>④作業指示書の安全指示，TBM-RKY での周知徹底不足であった。<br>⑤停電範囲，作業範囲の（指示）確認不足であった。 |
| 対　策 | ①計画書を作成し，計画書以外の作業は絶対行わない。<br>②高圧活線近接作業は原則禁止。やむを得ず作業する場合，作業員は保護具を着装し必ず管理者立会いのもとで防護する。<br>③停電箇所であっても「検電・放電・（接地）」は必ず行う。その際，工事責任者は立ち会う。<br>④高圧活線近接作業では活線警報器を活用する。<br>⑤リスクアセスメントを取り込んだ「作業指示書」による危険予知とパトロールを実施する。 |

| 大分類 | 感電 |
|---|---|
| 中分類 | 感電 |
| 小分類 | 低圧 100V |
| 概　要 | 　一般照明の配線および器具取付け作業を実施中，ケーブル端末部を絶縁テープで処理し，仮設点灯するために送電した。<br>　被災者は，脚立に昇り照明器具開口より安全帽を脱いで，次の天井配線ルートの確認を始めた。その最中に，仮送電中の端末部絶縁テープ処理が不十分（充電部が一部露出）だったため，頭部に接触し感電した。<br><br>図 3.4-3 |
| 原　因 | ①現状でも作業可能であるのに，打ち合わせもせずに個人の判断で照明を仮設点灯させた。<br>②端末部の絶縁処理は，あとで接続する際に簡単に取外しできるようテープを二つ折りにして貼っただけで芯線（充電部）は露出していた。<br>③被災箇所の開口部が小さく，安全帽を着用できず，配線ルート確認に近場なことから未着用で覗いた。また，安全帯も使用しなかった。<br>④作業指示書に安全帽着用および安全帯使用をするようになっているにもかかわらず守らなかった。<br>⑤停電作業は施錠もしくは通電禁止表示等の措置を行うことは知っていたが，実施していなかった。 |
| 対　策 | ①停電作業，活線近接作業がある場合は，作業手順書を作成する。<br>②停電作業は，安衛則第339条に従い，盤の施錠，通電禁止表示をチェックする。<br>③電線端末を絶縁処理して仮送電を行う場合は，絶縁テープの処理を正しく行う。<br>④安全帽着用および安全帯は必ず使用する。 |

| 大分類 | 感電 |
|---|---|
| 中分類 | 感電 |
| 小分類 | 低圧 200V |
| 概　要 | 被災者は，天井内プルボックスで給気・排気ファン火報連動停止回路を確認中，ケーブルが充電されていたため，担当者に電圧確認を依頼。担当者が盤側で電圧確認していたとき，被災者のいる後方（2.5m）で物音がした。<br>振り返り被災者を確認したところ，被災者が脚立より墜落している状態であった。<br><br>脚立上(1.8m)で，天井内ジョイント作業　　脚立から転落し，流し台蛇口に頭部を打撲<br><br>図 3.4-4 |
| 原　因 | ①作業手順書を作成していなかった。<br>②制御回路の電圧を 24V と思い込み触れた。 |
| 対　策 | ①作業手順書を作成する。<br>②現場調査をして，電圧の確認，回路のチェックを必ず実施する。 |

| | |
|---|---|
| 大分類 | 墜落・転落 |
| 中分類 | 墜落 |
| 小分類 | 梯子 |
| 概　要 | 　梯子で作業高さ（2.7m）まで上がり，安全帯を梯子に巻いて同フックを腰ベルトのD環に掛けたあと，配管取り付けのため重心を右方向に移したとき，フックが外れ墜落した。<br><br>図 3.4-5 |
| 原　因 | ①高さ2.7mの作業であるにもかかわらず，作業床を設けず，梯子で作業した。<br>②2m以上の作業に対し，墜落防止措置がとられていなかった。<br>③安全帯（1本吊り用）のフックをD環に掛ける際，目視確認をしなかった。<br>④作業手順書が作成されていなかった。 |
| 対　策 | ①高さ2m以上の高所作業では，作業床を設置する（作業方法を検討する）。<br>②元方事業者は事前に現地調査に立ち会い，下請負会社に対し，作業床が確保できるよう作業計画作成に当たり指導する。<br>③高所作業では，墜落防止措置の安全帯の取付設備を設ける（建築物もしくは親綱等）。 |

| 大分類 | 墜落・転落 |
|---|---|
| 中分類 | 墜落 |
| 小分類 | 梯子 |
| 概　要 | 配管架台取付作業に伴い，長梯子を他の作業員に支えてもらい，長梯子に登った。梯子を作業高さ（1.8m）まで登り，固定作業をしようとしたときにマジックを落とした。下支えの作業員がこのマジックを取ろうとして一瞬手を離してしまい，梯子が滑った。梯子に登った作業員は，落下し負傷した。<br><br>災害発生状況①（作業員の配置写真は想定風景）<br>災害発生時のハシゴの掛け位置は柱であった<br>災害発生時はハシゴ下部を支えていなかった<br>ハシゴ高 3.4m<br>足元 1.8m<br>ハシゴすべり<br>落下<br>災害発生状況②<br><br>図 3.4-6 |
| 原　因 | ①屋根に傾斜のあるすべりやすい場所で梯子を使用した。<br>②梯子の上部を捕縛しなかった。<br>③梯子下部支え者が梯子の支え手を離した。<br>④安全ブロックを梯子に取り付けていたため，安全帯を取り付ける設備とはならなかった。<br>⑤作業手順書が不備であることに気づかず実施した。 |
| 対　策 | ①梯子は，昇降用に限定する。やむをえず使用する場合は，墜落防止措置をする。<br>②作業床を設けることが困難な場合は，安全帯を取り付ける設備を設け，安全帯を使用する。 |

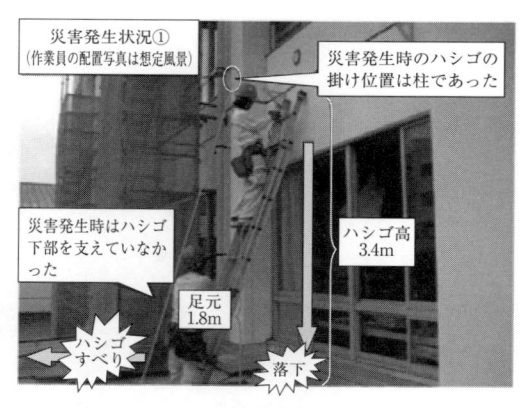

| 大分類 | 墜落・転落 |
|---|---|
| 中分類 | 墜落 |
| 小分類 | 昇降式移動足場 |
| 概　要 | 　昇降式移動足場（アップスター 2.7 タイプ）作業床高さ 2.5m で，脱落した照明器具の復旧作業に従事していたところ，地震で大きな揺れを感じた。昇降式足場から慌てて避難しようとしたが，手摺をはずすのに手間取り，手摺を乗り越えタラップで降下し，足下 1.65m から飛び降りて両踵を強打した。<br><br>①手摺りを乗り越え降り始め 　②両足を揃え，飛び降りる体制 <br><br>③両足を揃えて着地し，重傷（両踵骨折） <br><br>図 3.4-7 |
| 原　因 | ①昇降式移動足場の降下中に約 1.6m の高さから飛び降りた。<br>②昇降式移動足場が倒れると思い，急いで床面まで降りようとしたとき，昇降扉が地震の反動で歪み開けることができず，焦りを生じた。<br>③2 人作業であったが手元作業員は先に避難してしまい，作業台上部で作業していた被災者の不安を煽った。<br>④高所作業中に地震が発生した場合どう対処すべきか，具体的な対策を決めていなかった。 |
| 対　策 | ①昇降中は，どんな高さでも飛び降りない。<br>②地震発生時は慌てて降りようとせず，低い姿勢で揺れが治まるのを待ち，揺れが治まってから落ち着いて避難する。<br>③高所作業中の地震発生時の対処方法を具体的に決めておく。<br>④携帯電話の地震警報機能を利用し，事前にわかる場合は注意喚起し避難する。 |

| 大分類 | 飛来・落下 |
|---|---|
| 中分類 | 飛来 |
| 小分類 | 幹線延線 |
| 概　要 | 　高層階の低圧幹線ケーブル敷設作業において，より戻し器とケーブル先端の接続の際，ケーブルグリップを使用せずにケーブル芯線を減線し，直接より戻し器に結束した。その上に切除した芯線を巻きつけてテーピングした。このため，より戻し器がはずれ，ケーブル通過確認者であった被災者に当たり負傷した。 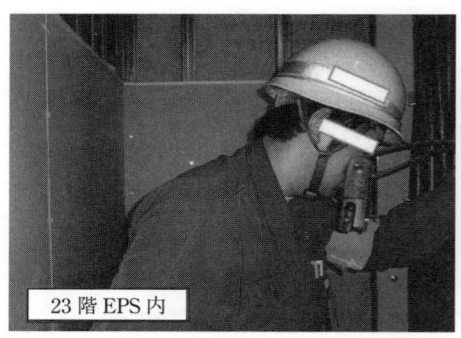<br><br>写真上　ケーブル先端部の状況<br>※吊治具より 4.12kN の荷重で外れた 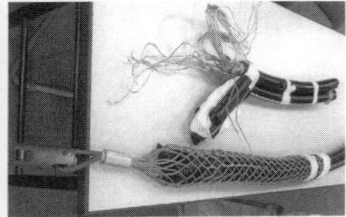<br><br>23階 EPS 内<br><br>写真下　ケーブルグリップ（従来型）<br>※安全耐荷重は 10kN である<br><br>図 3.4-8 |
| 原　因 | ①施工計画および作業手順どおり実施しなかった。<br>　（1）ケーブルグリップを使用せず，ケーブル芯線を減線し直接より戻し器に結束してしまった。<br>　（2）ケーブルグリップ取付箇所が計画の位置ではなかった。<br>　（3）ケーブルの横引きと引上げ作業を同時に行ってしまった。<br>②危険な作業であるにもかかわらず，工事責任者の立ち会いがなかった。<br>③一次，二次の工事責任者が，施工計画および作業手順の不遵守を黙認した。 |
| 対　策 | ①許可なく作業手順を変更することは絶対しない，させないことを再周知するとともに，現地で作業責任者および作業員全員で確認する。<br>②工事責任者は，作業開始時に手順どおり着手されているか巡視・確認を確実に行う。 |

| 大分類 | 飛来・落下 |
|---|---|
| 中分類 | 落下 |
| 小分類 | 運搬取扱 |
| 概　要 | 墨出し作業の支障となった仮置きのALC板を同僚と2人で持ち上げながら移動中，同僚作業員がつまずいてバランスを崩し，ALC板を落とした。その際，被災者は重さに耐え切れず手を滑らせ，右足の甲部分にALC板を落とし負傷した。 |

図 3.4-9

| 原　因 | ①墨出し作業の障害になるので，建築の資材を建築業者に相談しないで移動した。<br>② ALC板の重量を確認しないで人力で移動した。<br>　（ALC板　500W×2600H×100D 105kg・400W×2600H×100D 84kg 二段積　合計 189kg） |
|---|---|
| 対　策 | ①事前に作業エリアを確認し，支障となる資材がある場合，業者間で打ち合せを行う。<br>② ALC等重量物は，ハンドパレット等を使用し移動する。 |

| 大分類 | 飛来・落下 |
|---|---|
| 中分類 | 飛来 |
| 小分類 | 資機材 |
| 概　要 | 加害者が開口部付近の壁に立て掛けてあったアングル（6×50×50×2800L）に誤って触れ，床開口（150φ）から垂直に落下させた。被災者は，開口下部でかがんで作業していたところ，落下してきたアングルが左肩背後へ垂直に当り負傷した。<br><br>L型アングル 約2,800（50×50） 約10kg　　被災者<br><br>図 3.4-10 |
| 原　因 | ①アングル材が壁に立て掛けたままで捕縛されていなかった。<br>②開口部の養生が行われていなかった。<br>③狭いところを移動する際，周囲の状況確認が不足していた。 |
| 対　策 | ①開口部付近の作業では，下階に上部作業中の表示を行い，上下作業をなくす。<br>②資材の仮置きおよび開口部の養生を適切に行う。<br>③狭い所では周囲の状況を指差呼称で確認し，危険要因を取り除く。 |

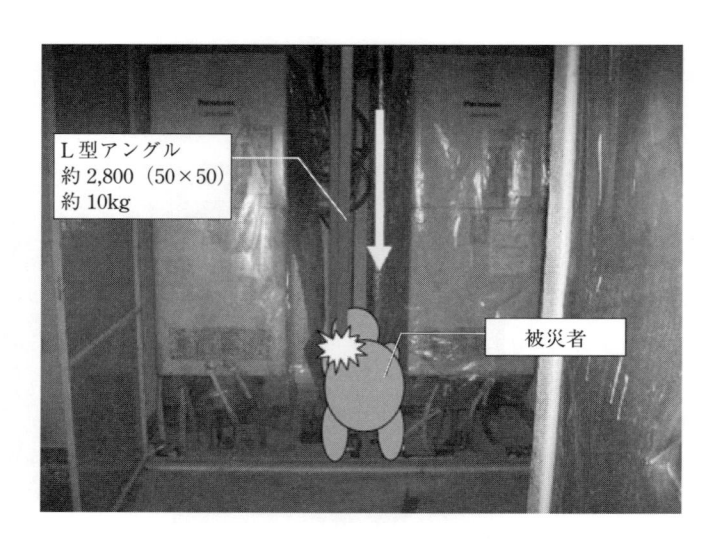

| 大分類 | はさまれ・巻き込まれ |
|---|---|
| 中分類 | はさまれ |
| 小分類 | 運搬取扱 |
| 概　要 | 　重量物積載台車を移動中，段差解消用ステージから前輪が脱輪し転倒した。台車とスラブ間に右足をはさまれ，負傷した。<br><br>ステージから前輪が脱輪　　被災者<br><br>積載物の重みで転倒　　　　右足はさまれ<br><br>実際に運搬していた台車<br>配管材：L＝2500，950kg<br>台車積載許容荷重：1200kg<br><br>図3.4-11 |
| 原　因 | ①台車を段差解消用ステージ上を移動させる際，車輪が進行方向に向いていない状態で強引に押し脱輪した。<br>②両脇の作業員が台車が斜め方向へ移動した時点で，進行方向への誘導をしていなかった。 |
| 対　策 | ①台車を移動させる際，後方を押す作業員と前方を誘導する作業員は，声を掛け合い直進，方向転換を確認しながら慎重に行う。<br>②職長等の管理者は，重量物を台車で移動する際，事前に作業場所の状況を確認し，必要に応じ薄鉄板等の養生材を準備する。 |

| 大分類 | はさまれ・巻き込まれ |
|---|---|
| 中分類 | はさまれ |
| 小分類 | 運搬取扱 |
| 概　要 | 　作業員がキャスター付工具箱の上に養生材を載せ移動していたところ，被災者は自ら後押しを手伝い，カーブを切った。その際，階段鉄骨部と工具箱のあいだに右手人差し指をはさみ，負傷した。<br><br>図 3.4-12 |
| 原　因 | ①声をかけずに手伝った。<br>②周囲状況の確認が不足していたまま，取っ手を持たずに工具箱側面に手を添えていた。<br>③積荷が高すぎて補助者を確認できなかった。 |
| 対　策 | ①二人で運搬するときは，お互いに声を掛け合い，呼吸を合わせて慌てずに行う。<br>②周囲の状況を確認し，手足がはさまれないよう運搬する。<br>③積荷の高さを補助者が見える高さになるよう調整する。 |

| 大分類 | はさまれ・巻き込まれ |
|---|---|
| 中分類 | はさまれ |
| 小分類 | 運搬取扱 |
| 概　要 | 発電機更新のため機器撤去中，エアータンクを上げたときにエアータンクが転倒した。タンク固定用の平板に右手中指をはさみ，負傷した。<br><br>エアータンク<br>（φ300×2　H：1 800）<br><br>断面図<br><br>図 3.4-13 |
| 原　因 | ①作業手順を事前に検討していなかった。<br>②エアータンクの転倒防止対策を怠った。<br>③工事責任者は，作業員への具体的な安全指示をしていなかった。 |
| 対　策 | ①危険作業となる重量物取扱作業は事前検討を十分行い，作業手順書を作成する。<br>②重量物は転倒防止処置を必ずとって作業にあたる。<br>③工事責任者は，作業員に具体的な安全指示を出す。 |

| 大分類 | 交通 |
|---|---|
| 中分類 | 一般車両 |
| 小分類 | 追突 |
| 概　要 | 現場から現場へ移動中，信号が赤信号だったので前方車に続いて交差点手前約15mの位置で停車した。青信号に変わり前方車に続いて発進したが，渋滞のため停車した前方車に気付くのが遅れて，ブレーキをかけたが間に合わず追突した。<br><br>図 3.4-15 |
| 原　因 | ①加害者の前方不注意。 |
| 対　策 | ①前方車だけでなく，その先の状況も視野に入れた運転を励行する。<br>②運転中は，運転に集中する。<br>③車間距離の確保（前車の急停車にも対応できる車間の確保）を再徹底する。 |

| 大分類 | 交通 |
|---|---|
| 中分類 | トラック |
| 小分類 | 自転車 |
| 概　要 | 　加害者は，入居しているビルから現場へ工具を運搬するために，同乗者と社有車（ダブルキャブ）で出発した。ビルの車路から一時停止して公道へ出るため徐行で前進中，左側から被災者の乗った自転車が社有車の前面を横切り，接触した。<br><br>図 3.4-16 |
| 原　因 | ①右側から来る車両に気をとられ，左側から接近する自転車に気づかなかった。<br>②徐行での左右目視確認を怠った。 |
| 対　策 | ①歩道を横切り道路に出る際は，一時停止し左右の目視確認をしてから走行する。<br>②同乗者は，構内から道路に出るとき，車から降りて誘導する。 |

| | |
|---|---|
| 大分類 | 切れ・こすれ |
| 中分類 | 切れ |
| 小分類 | 丸鋸 |
| 概　要 | 　幹線の残ケーブルを運搬しやすいように丸のこ（刃：チップソー）で短く切断していた。しゃがみこんでケーブル（CVT150mm$^2$）を切断したとき，切った勢いで丸のこの刃が作業ズボンに食い込み，右足太ももに当たり，負傷した。<br><br>ヘッドライト<br>電動丸ノコ チップソー<br>残ケーブル<br>図 3.4-17 |
| 原　因 | ①電動（充電式）ケーブルカッターの充電が切れたので，速さを優先させ安易に電動丸のこでケーブルを切断した。<br>②作業手順書を作成していなかった。<br>③電動工具が用途外使用であることは知っていたが，使用してしまった。 |
| 対　策 | ①電動工具の用途外使用は行わない。<br>②用途外使用の禁止，電動回転工具取り扱いの教育を行う。 |

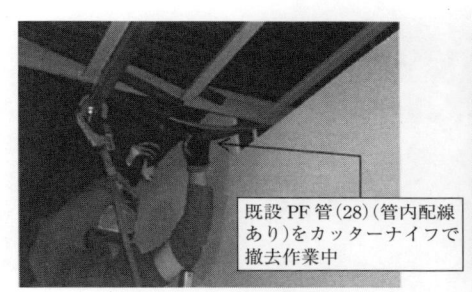

| 大分類 | 切れ・こすれ |
|---|---|
| 中分類 | 切れ |
| 小分類 | カッターナイフ |
| 概　要 | 　天井ラック内に敷設されている弱電用PF管除去作業を行っていた。可搬式作業台（マイティステップ）の踏さん3段目に乗りカッターナイフでPF管を切断中，カッターナイフの刃が折れたため，その反動で左前腕部に当たり，切創した。<br><br>既設PF管（28）（管内配線あり）をカッターナイフで撤去作業中<br><br>図 3.4-18 |
| 原　因 | ①PF管縦割り切断時にカッターナイフを使用した。<br>②可搬式作業台（マイティステップ）の踏さん上，不安定な姿勢で作業を行った。 |
| 対　策 | ①PF管縦割り切断には，ニッパ等を使用する。<br>②可搬式作業台（マイティステップ）の脚部を調整し作業床を確保する。 |

| 大分類 | 切れ・こすれ |
|---|---|
| 中分類 | 切れ |
| 小分類 | カッターナイフ |
| 概　要 | 作業員2人で防火区画処理のため、壁から突出していたPF管4本をカッターナイフで切断しようとしたところ、勢い余って左手第2指を挫創した。<br><br>PF（16）4本を切断中勢い余り左手人差し指挫創<br><br>図3.4-19 |
| 原　因 | ①PF管の切断に専用工具を使用せず、カッターナイフを使用した。<br>②手袋を使用せずに素手で作業を行った。 |
| 対　策 | ①PF管切断には、切断専用工具を使用する。<br>②切断作業を行う際には、保護具（手袋）を使用する。 |

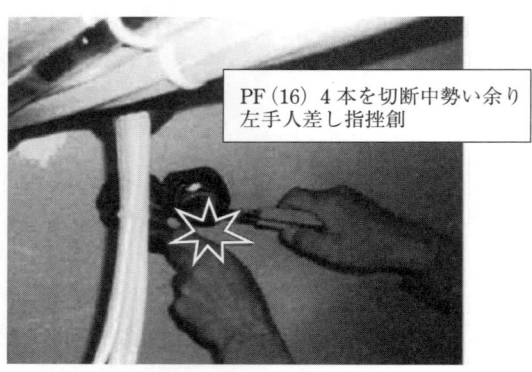

## 3.5 その他の事故の発生例とその原因と対策

| 大分類 | 情報漏えい |
|---|---|
| 中分類 | 紛失 |
| 小分類 | 情報機器 |
| 概　要 | 　情報漏えいがひとたび発生すると社会的に大きな問題となる。とくに多数の個人情報の漏洩は，多くがマスメディアに取り上げられ話題を呼んでいる。<br>　工事で利用する情報に個人情報は多くないが，作業員名簿などの個人情報がある。また，図面は，その建物を使用する企業の機密情報であり，たとえば銀行であれば金庫の場所が明らかになる図面は，重要機密情報であることが理解できる。<br>　情報機器や紙面にした情報の取り扱いが安易であると紛失事故が発生する。<br><br>電車の網棚に置き忘れ　　　　車内において車上荒らし<br>図 3.5-1 |
| 原　因 | ①情報機器を社外に持ち出した。<br>②情報機器に機密情報が保存されていた。<br>③情報機器を網棚や車内に置いて忘れた。 |
| 対　策 | ①情報機器は社外に持ち出さない。社外への持ち出しが必要な場合は，必要な情報のみ最小限とする。<br>②情報機器を社外へ持ち出した場合は，つねに携帯し，網棚や床に置くなど放置をしない。 |

| 大分類 | 情報漏えい |
|---|---|
| 中分類 | ファイル交換ソフト |
| 小分類 | |
| 概　要 | 　ファイル交換ソフトを使用して，暴露ウイルスに感染すると，パソコン内のマイドキュメントやディスクトップのデータがインターネット上に公開され，世界中からダウンロード可能な状態になる。<br>　暴露ウイルスは，主にファイル交換ソフトでファイルをダウンロードするときに一緒にダウンロードされる。<br><br>図 3.5-2 |
| 原　因 | ①ファイル交換ソフトを使用した。<br>②パソコンの中に業務等のデータが保存されていた。<br>③ウイルス対策ソフトをインストールしていなかった。 |
| 対　策 | ①ファイル交換ソフトは，著作権法違反等の犯罪にかかわる場合があるので使用しないことが望ましい。<br>②ファイル交換ソフトを使用する場合は，そのパソコンに業務等のデータを保存しない。<br>③ウイルス対策ソフトをインストールし，パターン定義ファイルをつねに最新版に更新しておく。 |

| 大分類 | 他への損傷 |
|---|---|
| 中分類 | 埋設配管損傷 |
| 小分類 | ボーリング |
| 概　要 | ①接地極埋設のためにボーリングを行っていたところ，障害物に当たったため作業を一時停止した。関係者で検討をしたが，図面に記載がなく石等の障害物であると判断して作業を継続したところ，ガスの匂いがした。掘削して調べたところ，ガス配管が損傷していた。<br>②ダイヤモンドコアドリルを使用して屋内から外壁を貫通したところ，外壁直近に埋設されていた水道配管を損傷し，漏水した。<br><br>ボーリングによる既設配管損傷<br><br>ダイヤモンドコアによる既設配管損傷<br><br>図 3.5-3 |
| 原　因 | ①図面に記載がなく，埋設配管がないと考えていた。 |
| 対　策 | ①図面や関係者からの聞き取りにより，できるだけ既存配管の調査を行う。<br>②図面に記載がない配管もあるという前提で作業を行う。<br>③障害物に当たった場合は，何に当たったかを確認してから作業を再開する。 |

| 大分類 | 他への損傷 |
|---|---|
| 中分類 | 漏水 |
| 小分類 | 屋外配線引き込み部 |
| 概　要 | 屋外からの電源引き込みや外灯の電源などが地中引き込みで，ハンドホール内に溜まった水が電気用配管から屋内に浸入し，漏水した。 |
| 原　因 | ①屋外からの配管内部に水が浸入した。<br>②配管から室内に電線等を伝わり水が浸入した。<br>③浸入した水が逃げる場所がなく，室内に漏水した。 |
| 対　策 | ①ハンドホール内に水が溜まらない対策を実施する。<br>　●管口に止水処理する。<br>　●水抜き穴を付ける。<br>　●ハンドホールの蓋にゴムパッキン等を付ける。<br>②配管から室内に水が浸入しない対策を実施する。<br>　●管口に止水処理する。<br>　●配管を屋外に向けて下り勾配にする。<br>③配管から浸入した水を排出するドレン配管を行う。 |

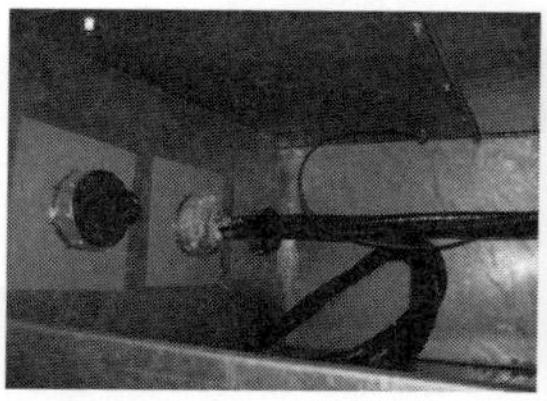

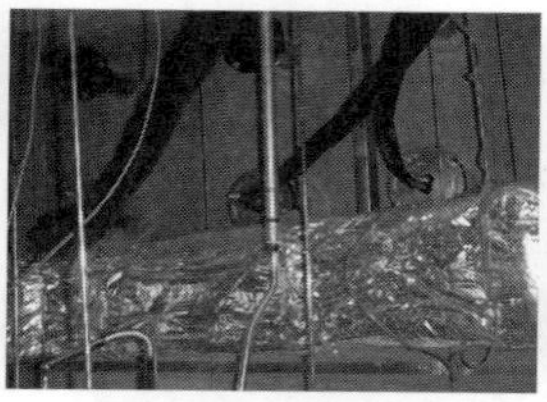

止水対策（屋外）

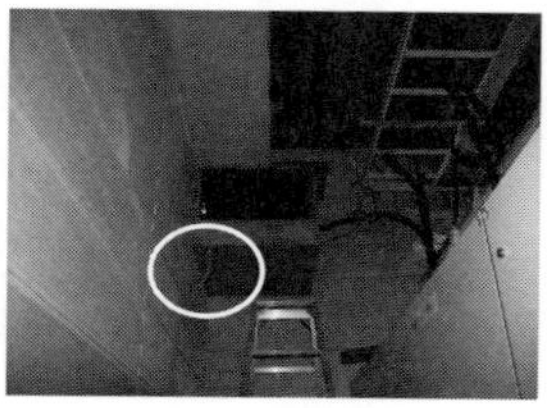

ドレン配管

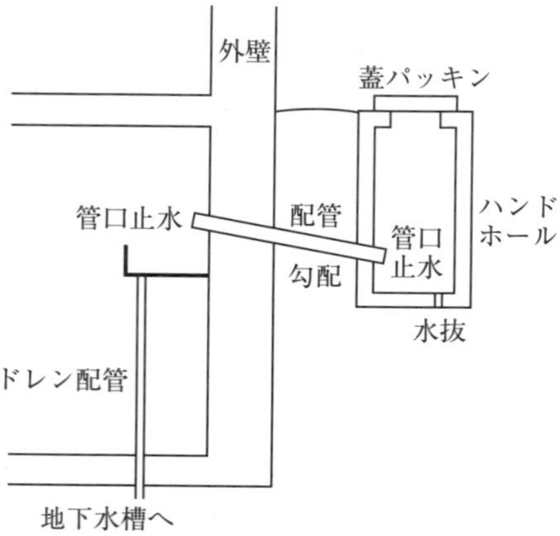

図 3.5-4

| 大分類 | 盗難 |
|---|---|
| 中分類 | 事務所荒し |
| 小分類 | パソコン等 |
| 概　要 | 　現場事務所であるプレハブのガラスを割って侵入し，パソコン等の売却できる機器を盗難された。 |

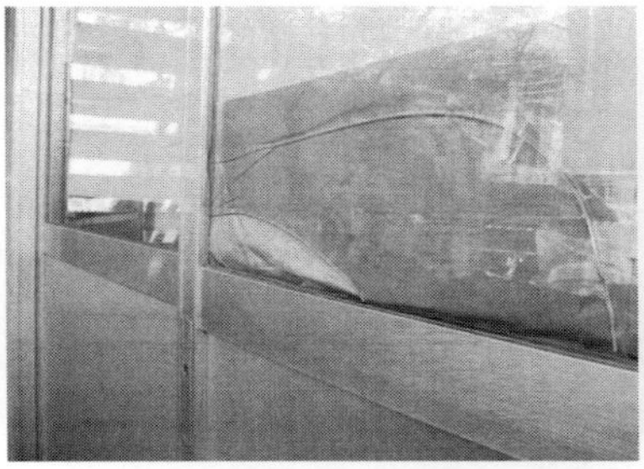

扉のガラスを割り開錠して進入

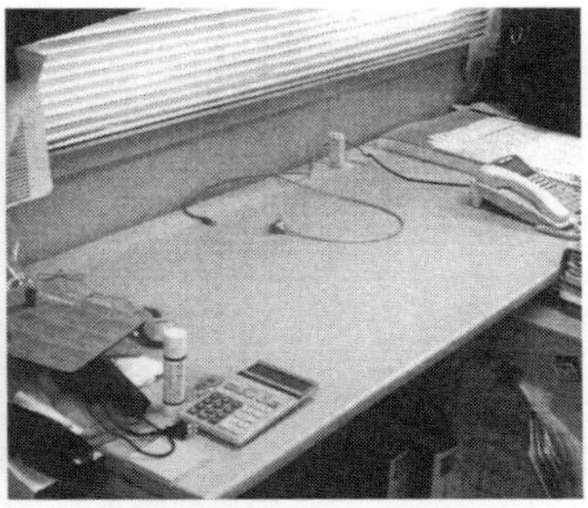

盗難防止用ワイヤーが引きちぎられた

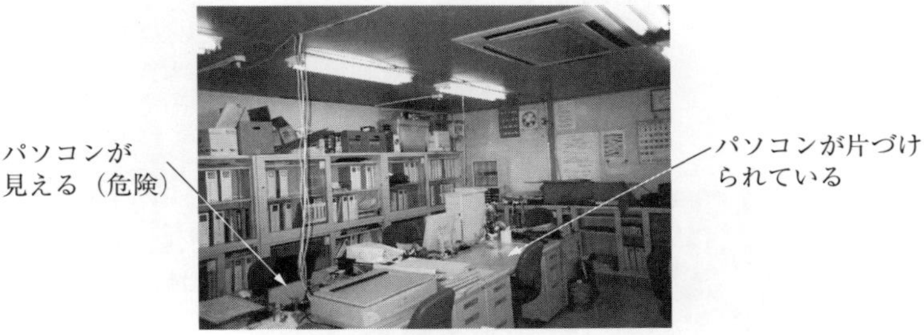

パソコンが見える（危険）

パソコンが片づけられている

図 3.5-5

| 原　因 | ①窃盗犯の侵入に気がつかなかった。<br>②外部からパソコンが確認できた。<br>③仮設現場事務所（プレハブ）が公道から侵入しやすい場所であった。 |
|---|---|
| 対　策 | ①警備員の常駐や機械警備の設置により，侵入者への警告と侵入の早期発見による被害の最小化を図る。<br>②外部からパソコン等の盗難対象となりえる機器や資機材が見えないように，ロッカー等への収納やカーテンなどによる目隠しを行う。<br>③盗難時の被害を最小とするためにパソコン内のデータは必要最小限とする。暗号化しデータを読み取りできないようにする。 |

| 大分類 | 盗難 |
|---|---|
| 中分類 | 現場内資機材 |
| 小分類 | 電線・ケーブル |
| 概　要 | 保管および施工済みのケーブルを盗難された。  |
| 原　因 | ①現場全休日は，警備員が不在で容易に現場内に侵入できた。<br>②運搬用車両が現場付近まで近づくルートがあった。<br>③銅価格が上昇し，くず電線が高値で取引されていた。 |
| 対　策 | ①可能であれば，24時間警備とする。または，現場全体に機械警備を導入する。<br>②当日の工事で余った電線は，会社に持ち帰るなど現場に置かない。<br>③現場に保管する場合は，コンテナなどの外から見えない保管場所を選ぶ。<br>④盗難時の損害を補償するための工事損害保険に加入する。 |

屋外保管のケーブルが被害

盗難防止用チェーンが切断

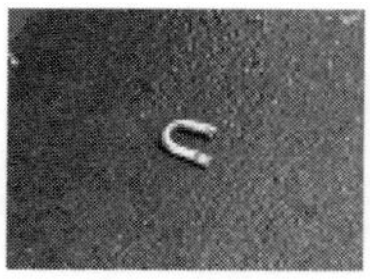

切断されたチェーン

施工済みの電線が切断されて盗難

切断された南京錠

図 3.5-6

現場技術者のための
## 自家用電気工作物の保安と技術

2013年4月20日　第1版1刷発行　　　　　　　　ISBN 978-4-501-11620-0　C3054

編　者　Ⓒ 関電工 自家用電気工作物研究会　2013

発行所　学校法人 東京電機大学　　　　〒120-8551　東京都足立区千住旭町5番
　　　　東京電機大学出版局　　　　　　〒101-0047　東京都千代田区内神田 1-14-8
　　　　　　　　　　　　　　　　　　　Tel. 03-5280-3433(営業) 03-5280-3422(編集)
　　　　　　　　　　　　　　　　　　　　Fax.03-5280-3563　振替口座 00160-5-71715
　　　　　　　　　　　　　　　　　　　http://www.tdupress.jp/

JCOPY ＜(社)出版者著作権管理機構 委託出版物＞
本書の全部または一部を無断で複写複製（コピーおよび電子化を含む）することは，著作権法上での例外を除いて禁じられています．本書からの複写を希望される場合は，そのつど事前に，(社)出版者著作権管理機構の許諾を得てください．また，本書を代行業者等の第三者に依頼してスキャンやデジタル化をすることはたとえ個人や家庭内での利用であっても，いっさい認められておりません．
［連絡先］TEL 03-3513-6969，FAX 03-3513-6979，E-mail:info@jcopy.or.jp

印刷：新日本印刷㈱　　製本：渡辺製本㈱　　装丁：㈲新日本編集企画
落丁・乱丁本はお取り替えいたします．　　　　　　　　　　　Printed in Japan

# 電気工学図書

### 詳解付 電気基礎 上
直流回路・電気磁気・基本交流回路
川島純一／斎藤広吉 著　　　　A5判・368頁

電気を基礎から初めて学ぶ人のために，学習しやすく，理解しやすいことに重点をおいて編集。例題や問，演習問題を多数掲載。詳しい解答付。

### 詳解付 電気基礎 下
交流回路・基本電気計測
津村栄一／宮崎登／菊池諒 著　　A5判・322頁

(上)直流回路／電流と磁気／静電気／交流回路の基礎／交流回路の電圧・電流・電力／(下)記号法による交流回路の計算／三相交流／電気計測／各種の波形

### 入門 電磁気学
東京電機大学 編　　　　　　　A5判・352頁
電流と電圧／直流回路／キルヒホッフの法則と回路網の計算／電気エネルギーと発熱作用／抵抗の性質／電流の化学作用／磁気の性質／電流と磁気／磁性体と磁気回路／電磁力／電磁誘導／静電気の性質

### 入門 回路理論
東京電機大学 編　　　　　　　A5判・336頁
直流回路とオームの法則／交流回路の計算／ベクトル／基本交流回路／交流の電力／記号法による交流回路／回路網の取り扱い／相互インダクタンスを含む回路／三相交流回路／非正弦波交流／過渡現象

### 新入生のための 電気工学
東京電機大学 編　　　　　　　A5判・176頁
電気の基礎知識／物質と電気／直流回路／電力と電力量／電気抵抗／電流と磁気／電磁力／電磁誘導／静電気の性質／交流回路の基礎

### 学生のための 電気回路
井出英人／橋本修／米山淳／近藤克哉 共著
B5判・168頁

直流回路／正弦波交流／回路素子／正弦波交流回路／一般回路の定理／3相交流回路

### 基礎テキスト 電気理論
間邊幸三郎 著　　　　　　　　B5判・228頁
電界／電位／静電容量とコンデンサ／電流と電気抵抗／磁気／電磁気／電磁誘導現象

### 基礎テキスト 回路理論
間邊幸三郎 著　　　　　　　　B5判・276頁
直流回路／交流回路の基礎／交流基本回路／記号式計算法／単相回路(1)／交流の電力／単相回路(2)／三相回路／ひずみ波回路／過渡現象

### よくわかる電気数学
照井博志 著　　　　　　　　　A5判・152頁
整式の計算と回路計算／方程式・行列と回路計算／三角関数と交流回路／複素数と記号法／微分・積分と電磁気学

### 電気計算法シリーズ 電気のための基礎数学
浅川毅 監修／熊谷文宏 著　　A5判・216頁
式の計算／方程式とグラフ／三角関数と正弦波交流／複素数と交流計算／微分・積分の基礎

### 電気・電子の基礎数学
堀桂太郎／佐村敏治／椿本博久 共著　A5判・240頁
数式の計算／関数と方程式・不等式／2次関数／行列と連立方程式／三角関数の基本と応用／複素数の基本と応用／微分の基本と応用／積分の基本と応用／微分方程式／フーリエ級数／ラプラス変換

### 電気法規と電気施設管理
竹野正二 著　　　　　　　　　A5判・368頁
電気関係法規の大要と電気事業／電気工作物の保安に関する法規／電気工作物の技術基準／電気に関する標準規格／その他の関係法規／電気施設管理／(付録)電気事業法

＊定価，図書目録のお問い合わせ・ご要望は出版局までお願いいたします。
URL　http://www.tdupress.jp/